高等职业教育系列教材

Protel 99 SE 印制电路板设计教程
第3版

郭　勇　谢斌生　等编著
郭贤发　主　审

机械工业出版社

本书主要介绍了设计印制电路板应具备的知识和技能，并将其分解到不同的项目和任务中，旨在加强读者 PCB 设计能力的培养。本书采用练习、产品仿制和自主设计三阶段的模式逐步培养读者的设计能力，通过实际产品 PCB 的解剖和仿制，突出专业知识的实用性、综合性和先进性，使读者能迅速掌握软件的基本应用，具备 PCB 的设计能力。全书案例丰富，图例清晰，每个项目均配备了详细的实训内容，内容由浅入深，配合案例逐渐提高难度，便于读者操作练习，提高设计能力。

本书可作为高等职业院校电子类、电气类、通信类、机电类等专业的教材，也可作为职业技术教育、技术培训及从事电子产品设计与开发的工程技术人员学习 PCB 设计的参考书。

本书配有授课电子课件，需要的教师可登录 www.cmpedu.com 免费注册，审核通过后下载，或联系编辑索取（微信：15910938545，电话：010-88379739）。

图书在版编目（CIP）数据

Protel 99 SE 印制电路板设计教程 / 郭勇等编著. —3 版. —北京：机械工业出版社，2017.6（2021.8 重印）

高等职业教育系列教材

ISBN 978-7-111-56515-4

Ⅰ. ①P… Ⅱ. ①郭… Ⅲ. ①印刷电路－计算机辅助设计－应用软件－高等职业教育－教材 Ⅳ. ①TN410.2

中国版本图书馆 CIP 数据核字（2017）第 069753 号

机械工业出版社（北京市百万庄大街 22 号　邮政编码 100037）

策划编辑：王　颖　　责任编辑：王　颖

责任校对：张艳霞　　责任印制：单爱军

北京虎彩文化传播有限公司印刷

2021 年 8 月第 3 版 · 第 3 次印刷

184mm×260mm · 15 印张 · 356 千字

标准书号：ISBN 978-7-111-56515-4

定价：39.90 元

电话服务	网络服务
客服电话：010-88361066	机　工　官　网：www.cmpbook.com
010-88379833	机　工　官　博：weibo.com/cmp1952
010-68326294	金　　书　　网：www.golden-book.com
封底无防伪标均为盗版	机工教育服务网：www.cmpedu.com

高等职业教育系列教材

电子类专业编委会成员名单

出 版 说 明

《国家职业教育改革实施方案》（又称“职教 20 条”）指出：到 2022 年，职业院校教学条件基本达标，一大批普通本科高等学校向应用型转变，建设 50 所高水平高等职业学校和 150 个骨干专业（群）；建成覆盖大部分行业领域、具有国际先进水平的中国职业教育标准体系；从 2019 年开始，在职业院校、应用型本科高校启动“学历证书+若干职业技能等级证书”制度试点（即 1+X 证书制度试点）工作。在此背景下，机械工业出版社组织国内 80 余所职业院校（其中大部分院校入选“双高”计划）的院校领导和骨干教师展开专业和课程建设研讨，以适应新时代职业教育发展要求和教学需求为目标，规划并出版了“高等职业教育系列教材”丛书。

该系列教材以岗位需求为导向，涵盖计算机、电子、自动化和机电等专业，由院校和企业合作开发，多由具有丰富教学经验和实践经验的“双师型”教师编写，并邀请专家审定大纲和审读书稿，致力于打造充分适应新时代职业教育教学模式、满足职业院校教学改革和专业建设需求、体现工学结合特点的精品化教材。

归纳起来，本系列教材具有以下特点：

1）充分体现规划性和系统性。系列教材由机械工业出版社发起，定期组织相关领域专家、院校领导、骨干教师和企业代表召开编委会年会和专业研讨会，在研究专业和课程建设的基础上，规划教材选题，审定教材大纲，组织人员编写，并经专家审核后出版。整个教材开发过程以质量为先，严谨高效，为建立高质量、高水平的专业教材体系奠定了基础。

2）工学结合，围绕学生职业技能设计教材内容和编写形式。基础课程教材在保持扎实理论基础的同时，增加实训、习题、知识拓展以及立体化配套资源；专业课程教材突出理论和实践相统一，注重以企业真实生产项目、典型工作任务、案例等为载体组织教学单元，采用项目导向、任务驱动等编写模式，强调实践性。

3）教材内容科学先进，教材编排展现力强。系列教材紧随技术和经济的发展而更新，及时将新知识、新技术、新工艺和新案例等引入教材；同时注重吸收最新的教学理念，并积极支持新专业的教材建设。教材编排注重图、文、表并茂，生动活泼，形式新颖；名称、名词、术语等均符合国家标准和规范。

4）注重立体化资源建设。系列教材针对部分课程特点，力求通过随书二维码等形式，将教学视频、仿真动画、案例拓展、习题试卷及解答等教学资源融入到教材中，使学生的学习课上课下相结合，为高素质技能型人才的培养提供更多的教学手段。

由于我国高等职业教育改革和发展的速度很快，加之我们的水平和经验有限，因此在教材的编写和出版过程中难免出现疏漏。恳请使用本系列教材的师生及时向我们反馈相关信息，以利于我们今后不断提高教材的出版质量，为广大师生提供更多、更适用的教材。

机械工业出版社

前　言

本书主要介绍了Protel 99 SE的印制电路板辅助设计功能，通过实际产品的PCB解剖和仿制，突出专业知识的实用性、综合性和先进性，使读者能迅速掌握软件的基本应用，具备PCB的设计能力。

目前电子产品朝着小型化的方向发展，贴片元器件的使用不仅使产品小型化得以实现，而且大大降低了硬件成本，得到了广泛应用。本次改版进一步增加了贴片 PCB 设计的篇幅，旨在提高读者的贴片PCB设计能力。

本书具有以下特点。

1）采用项目引领，任务驱动组织教学，融“教、学、做”于一体。

2）采用练习、产品仿制和自主设计三阶段的模式逐步培养读者的设计能力。

3）通过实际产品的解剖，介绍 PCB 的布局、布线原则和设计方法，重点突出布局、布线的原则说明，使读者能设计出合格的PCB。

4）采用低频矩形 PCB、高密度 PCB、异形双面贴片 PCB 和元器件双面贴放 PCB 等实际产品案例全面介绍常用类型的PCB设计方法。

5）全书案例丰富，图例清晰，内容由浅入深，案例难度逐渐提高，逐步提高读者的设计能力。

6）每个项目均配备了详细的实训内容，便于读者操作练习。

本书共分为 10 个项目，主要内容包括印制电路板认识与制作、原理图标准化设计、原理图元器件设计、单管放大电路 PCB 设计、元器件封装设计、节能灯 PCB 设计、电子镇流器PCB设计、电动车报警遥控器PCB设计、USB转串口连接器PCB设计和一个综合项目产品设计。总学时建议为60学时，采用一体化教学模式授课。

课程安排上建议安排在“计算机应用基础”“电工基础”“电子线路”之后讲授。

本书由郭勇、谢斌生等编著，其中项目 1、项目 3～项目 5 及附录由谢斌生编写，项目2、项目 6～项目 10 由郭勇编写，吴邦辉和翁淑蓉也参与了本书的编写工作。全书由郭勇统稿，由郭贤发担任主审。在本书编写过程中，企业专家朱铭、林巧娥、王水仙等参与了项目选型工作，精品课程建设小组成员蒋建军、陈开洪、卓树峰、程智宾参加了项目研讨工作，在此表示感谢。

本书可作为高等职业院校电子类、电气类、通信类、机电类等专业的教材，也可作为职业技术教育、技术培训及从事电子产品设计与开发的工程技术人员学习PCB设计的参考书。

为了保持与软件的一致性，本书中有些电路图保留了绘图软件的电路符号，部分电路符号与国标不符，附录D中给出了书中非标准符号与国标的对照表。按照Protel 99 SE软件的设计和业内习惯，长度单位使用了非法定单位mil，$1\text{mil}=10^{-3}\text{in}=2.54\times10^{-5}\text{m}$。

限于编者的经验、水平，书中难免有不足和缺漏之处，恳请专家、读者批评指正。

编　者

目　录

项目 1　印制电路板认识与制作

知识与能力目标

1）认识印制电路板。

2）了解印制电路板的种类。

3）掌握热转印方式制作印制电路板。

任务 1.1　了解印制电路板

图 1-1 为一块计算机主板的实物图，从图上可以看到电阻、电容、电感、二极管、晶体管、集成电路等元器件及 PCB 走线、焊盘、金属化孔、接插件等。这种上面设计有走线、焊盘、金属化孔等用于安装元器件、接插件等的板子即为印制电路板。

图 1-1　计算机主板的实物图

印制电路板（Printed Circuit Board，PCB）也称为印制线路板，简称为印制板，是指以绝缘基板为基础材料加工成一定尺寸的板，在其上面至少有一个导电图形及所有设计好的孔（如元器件孔、机械安装孔及金属化孔等），以实现元器件之间的电气互连。

在实际电路设计中，最终需要将电路中的实际元器件安装在印制电路板上。原理图的设计解决了电路中元器件的逻辑连接，而元器件之间的物理连接则是靠 PCB 上的铜箔实现。

随着中、大规模集成电路出现，元器件安装朝着自动化、高密度方向发展，对印制电路板导电图形的布线密度、导线精度和可靠性要求越来越高。与此相适应，为了满足对印制电路板数量和质量上的要求，印制电路板的生产也越来越专业化、标准化、机械化和自动化，如今已在电子工业领域中形成一门新兴的印制电路板制造工业。

1.1.1 印制电路板的发展

印制电路板的发展已有 100 多年的历史，它的设计主要是版图设计。采用电路板的主要优点是大大减少布线和装配的差错，提高了自动化水平和生产效率。

在 19 世纪，由于不存在复杂的电子装置和电气机械，只是大量需要无源元器件，如电阻、线圈等，因此没有大量生产印制电路板的问题。

20 世纪初，人们为了简化电子装置的制作，减少电子元器件间的配线，降低制作成本，开始研究以印刷的方式取代配线的方法。几十年间，不断有工程师提出在绝缘的基板上加以金属导体作配线。而最成功的是1925 年，Charles Ducas 在绝缘的基板上印刷出线路图案，再以电镀的方式，成功建立导体作配线。

经过几十年的实践，直至 1936 年，Paul Eisler 博士及其助手第一个采用印制电路板制造整机——收音机，并率先提出印制电路板概念，奠定了光蚀刻工艺的基础。

随着电子元器件的出现和发展，特别是 1948 年出现晶体管，电子设备大量增加并趋向复杂化，印制电路板的发展进入一个新阶段。

20 世纪 50 年代中期，大面积的高粘合强度覆铜板的研制，为大量生产印制板提供了材料基础，实现了单面印制板的工业化大生产。1954 年，美国通用电气公司采用了图形电镀-蚀刻法制板。

20 世纪 60 年代，印制板得到广泛应用，并日益成为电子设备中必不可少的重要部件。在生产上除大量采用丝网漏印法和图形电镀-蚀刻法（即减成法）等工艺外，还应用了加成法工艺，使印制导线密度更高，实现了孔金属化双面印制板的规模化生产。

20 世纪 70 年代，多层印制电路板得到迅速发展，并不断向高精度、高密度、细线小孔、高可靠性、低成本和自动化连续生产方向发展。

20 世纪 80 年代，表面安装（SMT）印制板逐渐替代通孔式印制电路板成为生产主流。

20 世纪 90 年代，表面安装从四边扁平封装（QFP）向球栅阵列封装（BGA）发展。

进入 21 世纪以来，高密度的 BGA、芯片级封装以及有机层压板材料为基板的多芯片模块封装印制板得到迅猛发展。

我国在 20 世纪 50 年代中期试制出单面板和双面板；20 世纪 60 年代中期，试制出金属化双面印制板和多层板样品；70 年代开始采用图形电镀-蚀刻法工艺制造印制板，试制出加成法材料——覆铝箔板，并采用半加成法生产印制板；20 世纪 80 年代初研制出挠性印制电路板和金属芯印制板，并从国外引进了先进水平的单面、双面、多层印制电路板生产线，提高了我国印制板的生产技术水平。

在电子设备中，印制电路板通常起 3 个作用。

（1）为电路中的各种元器件提供必要的机械支撑。

（2）提供电路的电气连接。

（3）用标记符号将板上所安装的各个元器件标注出来，便于插装、检查及调试。

但是，更为重要的是，使用印制电路板有 4 大优点。

（1）具有重复性。一旦电路板的布线经过验证，就不必再为制成的每一块板上的互连是否正确而逐个进行检验，所有板的连线与样板一致，这种方法适合于大规模工业化生产。

（2）板的可预测性。通常，设计师按照“最坏情况”的设计原则来设计印制导线的长、宽、间距以及选择印制板的材料，以保证最终产品能通过试验条件。虽然此法不一定能准确地反映印制板及元器件使用的潜力，但可以保证最终产品测试的废品率很低，而且大大地简化了印制板的设计。

（3）所有信号都可以沿导线任一点直接进行测试，不会因导线接触引起短路。

（4）印制板的焊点可以在一次焊接过程中将大部分焊完。

现代焊接方法主要有浸焊、波峰焊和回流焊接技术，前两者适用于通孔式元器件的焊接，后者适用于表面贴片式元器件（SMD 元器件）的焊接。现代焊接方法可以保证高速、高质量地完成焊接工作，减少了虚焊、漏焊，从而降低了电子设备的故障率。

正因为印制板有以上特点，所以从它面世的那天起，就得到了广泛的应用和发展，现代印制板已经朝着多层、精细线条的方向发展，特别是 20 世纪 80 年代开始推广的 SMD（表面封装）技术是高精度印制板技术与 VLSI（超大规模集成电路）技术的紧密结合，大大提高了系统安装密度与系统的可靠性。

1.1.2　认识印制电路板

印制电路板几乎会出现在每一种电子设备当中，在其上安装有各种元器件，通过印制导线、焊盘及过孔等进行线路连接，为了便于读识，板上还印制了丝网图，用于元器件标识和说明。

1．认识 PCB 上的元器件

如图 1-2 所示，PCB 上的元器件主要有两大类，一类是通孔式元器件，通常这种元器件体积较大，且电路板上必须钻孔才能插装；另一类是表面贴片式元器件（SMD），这种元器件不必钻孔，利用钢模将半熔状锡膏倒入电路板上，再把 SMD 元器件放上去，通过回流焊将元器件焊接在电路板上。

a)

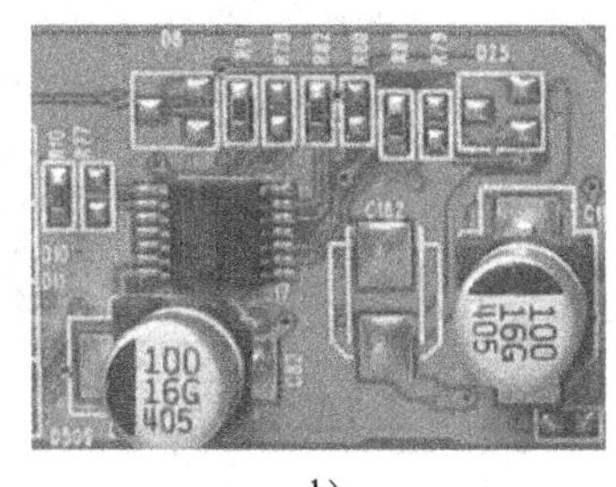

b)

图 1-2　PCB 上的元器件

a) 通孔式元器件　b) SMD 元器件

2．认识 PCB 上的印制导线、过孔和焊盘

PCB 上的印制导线也称为铜膜线，用于印制板上的线路连接，通常印制导线是两个焊盘（或过孔）间的连线，而大部分的焊盘就是元器件的引脚，当无法顺利连接两个焊盘时，往往通过跳线或过孔实现连接。过孔（也称为金属化孔）用于连接不同层之间的印制导线。

图 1-3 为印制导线的走线图，图中所示为双面板，一般采用垂直布线法，一层水平走线，另一层垂直走线，两层之间印制导线通过过孔连接。

3. 认识 PCB 上的阻焊与助焊

对于一个批量生产的电路板而言，通常在印制板上敷设一层阻焊，阻焊剂一般是绿色或棕色，所以成品 PCB 一般为绿色或棕色，这实际上是阻焊漆的颜色。

在 PCB 上，除了要焊接的地方外，其他地方根据 PCB 设计软件所产生的阻焊图来覆盖一层阻焊剂，这样可以快速焊接，并防止焊锡溢出引起短路；而对于要焊接的地方，通常是焊盘，则要涂上助焊剂，以便于焊接，如图 1-4 所示。

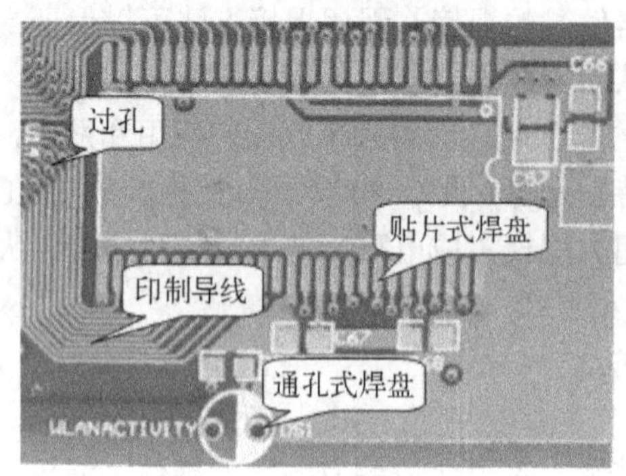

图 1-3　PCB 上的印制导线、过孔和焊盘

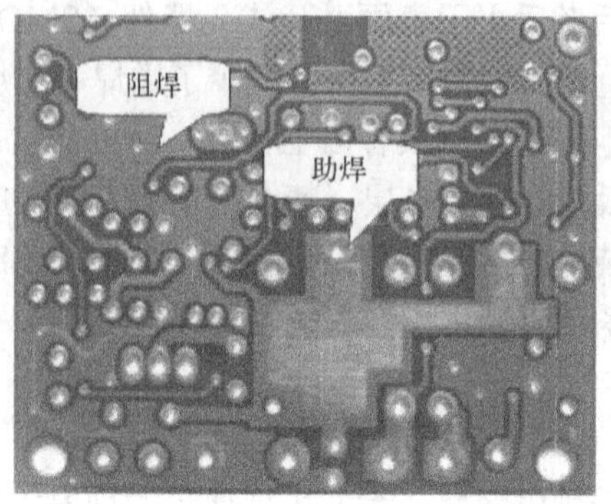

图 1-4　PCB 上的阻焊和助焊

4. 认识 PCB 上的丝网

为了让印制电路板更具有可读性，便于安装与维修，一般在 PCB 上要印一些文字或图案，如图 1-5 中的 R24、Q11 等所示。用于标示元器件的位置或进行说明电路的，通常称为丝网在顶层的称为顶层丝网层（Top Overlay），而在底层的则称为底层丝网层（Bottom Overlay）。

图 1-5　PCB 上的丝网

丝网一般印刷在阻焊层之上。

5. 认识 PCB 中的金手指

在 PCB 设计中有时需要把两块 PCB 相互连接，一般会用到俗称“金手指”的接口。

“金手指”由众多金黄色的导电触片组成，因其表面镀金而且导电触片排列如手指状，所以称为“金手指”。“金手指”实际上是在覆铜板上通过特殊工艺再覆上一层金，因为金的抗氧化性极强，而且导电性也很强。不过因为金昂贵的价格，目前较多采用镀锡来代替。

“金手指”在使用时必须有对应的插槽，通常连接时，将一块 PCB 上的“金手指”插进另一块 PCB 的插槽上。在计算机中，独立显卡、独立声卡、独立网卡或其他类似的界面卡，都是通过“金手指”与主板相连的。

图 1-6 所示为显卡的“金手指”和计算机主板上的插槽。

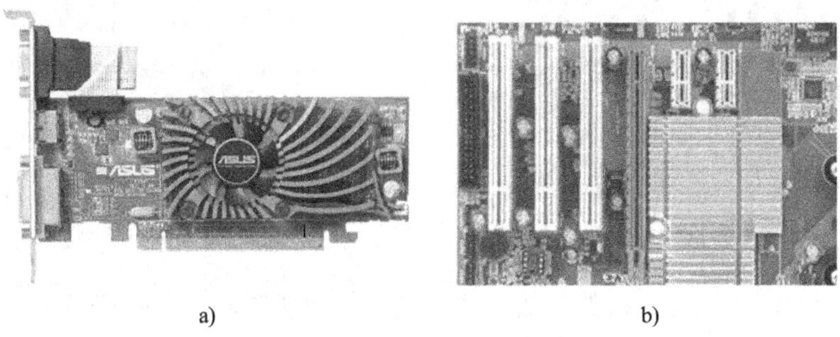

a)　　b)

图 1-6 “金手指”与插槽

a)“金手指”　b) 插槽

1.1.3 印制电路板的种类

目前常见的印制电路板一般以铜箔覆盖在绝缘板（基板）上，故通常将其称为覆铜板。

1．根据 PCB 导电板层划分

（1）单面印制板（Single Sided Print Board）。单面印制板指仅一面有导电图形的印制板，其上元器件集中在其中一面，印制导线则集中在另一面上，板的厚度一般为 0.2～5.0mm，它是在一面敷有铜箔的绝缘基板上，通过印制和腐蚀的方法在基板上形成印制电路，如图 1-7 所示。它适用于一般要求的电子设备，如收音机、电视机等。

（2）双面印制板（Double Sided Print Board）。双面印制板指两面都有导电图形的印制板，板的厚度为 0.2～5.0mm，它是在两面敷有铜箔的绝缘基板上，通过印制和蚀刻的方法在基板上形成印制电路，两面的电气互连通过金属化孔实现，如图 1-8 所示。它适用于要求较高的电子设备，如计算机、通信设备和电子仪表等，由于双面印制板的布线密度较高，所以能减小设备的体积。

图 1-7　单面印制板样图

图 1-8　双面印制板样图

（3）多层印制板（Multilayer Print Board）。多层印制板是由交替的导电图形层及绝缘材料层层压粘合而成的一块印制板，导电图形的层数在两层以上，层间电气互连通过金属化孔实现。多层印制板的连接线短而直，便于屏蔽，但印制板的工艺复杂，由于使用金属化孔，可靠性下降。多层印制板的层数并不代表有几层独立的布线层，在特殊情况下会加入空层来控制板的厚度，通常层数都是偶数。它常用于计算机的板卡中，如图 1-9 和图 1-10 所示。

图 1-9 多层印制板样图

图 1-10 多层印制板示意图

对于电路板的制作而言，板的层数越多，制作程序就越多，废品率当然会增加，成本也相对提高，所以只有在高级的电路中才会使用多层板。市面上所谓的四层板，就是顶层、底层，中间再加上两个电源板层，技术已经很成熟；而六层板就是四层板再加上两层布线板层，只有在高级的主机板或布线密度较高的场合才会用到；至于八层板以上，制作就比较复杂。图 1-11 所示为四层板剖面图。通常在电路板上，元器件放在顶层，所以一般顶层也称为元器件面，而底层一般是焊接用的，所以又称为焊接面。

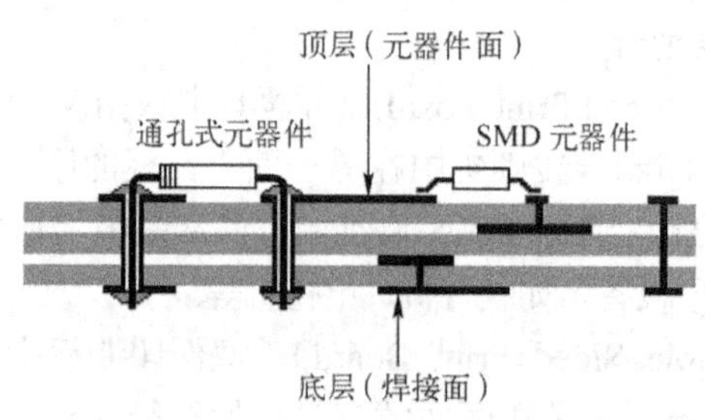

图 1-11 四层板剖面图

对于 SMD 元器件，顶层和底层都可以放元器件。图 1-11 中的通孔式元器件通常体积较大，且电路板上必须钻孔才能插装；SMD 元器件是表面贴装的，体积小，不必钻孔，通过回流焊将元器件焊接在电路板上。SMD 元器件是目前商品化电路板的主要元器件，但这种技术需要依靠机器，采用手工插置、焊接元器件比较困难。

在多层板中，为减小信号线之间的相互干扰，通常将中间的一些层面都布上电源或地线，所以通常将多层板的板层按信号的不同分为信号层（Singal）、电源层（Power）和地线层（Ground）。

2．根据 PCB 所用基板材料划分

（1）刚性印制板（Rigid Print Board）。刚性印制板是指以刚性基材制成的 PCB，常见的 PCB 一般都是刚性 PCB，如计算机中的板卡、家用电器中的印制板等，如图 1-7～图 1-9 所示。常用刚性 PCB 有以下几类。

1）纸基板：价格低廉、性能较差，一般用于低频电路和要求不高的场合。

2）玻璃布板：价格较贵、性能较好，常用做高频电路和高档家用电器产品中。

3）合成纤维板：价格较贵、性能较好，常用做高频电路和高档家用电器产品中。

4）当频率高于数百兆赫时，必须用介电常数和介质损耗更小的材料，如聚四氟乙烯和高频陶瓷做基板。

（2）挠性印制板（Flexible Print Board）。挠性印制板也称为柔性印制板、软印制板，是以聚四氟乙烯、聚酯等软性绝缘材料为基材的 PCB。由于它能进行折叠、弯曲和卷绕，在三维空间里可实现立体布线，它的体积小、重量轻、装配方便，容易按照电路要求成形，提高了装配密度和板面利用率，因此可以节约 60%～90%的空间，为电子产品小型化、薄型化创造了条件，如图 1-12 所示。它在笔记本或计算机、手机、打印机、自动化仪表及通信设备中得到广泛应用。

（3）刚-挠性印制板（Flex-rigid Print Board）。刚-挠性印制电路板指利用软性基材，并在不同区域与刚性基材结合制成的 PCB，如图 1-13 所示。它主要应用于印制电路的接口部分。

图 1-12　挠性印制板样图

图 1-13　刚-挠性印制板样图

任务 1.2　了解印制电路板的生产制作

制作印制电路板最初的一道基本工序是将底图或照相底片上的图形，转印到覆铜箔层压板上。最简单的一种方法是印制-蚀刻法，或称为铜箔腐蚀法，即用防护性抗蚀材料在敷铜箔层压板上形成正性的图形，那些没有被抗蚀材料防护起来的不需要的铜箔随后经化学蚀刻而被去掉，蚀刻后将抗蚀层除去就留下由铜箔构成的所需图形。

1.2.1　印制电路板制作生产工艺流程

一般印制电路板的制作要经过 CAD 辅助设计、照相底板制作、图像转移、化学镀、电镀、蚀刻和机械加工等过程，图 1-14 为双面板图形电镀-蚀刻法的工艺流程图。

单面印制电路板一般采用酚醛纸基覆铜箔板制作，也常采用环氧纸基或环氧玻璃布覆铜箔板，单面板图形比较简单，一般采用丝网漏印正性图形，然后蚀刻出印制电路板，也可以采用光化学法生产。

双面印制电路板通常采用环氧玻璃布覆铜箔板制造，双面板的制造一般分为工艺导线法、堵孔法、掩蔽法和图形电镀-蚀刻法。

多层印制电路板一般采用环氧玻璃布覆铜箔层压板。为了提高金属化孔的可靠性，应尽量选用耐高温的、基板尺寸稳定性好的，特别是厚度方向热线膨胀系数较小的，并和铜镀层热线膨胀系数基本匹配的新型材料。制作多层印制电路板，先用铜箔蚀刻法做出内层导线图形，然后根据设计要求，把几张内层导线图形重叠，放在专用的多层压机内，经过热压、黏合工序，就制成了具有内层导电图形的覆铜箔的层压板。

目前已定型的工艺主要有以下两种。

（1）减成法工艺。它是通过有选择性地除去不需要的铜箔部分来获得导电图形的方法。

减成法是印制电路板制造的主要方法，它的最大优点是工艺成熟、稳定和可靠。

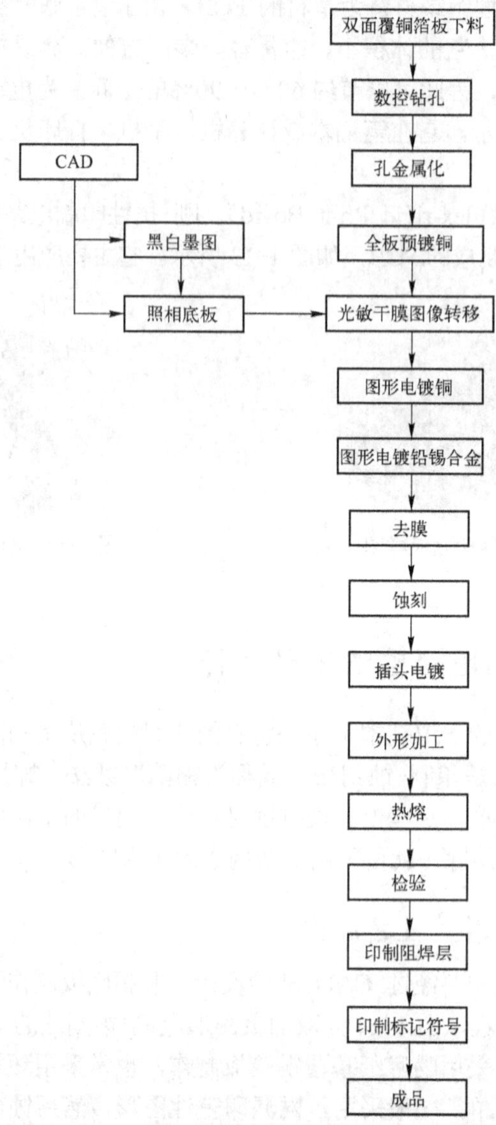

图 1-14　双面板图形电镀-蚀刻法的工艺流程

（2）加成法工艺。它是在未覆铜箔的层压板基材上，有选择地淀积导电金属而形成导电图形的方法。加成法工艺的优点是避免大量蚀刻铜，降低了成本；生产工序简化，生产效率提高；镀铜层的厚度一致，金属化孔的可靠性提高；印制导线平整，能制造高精密度 PCB。

1.2.2　采用热转印方式制板

热转印制电路板的优点是直观、快速、方便、成功率高，采用激光打印机，需要专用的菲林纸或热转印纸。

热转印制电路板所需的主要材料有覆铜板、热转印纸、高温胶带、三氯化铁（或工业盐酸+双氧水）和松香水（松香+无水酒精）；设备工具有热转印机、激光打印机、裁板机、高速微型钻床、剪刀、锉刀、镊子、细砂纸和记号笔等。

热转印制板的操作流程为：激光打印出图→裁板→PCB 图热转印→修板→线路腐蚀→钻孔→擦拭、清洗→涂松香水。

1. 激光打印出图

出图一般采用激光打印机，通过设计软件 Protel 99 SE 将 PCB 图打印在热转印纸的光滑面上，如图 1-15 所示。Protel 99 SE 的打印功能将在后面的章节中介绍。

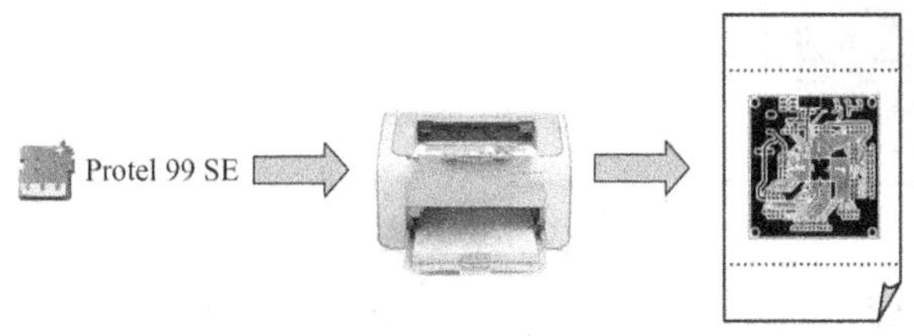

图 1-15 激光打印

一般在打印时，为节约热转印纸，可将几个 PCB 图合并到同一个文件中再一起打印，打印完毕用剪刀将每一块电路板的图样剪开。

2. 裁板

板材准备又称为下料，在 PCB 制作前，应根据设计好的 PCB 图大小来确定所需 PCB 板基的尺寸规格，然后根据具体需求进行裁板。

裁板机如图 1-16 所示，其中包括上刀片、下刀片、压杆、底板和定位尺。裁板时调整好定位尺，将电路板放置在刀片上，下压压杆进行裁板。

裁板时，为了后续贴转印纸方便，电路板上一般要留出贴高温胶带的位置，一般比转印的 PCB 图长 1～2cm。

3. PCB 图热转印

PCB 图热转印即通过热转机将热转印纸上的 PCB 图转印到电路板上。热转印的具体步骤如下所述。

（1）覆铜板表面处理。在进行热转印前必须先对覆铜板进行表面处理，由于加工、存储等原因，在覆铜板的表面会形成一层氧化层或污物，将影响底图的转印，为此，在转印底图前用细砂纸打磨电路板。

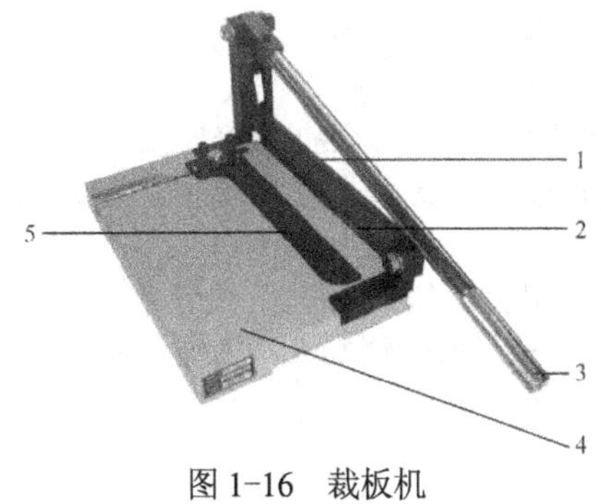

图 1-16 裁板机

1—上刀片 2—下刀片 3—压杆 4—底板 5—定位尺

（2）热转印纸裁剪。使用剪刀将带底图的热转印纸裁剪到略小于覆铜板大小，以便进行固定。

（3）高温胶带固定。通过高温胶带将底图的一侧固定在电路板上，如图 1-17 所示。

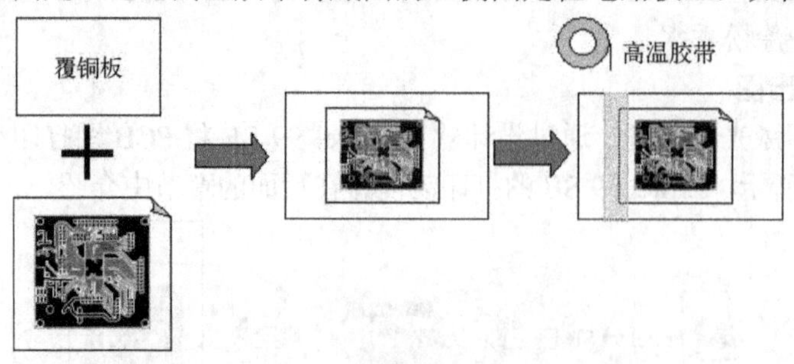

图 1-17　贴热转印纸

（4）热转印。热转印是通过热转印机将热转印纸上的碳粉转印到覆铜板上，如图 1-18 所示。将热转印机进行预热，当温度达到 150℃左右时，将用高温胶带贴好热转印纸的覆铜板送入热转印机进行转印，注意贴高温胶带的一侧先送入，热转印机的滚轴将步进转动进行转印。

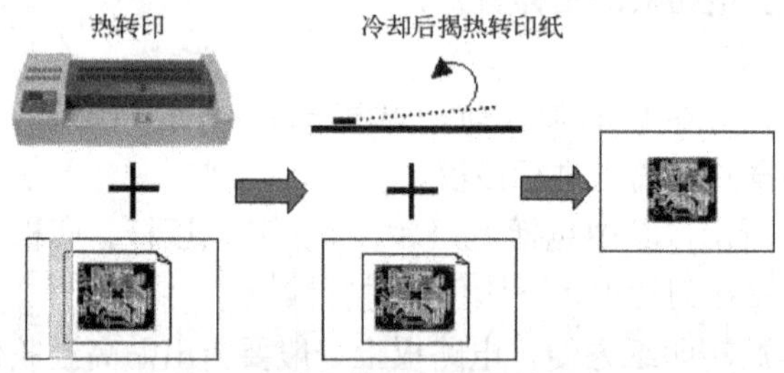

图 1-18　热转印及揭热转印纸

热转印结束，热转印纸上的碳粉将全部转印到覆铜板上。

4．揭热转印纸与板修补

热转印完毕，自然冷却覆铜板。当刚好不烫手时，小心揭开热转印纸，此时碳粉已经转印到覆铜板上。

揭开热转印纸后可能会出现部分地方没有转印好，此时需要进行修补，利用记号笔将没转印好的地方补描一下，晾干后即可进行线路腐蚀。

 **经验之谈**

（1）要进行转印的 PCB 图需打印在热转印纸的光滑面上。

（2）打印机的输出颜色应设置为黑白色（即选中 “Black & White”）以保证有足够的炭粉。

（3）粘贴用的胶带必须使用高温胶带，普通胶带在转印中会由于高温烧毁。

（4）热转印时应将贴有高温胶带的一侧先进入热转印机。

5．线路腐蚀

线路腐蚀主要是通过腐蚀液将没有碳粉覆盖的铜箔腐蚀，而保留下碳粉覆盖部分，即设计好的 PCB 铜膜线。

线路腐蚀采用双氧水+盐酸+水混合液，双氧水和盐酸的比例为 3∶1，配制时必须先加水稀释双氧水，再混合盐酸。由于双氧水和盐酸的浓度各不相同，腐蚀时可根据实际情况调整用量。这种腐蚀方法速度快，腐蚀液清澈透明，容易观察腐蚀程度。但要注意观察，腐蚀完毕要迅速用竹筷或镊子将 PCB 捞出，再用水进行冲洗，最后烘干。

线路腐蚀也可以采用三氯化铁溶液进行。

腐蚀后的 PCB 如图 1-19 所示，图中的铜膜线上覆盖有碳粉。

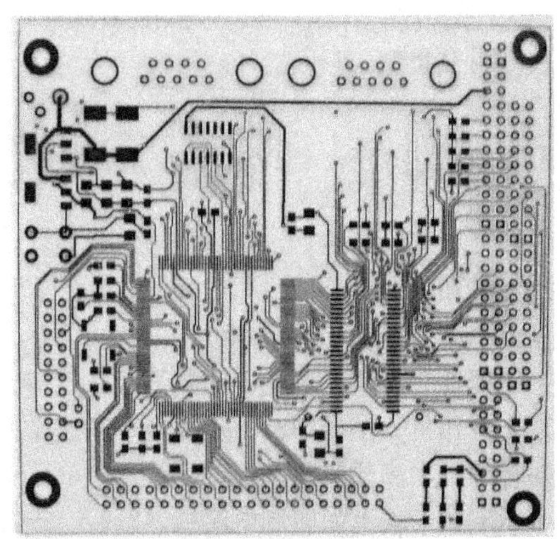

图 1-19　腐蚀后的电路

6. 钻孔

钻孔的主要目的是为了在线路板上插装元器件，常用的手动打孔设备有高速视频钻床和高速微型台钻，如图 1-20 所示。

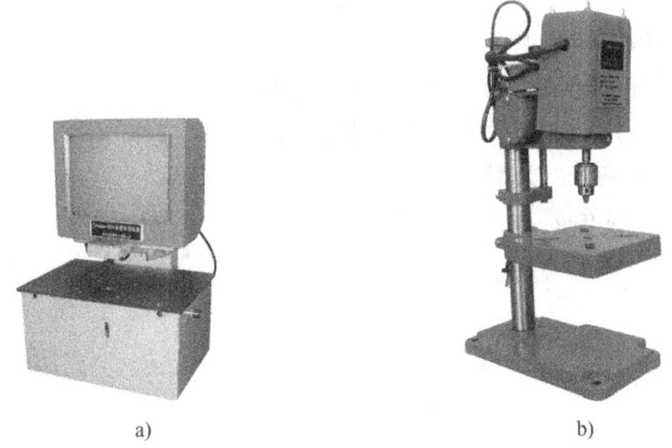

a)　　b)

图 1-20　钻孔设备

a) 高速视频钻床　b) 高速微型台钻

钻孔时要对准焊盘中心，钻孔过程中要根据需要调整钻头的粗细。为便于钻孔时对准焊盘中心，在打印 PCB 图时，可将焊盘的孔设置为显示状态（Show Hole）。

7. 后期处理

钻孔后，用细砂纸将印制电路板上的碳粉擦除，然后涂上松香水，以便于后期的焊接，防止氧化。

技能实训 1　热转印方式制板

1. 实训目的

（1）认识常用的印制板基材及类型。

（2）认识印制电路板。

（3）掌握热转印制板的方法。

（4）手工制作一块印制电路板。

2. 实训内容

（1）识别纸基板、玻璃布板和合成纤维板。

（2）认识单面板、双面板、多层板及挠性印制板。

（3）认识印制电路板：元器件、焊盘、过孔、印制导线、阻焊、助焊和丝网等。

（4）认识制板设备：激光打印机、热转印机、裁板机及高速微型台钻等。

（5）认识制板辅材：热转印纸、高温胶带及细砂纸等。

（6）采用热转印方式手工制作一块单面印制电路板。

3. 思考题

（1）热转印的图形应打印在热转印纸的光面或麻面？

（2）如何配置双氧水+盐酸腐蚀液？

（3）如何进行热转印制板？简述步骤。

思考与练习

1. 简述印制电路板的概念与作用。
2. 按导电板层划分，印制电路板可分为哪几种？
3. 按基板材料划分，印制电路板可分为哪几种？
4. 简述热转印制电路板的步骤。
5. 如何进行腐蚀液配制？

项目 2　原理图标准化设计

知识与能力目标

1）了解 Protel 99 SE 软件安装与设置方法。

2）掌握原理图设计的基本方法。

3）掌握原理图电气规则检查方法。

4）掌握原理图的网络表生成方法。

5）掌握报表文件的生成与使用。

20 世纪 80 年代以来，我国电子工业取得了长足的进步，现在已经进入一个新的发展时期。随着微电子技术和计算机技术的不断发展，在涉及通信、国防、航天、工业自动化和仪器仪表等领域的电子系统设计工作中，电子设计自动化（Electronic Design Automatic，EDA）的技术含量正以惊人的速度上升，它已成为当今电子技术发展的前沿之一。

电子线路的设计一般要经过设计方案提出、验证和修改 3 个阶段，有时甚至需要经历多次反复，传统的设计方法一般是采用搭接实验电路的方式进行，这种方法费用高、效率低。随着计算机的发展，某些特殊类型的电路设计可以通过计算机来完成，但目前能实现完全自动化设计的电路类型不多，大部分情况下要以“人”为主体，借助计算机完成设计任务，这种设计模式称作计算机辅助设计（Computer Aided Design，CAD）。

EDA 技术是计算机在电子工程技术上的一项重要应用，是在电子线路 CAD 技术基础上发展起来的计算机设计软件系统，它是计算机技术、信息技术和 CAM（计算机辅助制造）、CAT（计算机辅助测试）等技术发展的产物。利用 EDA 工具，电子设计师可以从概念、算法、协议等开始设计电子系统，大量工作可以通过计算机完成，并可以将电子产品从电路设计、性能分析、器件制作到设计印制板的整个过程在计算机上自动处理完成。

本书主要介绍印制电路板的计算机辅助设计，它是 EDA 技术中的一部分，采用的设计软件为 Protel 99 SE SP6，它占用资源小，操作方便，作为 PCB 设计的入门软件容易上手。

任务 2.1　了解 Protel 99 SE 软件

Protel 软件包是 20 世纪 90 年代初由澳大利亚 Protel Technology 公司研制开发的电子线路设计和布线的软件，它在我国电子行业中知名度很高，普及程度较广。

进入 21 世纪，Protel 公司整合了数家电路设计软件公司，正式更名为 Altium，成为世界上名列前茅的电路设计软件公司。

Protel 99 SE 采用数据库管理模式，可以进行联网设计，具有很强的数据交换能力和开放性及 3D 模拟功能，是一个 32 位的设计软件，可以完成原理图、印制电路板设计和可编程逻辑器件设计等，可以支持 32 个信号层、16 个电源-地层和 16 个机加工层的 PCB 设计。

Protel 99 SE 中主要功能模块包括 Advanced Schematic 99 SE（原理图设计系统）、Advanced PCB 99 SE（印制电路板设计系统）、Advanced Route 99 SE（自动布线系统）、Advanced Integrity 99 SE（PCB 信号完整性分析）、Advanced SIM 99 SE（电路仿真系统）及 Advanced PLD 99 SE（可编程逻辑元器件设计系统）。

本书主要介绍 Protel 99 SE 软件中的 PCB 设计模块，即 Advanced Schematic 99 SE、Advanced PCB 99 SE 和 Advanced Route 99 SE（自动布线系统）模块。

注意：Protel 99 SE 软件中使用的电气符号，在目前我国图标所规定的符号，有很多不同。如─/\/\/\─ 和 ─▭─，─||⁺ 和 ⁺|├─等，特别是逻辑符号，读者请参考附录 D 的说明。

2.1.1 安装 Protel 99 SE 软件

1．Protel 99 SE 软件安装

（1）将 Protel 99 SE 软件光盘放入计算机光盘驱动器中。

（2）放入 Protel 99 SE 系统光盘片后，系统将激活自动执行文件，屏幕出现图 2-1 所示的安装初始界面。如果光驱没有自动执行的功能，可以在 Windows 环境中打开光盘，运行光盘中的“setup.exe”文件进行安装。

（3）单击“Next”按钮，屏幕弹出“用户注册”对话框，提示输入序列号及用户信息，如图 2-2 所示。正确输入供应商提供的序列号后单击“Next”按钮进入下一步。

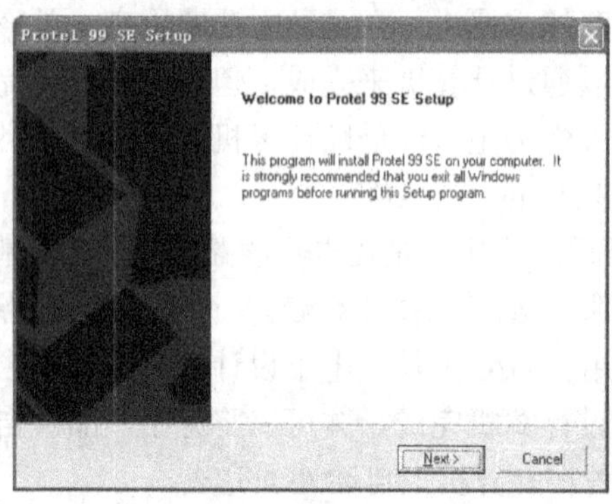

图 2-1　安装初始界面

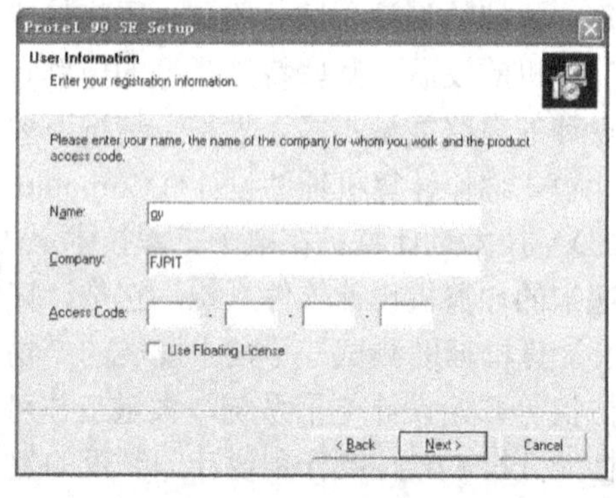

图 2-2　“用户注册”对话框

（4）单击“Next”按钮后，屏幕提示选择安装路径，一般不作修改。再次单击“Next”按钮，选择安装模式，一般选择“Typical”（典型安装）模式。继续单击“Next”按钮，屏幕提示指定存储目标文件的程序组位置，如图 2-3 所示，一般采用默认位置。

（5）设置好程序组，单击“Next”按钮，系统开始复制文件，如图 2-4 所示。

（6）系统安装结束，屏幕提示安装完毕，单击“Finish”按钮结束安装，至此，Protel 99 SE 软件安装完毕，系统在桌面上产生 Protel 99 SE 的快捷方式图标。

2．Protel 99 SE SP6 补丁软件的安装

Protel 公司相继发布了一些补丁软件，本书中使用的补丁软件版本为 Protel 99 SE Service

Pack 6，该软件由 Protel 公司免费提供给用户。

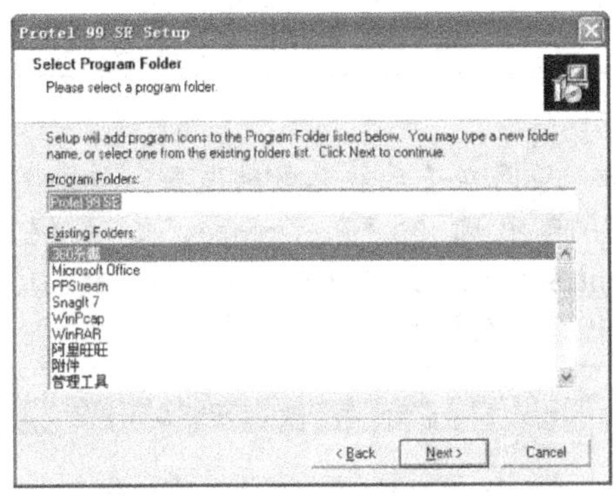

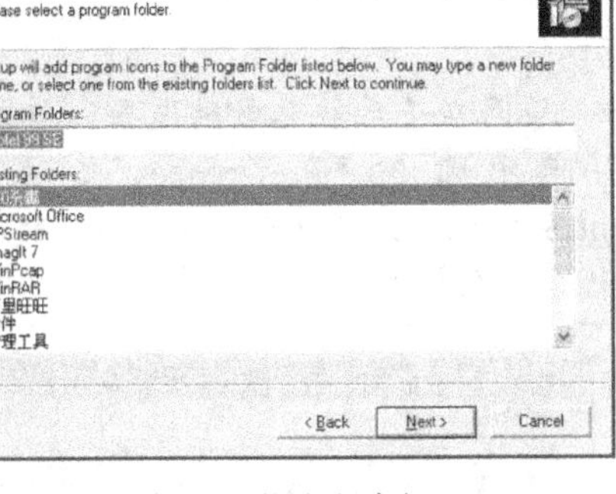

图 2-3　指定程序组

图 2-4　复制文件

下载补丁软件后，执行该补丁文件（protel99seservicepack6.exe），屏幕出现版权说明，单击“I accept the terms of the License Agreement and wish to CONTINUE”按钮，屏幕弹出“安装路径”设置对话框，单击“Next”按钮，软件自动进行安装。

2.1.2　启动 Protel 99 SE 软件

1. 启动 Protel 99 SE 的常用方法

启动 Protel 99 SE 有 3 种方法，具体如下所述。

（1）用鼠标双击 Windows 桌面的快捷方式图标，启动 Protel 99 SE。

（2）在“开始”菜单中，单击 Protel 99 SE 快捷方式图标，启动 Protel 99 SE。

（3）执行“开始”→“程序”→“Protel 99 SE”→“Protel 99 SE”，启动 Protel 99 SE。

2. 进入 Protel 99 SE 主界面

Protel 99 SE 启动后，屏幕出现启动界面，几秒钟后，系统进入 Protel 99 SE 主窗口，如图 2-5 所示。

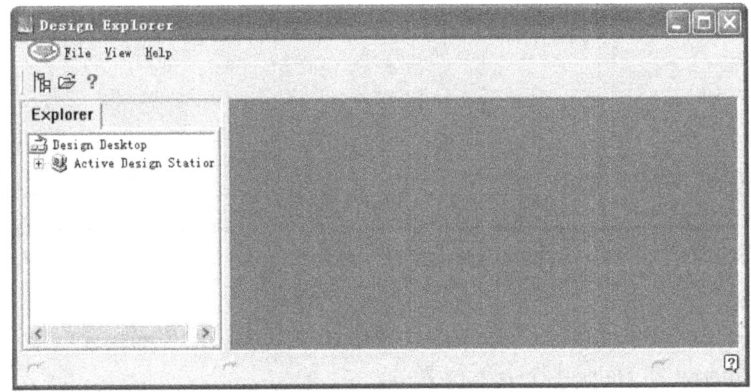

图 2-5　Protel 99 SE 主窗口

在主窗口中，执行菜单“File”→“New”可以建立一个新的设计数据库文件，屏幕弹出图 2-6 所示的“新建数据库文件”对话框，在“Database File Name”栏中系统默认文件名为“MyDesign.ddb”，用户可以修改数据库文件名。单击“Browse...”按钮可以设置文件保存的位置。

经验之谈

在图 2-6 中，对话框中的文字显示不完整，原因在于系统参数的设置。单击图 2-5 中主窗口左上角的按钮，在弹出的菜单中选中“Preferences”，系统弹出“Preferences”设置对话框，去除其中“Use Client System Font For All Dialogs”前的选中状态，单击“OK”按钮完成设置，设置完毕对话框中将完整显示文字内容，如图 2-7 所示。

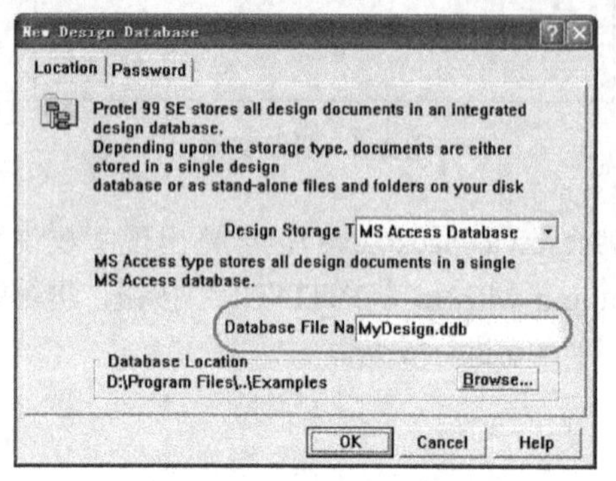

图 2-6 “新建数据库文件”对话框

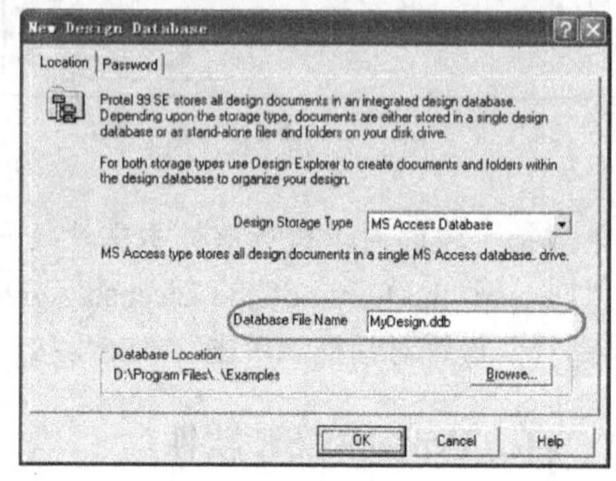

图 2-7 完整显示的“新建数据库文件”对话框

所有内容设置完毕，单击“OK”按钮，系统进入项目管理器主窗口，如图 2-8 所示，图中新建的数据库文件名已经修改为“AMP.ddb”，文件保存路径也进行了修改。

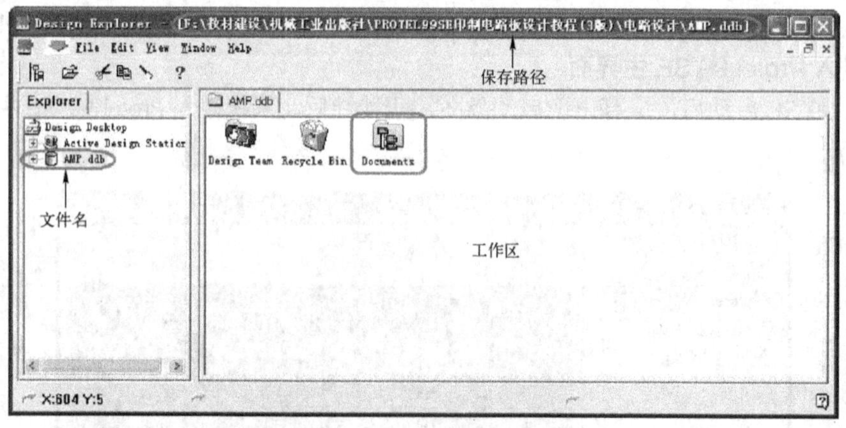

图 2-8 项目管理器主窗口

Protel 99 SE 主菜单主要实现文件操作、视图显示方式设置和编辑操作等，它包括 File、Edit、View、Window 和 Help 共 5 个下拉菜单。

3. Protel 99 SE 中的常用文件说明

Protel 99 SE 引用了设计数据库的概念，将所有的原理图文件、PCB 文件、库文件、文本文件等设计文件都包含在设计数据库文件（*.ddb）中，在 Windows 的资源管理器中只能查询到设计数据库文件。

图 2-9 为某设计项目的文件结构，该项目中的文件都在“LCD Controller.Ddb”文件夹中，其下方包含各种设计文件和文件夹，单击项目文件前的⊞或⊟可以显示或隐藏设计文件内的文件结构。

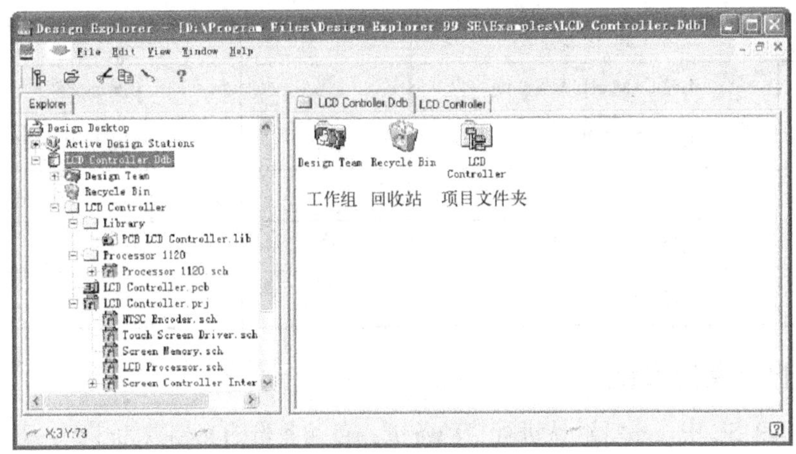

图 2-9　项目数据库文件的文件结构

每个设计数据库文件都默认自带一个回收站，当设计数据库内的文件被删除时，都保存在这个回收站中，随时可以恢复，只有在回收站中删除后，文件才被彻底删除。

在图 2-9 的设计数据库中，每个文件都是一个独立的文件，文件类型通过文件的扩展名加以区别，具体文件类型说明如表 2-1 所示。

表 2-1　Protel 99 SE 的文件类型说明

文件扩展名	文 件 类 型	文件扩展名	文 件 类 型
.ddb	设计数据库文件	.rep	报告文件
.prj	项目文件	.erc	电气测试报告文件
.sch	原理图文件	.abk	自动备份文件
.pcb	印制板文件	.xls	元器件列表文件
.lib	原理图库/PCB 库文件	.txt	文本文件
.net	网络表文件	.xrf	交差参考元器件列表文件

4．启动各种编辑器

进入图 2-8 所示的界面后，双击工作区中文件夹图标，确定文件存储在“Documents”文件夹中。

执行菜单“File”→“New”，屏幕弹出“New Document”（新建文档）对话框，如图 2-10 所示，共有 10 种文件类型可以建立。双击所需的文件类型，进入相应的编辑器。

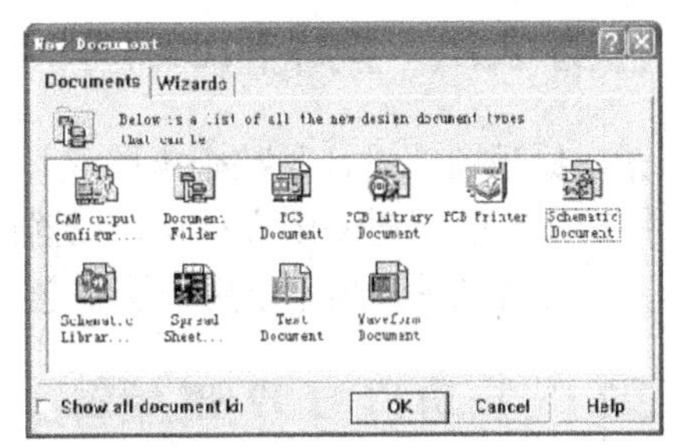

图 2-10　“新建文档”对话框

为了便于管理文件，通常根据需要，可以在项目的数据库文件中建立新的文件夹，并将一个设计项目所包含的各种文件分类保存在几个文件夹中，便于分辨和查找。

Protel 99 SE 可以建立 10 种文件类型，各类型的图标及说明如表 2-2 所示。

表 2-2　各类型的图标及说明

图　标	功　能	图　标	功　能
CAM output configur...	创建 CAM 输出配置文件	Document Folder	创建新文件夹
PCB Document	创建 PCB 文件	PCB Library Document	创建 PCB 库文件
PCB Printer	创建 PCB 打印文件	Schematic Document	创建原理图文件
Schematic Librar...	创建原理图库文件	Spread Sheet...	创建表格文件
Text Document	创建文本文件	Waveform Document	创建波形文件

2.1.3　系统自动备份设置

在 Protel 99 SE 中，系统默认进行自动备份。自动备份的文档数为 3 个，时间间隔为 30 分钟。自动备份文件名为*.BK0、*.BK1、*.BK2，其中“*”代表保存的文件名。保存的路径为软件的安装路径，如 D:\Program Files\Design Explorer 99 SE\Backup\。

单击图 2-5 中主窗口左上角的按钮，在弹出的菜单中选中“Preferences”，系统弹出“Preferences”（系统参数设置）对话框，选中“Create Backup Files”复选框，系统将自动备份设计文件；单击图中的“Auto-Save Settings”按钮，屏幕弹出图 2-11 所示的“自动备份设置”对话框，其中“Number”区用于设置文件的备份数量；“Time Interval”区用于设置自动备份的时间间隔，单位为分钟；单击“Browse” 按钮可以指定保存备份文件的文件夹。

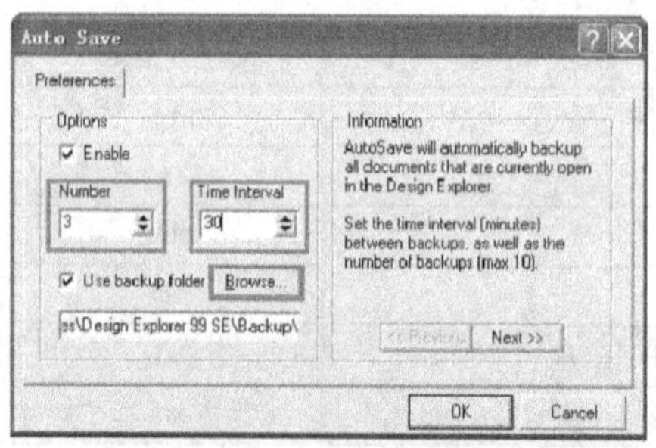

图 2-11　“自动备份设置”对话框

任务 2.2　了解 Protel 99 SE 原理图编辑器

原理图的设计是整个电路设计的基础，它决定了后续工作的进展。一般设计一个原理图的工作包括电路图样设置、元器件放置、布局调整、布线及保存等过程。

原理图编辑器主要用于绘制电路的原理图，在图中也可以添加波形及电路说明文字等。

2.2.1　启动 SCH 99 SE 编辑器

进入 Protel 99 SE，新建项目数据库文件，本例中为“AMP.ddb”，进入图 2-8 所示的界面，双击“Documents”文件夹图标，确定文件存储的位置，然后执行菜单“File”→“New”，屏幕弹出“New Document”对话框，如图 2-10 所示。本例中为原理图设计，故双击 图标，新建一个原理图文件，如图 2-12 所示，系统默认原理图文件名为“Sheet1.Sch”，此时可以直接修改原理图文件名，图中文件名改为“AMP.Sch”。

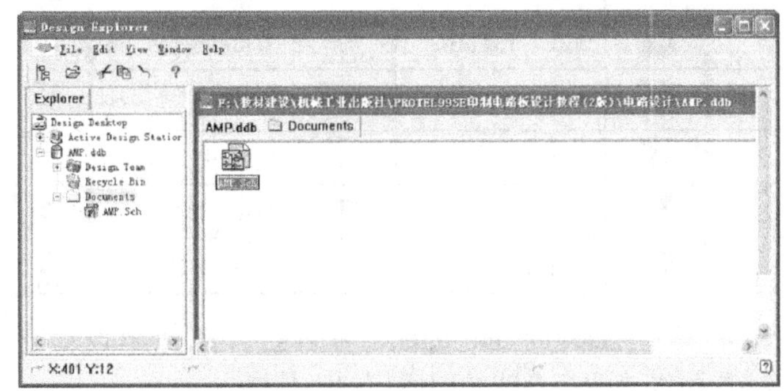

图 2-12　新建原理图文件

双击原理图文件图标，系统进入原理图编辑器。

2.2.2　原理图编辑器简介

图 2-13 所示为电路原理图编辑器，包括主菜单、主工具栏、设计管理器、工作窗口和状态栏等。

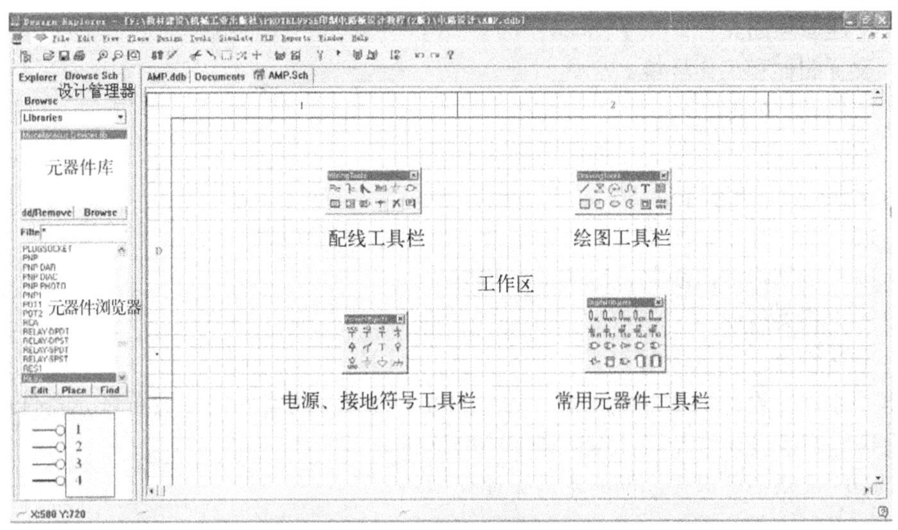

图 2-13　电路原理图编辑器

Protel 99 SE 提供了形象直观的工具栏，用户可以通过单击工具栏上的按钮来执行常用的命令。主工具栏的按钮功能如表 2-3 所示。

除主工具栏外，系统还提供了其他一些常用工具栏，如图 2-13 中的配线工具栏、绘图工具栏、常用器件工具栏、电源接地符号工具栏等。工具栏的具体使用方法，将在后面的操作中介绍。

表 2-3 主工具栏的按钮功能表

按钮	功 能	按钮	功 能	按钮	功 能	按钮	功 能
	项目管理器		显示整个工作面		解除选取状态		修改元器件库设置
	打开文件		主图、子图切换		移动被选对象		浏览元器件库
	保存文件		设置测试点		绘图工具		修改同一元器件的某功能单元
	打印设置		剪切		绘制电路工具		撤销操作
	放大显示		粘贴		仿真设置		重复操作
	缩小显示		框选对象		电路仿真操作		打开帮助文件

执行菜单“View”→“Design manager”可以打开或关闭设计管理器，执行菜单“View”→“Toolbars”可以选择打开或关闭所需的工具栏。

经验之谈

在实际使用中，为了保证设计管理器中的元器件浏览器显示完整，必须把显示器的分辨率设置为 1024×768 像素以上。

2.2.3 原理图设计步骤

电路原理图设计大致可以按如下步骤进行。

（1）新建原理图文件。

（2）设置图样和工作环境。

（3）装载元器件库。

（4）放置所需的元器件、电源符号等。

（5）元器件布局和连线。

（6）放置标注文字、网络标号等，进行电路标注说明和线路连接。

（7）电气规则检测，线路、标识调整与修改。

（8）产生相关报表。

（9）电路输出。

在电路原理图设计中要注意元器件标号的唯一性，根据实际需要设置好元器件的封装形式，以保证电路板设计中元器件封装调用的准确性。

在复杂的电路中可以借助网络标号来简化电路。

2.2.4 新建原理图文件

新建或打开项目数据库文件后，执行菜单“File”→“New”，新建原理图文件，并直接修改原理图文件名。

如果不能直接修改文件名，可在新建的原理图文件的图标上单击鼠标右键，在弹出的菜单中选择“Rename”子菜单对文件进行重新命名。

双击原理图文件图标，进入图 2-13 所示的原理图编辑界面。

2.2.5 图样设置

进入 SCH 99 SE 后，一般要先设置图样参数，其中图样格式是根据电路图的规模和复杂程度而定的，设置合适的图样是设计好原理图的第一步。

执行菜单“Design”→“Options”，屏幕出现图 2-14 所示的“文档参数设置”对话框，选中“Sheet Options”选项卡进行图样设置。

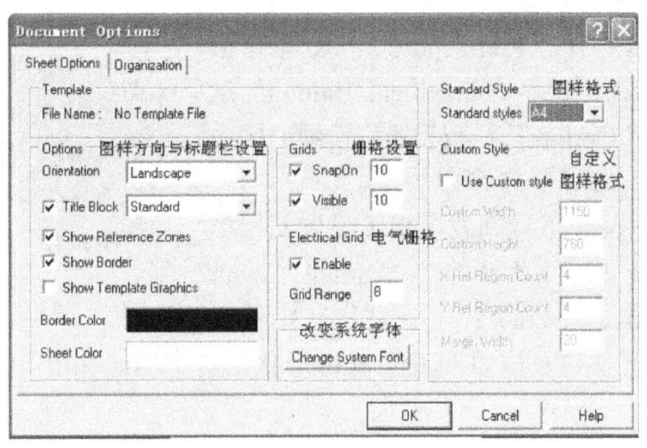

图 2-14 图样参数设置

图中“Standard Style ”（标准风格）区用来设置图样格式，用鼠标左键单击下方的下拉列表框激活该选项，可选定图样大小。各种标准图样主要有 A0、A1、A2、A3、A4 为公制标准，依次从大到小；A、B、C、D、E 为英制标准，依此从小到大；此外系统还提供了 Orcad 等其他一些图样格式。

“Custom Style”（自定义风格）区用于自定义图样的尺寸，选中“Use Custom Style”前的复选框可以进行尺寸设置，最小单位为 10mil，1in=1000mil=2.54cm。

“Orientation”（方向）下拉列表框用于设置图样的方向，有 Landscape（横向）和 Portrait（纵向）两种选择。

“Title Block”（标题栏）区用于设置是否显示标题栏和选择标题栏的模式，标题栏的模式有 Standard（标准模式）和 ANSI（美国国家标准协会模式）两种。

2.2.6 栅格设置

在 Protel 99 SE 中栅格类型主要有 3 种，即捕获栅格（Snap）、可视栅格（Visible）和电气栅格（Electrical Grid）。捕获栅格是指光标移动一次的步长；可视栅格指的是图样上实际显示的栅格之间的距离；电气栅格指的是自动寻找电气节点的半径范围。

1. 栅格尺寸设置

图 2-14 中的“Grids”区用于设置栅格尺寸，其中“Snap”用于捕获栅格的设定，图中设定为 10，即光标在移动一次的距离为 10；“Visible”用于可视栅格的设定，此项设置只影响视觉效果，不影响光标的位移量，图 2-13 的工作区中显示的格子即为可视栅格。例如“Visible”设定为 20，“Snap”设定为 10，则光标移动两次走完一个可视栅格。

图 2-14 中“Electrical Grid”区用于电气栅格的设定，选中此项后，在画导线时系统会以

“Grid Range”中设置的值为半径，以光标所在的点为中心，向四周搜索电气节点。如果在搜索半径内有电气节点，系统会将光标自动移到该节点上，并且在该节点上显示一个圆点。

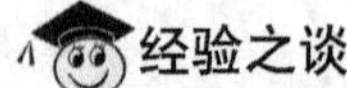

经验之谈

原理图设计中默认栅格基数为 10mil，故尺寸设置为 10，实际为 100mil。

2．光标类型和栅格形状设置

执行菜单“Tools”→“Preferences”，屏幕弹出“系统参数设置”对话框，选中“Graphical Editing”选项卡，在“Cursor/Grid Options”（光标/栅格设置）区中设置光标和栅格形状，如图 2-15 所示。

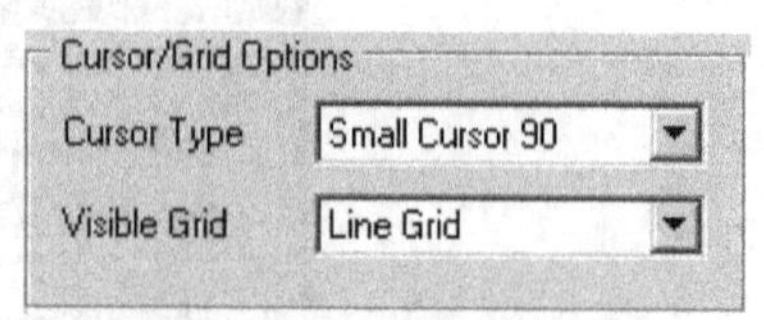

图 2-15　光标/栅格形状设置

图中，“Cursor Type”下拉列表框用于设置光标类型，有“Large Cursor 90”（大十字）、“Small Cursor 90”（小十字）和“Small Cursor 45”（小 45°）3 种。

“Visable Grid”下拉列表框用于设置栅格形状，有“Dot Grid”（点状栅格）和“Line Grid”（线状栅格）两种。

任务 2.3　单管放大电路原理图设计

本任务通过图 2-16 所示的单管放大电路原理图设计，介绍原理图设计的基本方法。从图中可以看出，该原理图主要由元器件、连线、电源体、电路波形、电路说明及标题栏等组成。一张正确美观的电路原理图是印制板设计的基础，一张好的电路原理图可以提高印制电路板的设计效率。

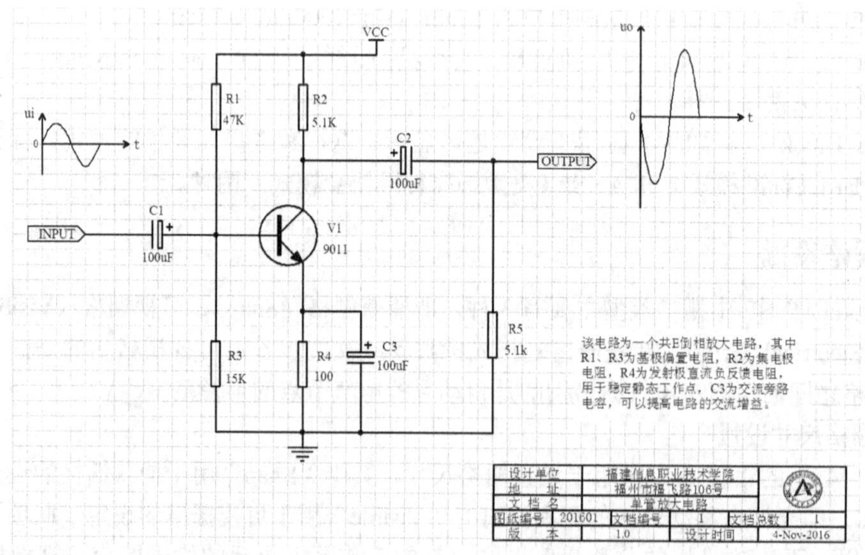

图 2-16　单管放大电路

本例中元器件较少，采用先放置元器件、电源和端口，然后调整布局，再进行连线，最后进行属性设置的模式进行设计。对于比较大的电路则可以采用边放置元器件，边布局并连线，最后调整属性的方式进行。

执行菜单“File”→“New”新建原理图文件，并修改原理图文件名为“AMP.Sch”。

执行菜单“Design”→“Options”进行图样设置，本例中图样尺寸选择“A4”，方向为“Landscape”。

本例中栅格尺寸采用默认值。

2.3.1 原理图绘制工具使用

SCH 99 SE 中提供有原理图绘制工具，这些功能按钮与“Place”菜单下的相应命令功能相同，执行菜单“View”→“Toolbars”→“Wiring Tools”可以打开原理图绘制工具栏，该工具栏中各按钮的功能如表 2-4 所示。

表 2-4 原理图绘制工具按钮及功能

按钮	功能	按钮	功能
	放置导线		放置层次电路图
	放置总线		放置层次电路图输入/输出端口
	放置总线分支线	D1	放置电路的输入/输出端口
Net1	放置置网络标号		放置线路节点
	放置电源接地符号		放置忽略 ERC 检查点
	放置元器件	P	放置 PCB 布线指示

2.3.2 设置元器件库

在放置元器件之前，必须先将元器件所在的元器件库载入内存。一般先载入必要且常用的元器件库，而其他的元器件库在需要时再载入。

本例中使用的元器件都在“Miscellaneous Devices.ddb”中，设置元器件库的步骤如下所述。

（1）在图 2-13 左上角的设计管理器中选择“Browse Sch”选项卡，屏幕弹出图 2-17 所示的元器件库浏览器。

（2）单击图 2-17 中的“Add/Remove”按钮屏幕弹出图 2-18 所示的“添加/移除元器件库”对话框。Protel 99 SE 中系统自带的原理图元器件库在“Design Explorer 99 SE\Library\Sch”文件夹中，在其中选择元器件库文件，单击“Add”按钮，将元器件库文件添加到库列表中，添加库后单击“OK”按钮结束添加工作，此时元器件库的详细信息将显示在设计管理器的元器件库栏中。

如果要移去已经设置好的元器件库，可在图 2-18 中的“Selected Files”区中选中元器件库，然后单击“Remove”按钮移去元器件库。

2.3.3 放置元器件

本例中用到电阻、电解电容和 NPN 型晶体管 3 种元器件，它们都在“Miscellaneous Devices.ddb”库中，元器件名分别为“RES2”“ELECTRO1”和“NPN”，设计前需要安装该库。下面以放置电阻为例介绍元器件放置的方法。

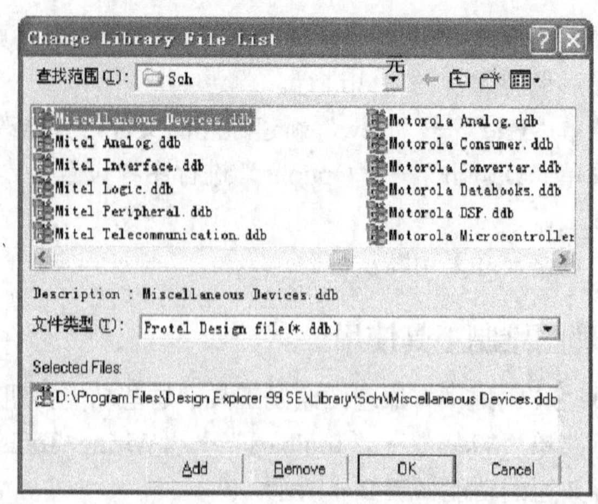

图 2-17　元器件库浏览器　　　　图 2-18　添加/移除元器件库

1．通过元件库浏览器放置元器件

设置所需的元器件库后，在元器件库浏览器中可以看到元器件库列表，元器件库及元器件列表如图 2-19 所示。

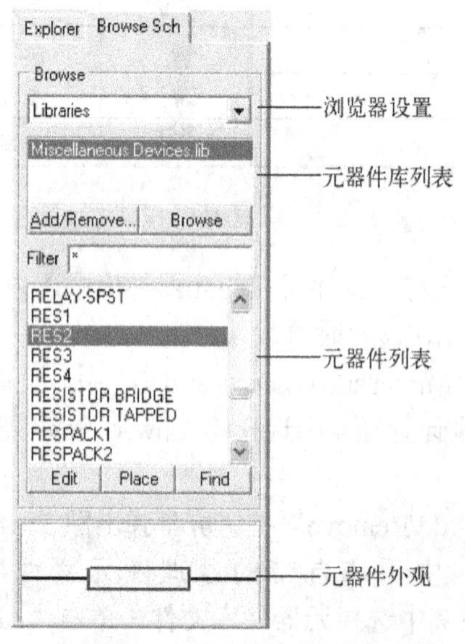

图 2-19　元器件库及元器件列表

在元器件库列表中选中所需元器件库，则该元器件库中的元器件将出现在下方的元器件列表中。双击元器件名称（如“RES2”）或选中元器件名称后单击“Place”按钮，此时元器件以虚线框的形式粘在光标上，将元器件移动到合适位置后再次单击鼠标，将元器件放到图样上，此时系统仍处于放置元器件状态，可继续放置该类元器件，单击鼠标右键退出放置状态。

放置电阻（RES2）的过程如图 2-20 所示。

如果在放置元器件时记不清元器件的准确名字，可以在元器件浏览器的“Filter”栏中输入“*”或“？”作为通配符代替元器件名称中的一部分，例如输入“*RES*”后按

〈Enter〉键，元器件列表中将显示所有名称中含有字母“RES”的元器件。

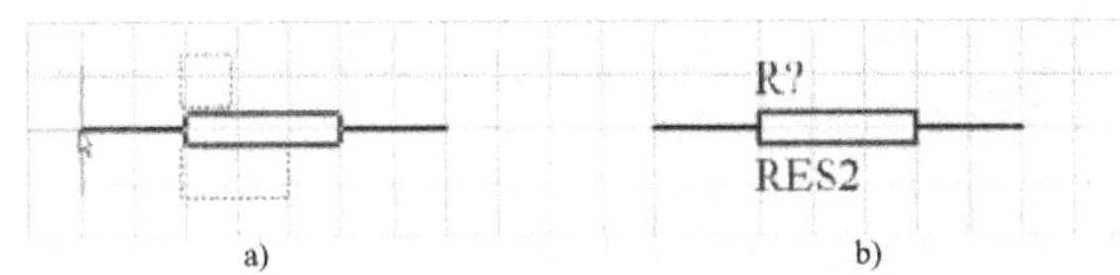

图 2-20　放置元器件

a) 放置元器件初始状态　b) 放置好的元器件

2. 通过菜单放置元器件

执行菜单“Place”→“Part”，或单击原理图绘制工具栏上的按钮，屏幕弹出图 2-21 所示的“放置元器件”对话框（图中已设置好元器件属性），其中“Lib Ref”栏用于输入需要放置的元器件名称，如“RES2”，若单击“Browse”按钮屏幕会弹出元器件浏览窗口，可以浏览并选择元器件；“Designator”栏用于输入元器件标号，如“R1”；“Part Type”栏用于输入标称值或元器件型号，如“47k”；“Footprint”栏用于设置元器件封装形式，即在 PCB 设计中以焊盘形式存在的元器件，如“AXIAL0.4”。

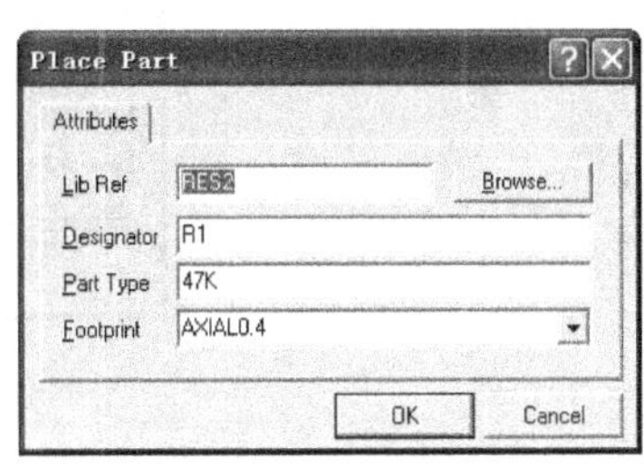

图 2-21　“放置元器件”对话框

所有内容输入完毕，单击“OK”按钮确认，此时元器件便出现在光标处，单击左键放置元器件。

元器件放置完毕，系统继续弹出“放置元器件”对话框，可以继续放置该元器件，且标号自动加 1，单击“Cancel”按钮退出放置状态。

通过菜单方式放置元器件可以一次性设置好元器件的属性。

经验之谈

若想在放置元器件时一次性设置好元器件属性，应采用执行菜单“Place”→“Part”的方式进行，在弹出的图 2-21 所示的对话框中设置参数。

3. 利用常用元器件工具条放置元器件

执行菜单“View”→“Toolbars”→“Digital Objects”，屏幕出现常用元器件工具条，如图 2-13 所示。在工具条中列举了常用的元器件类型，单击所需元器件图标放置对应元器件。

4. 通过查找元器件方式放置元器件

在放置元器件时，如果不知道元器件在哪个元器件库中，可以使用 Protel 99 SE 强大的搜索功能，方便地查找所需元器件。单击图 2-19 中的“Find”按钮，打开图 2-22 所示的“查找元器件”对话框。

（1）查找方案（Find Component）。有两种方案：一是按元器件名查找（By Library Preference），二是按元器件描述查找（By Description），两种方案可以同时使用，通常采用第一种方案。本例中搜索电阻“RES2”。

（2）查找路径（Search）。在“Path”栏中填入库文件所在路径，通常设置为系统默认的软件安装路径，如原理图库的路径“Design Explorer 99 SE\Library\Sch”。

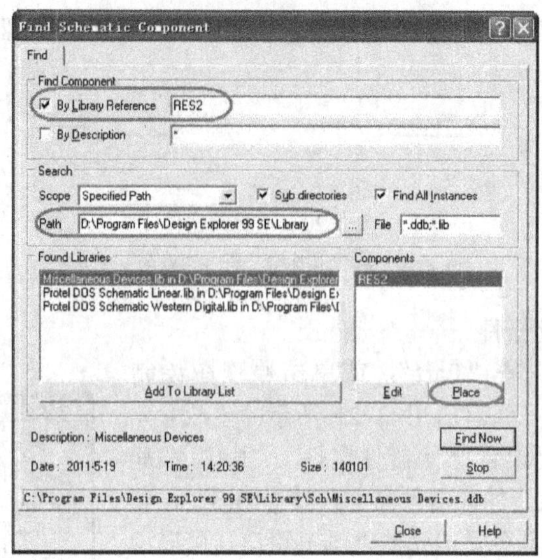

图 2-22 “查找元器件”对话框

设置完毕后单击“Find Now”按钮开始搜索，找到所需元器件后单击“Stop”按钮停止，最后单击“Place”按钮放置该元器件。单击“Add To Library List”按钮可以将该库设置为当前库。

放置完元器件的电路图如图 2-23 所示，图中采用元器件库浏览器方式进行元器件放置。图中的元器件符号沿用了软件的标准，与国标不符。

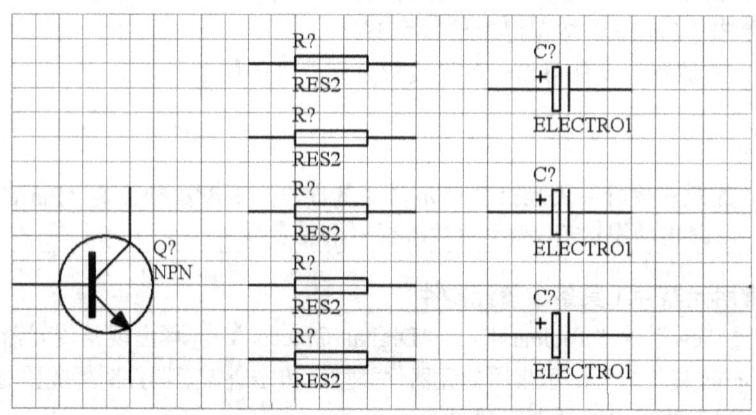

图 2-23 放置完元器件的电路图

经验之谈

在查找元器件时可以采用模糊查找的方式提高查找的效率，如要查找元器件 DM74LS00，可以在“By Library Preference”栏输入“*74*00”，这样可以查找到所有与“7400”有关的元器件，其中“*”代表任意字符。

在路径设置中必须设置为系统默认的软件安装路径，如原理图库的路径“Design Explorer 99 SE\Library\Sch”，这样才能在软件自带的所有库中查找。

2.3.4 放置电源和接地符号

执行菜单“Place”→“Power Port”或单击按钮进入放置电源符号状态，此时光标上带着一个电源符号，按下〈Tab〉键，屏幕弹出图 2-24 所示的“属性设置”对话框。

其中“Net”栏可以设置电源端口的网络名，通常电源符号设为“VCC”，接地符号设为“GND”；单击“Style”栏后的出现下拉列表框，用于新设置电源和接地符号的形状，共有 7 种符号：Circle、Bar、Arrow、Wave、Earth（大地）、Signal Ground（信号地）及 Power Ground（电源地），前 4 种是电源符号，后 3 种是接地符号，如图 2-25 所示，在使用时可根据实际情况选择一种符号接入电路。

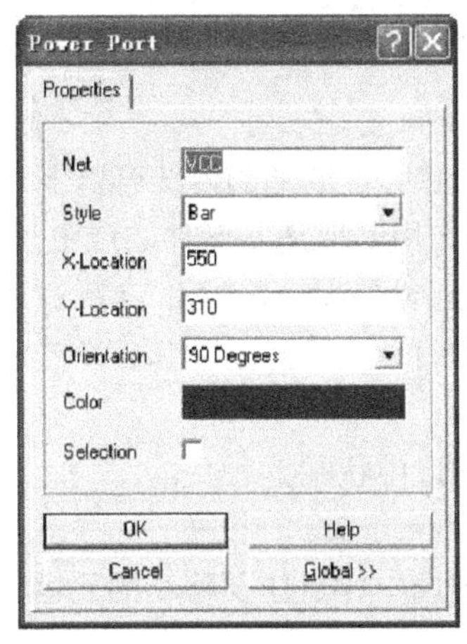

图 2-24 电源和接地符号“属性设置”对话框

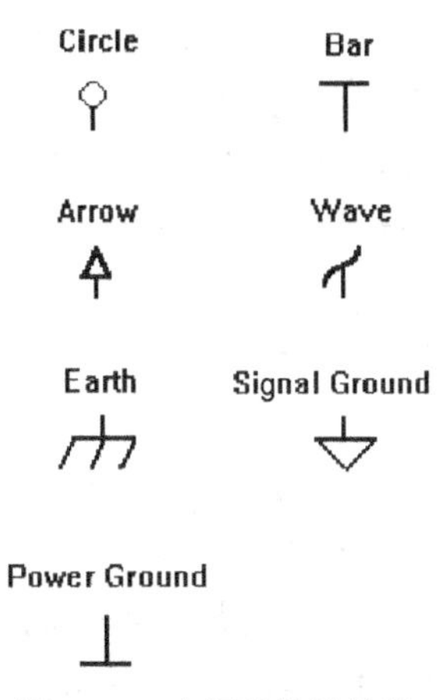

图 2-25 电源和接地符号

经验之谈

由于在放置符号时，初始出现的是电源符号“VCC”，若要放置接地符号，除了在“Style”下拉列表框中选择符号图形外，还必须将“Net”（网络名）栏修改为“GND”。

2.3.5 调整元器件布局

元器件、电源等放置后，在连线前必须先调整其布局，实际上就是将它们移动到合适的位置。

1. 选中元器件等对象

对元器件等对象进行布局操作前，首先要选中对象，选中对象的方法有以下几种。

（1）直接用鼠标点取。对于单个对象的选取可以用鼠标左键单击点取对象，被点取的对象周围出现虚线框，即处于选中状态，但用这种方法每次只能选取一个图件；若要同时选中多个对象，则可以在按住〈Shift〉键的同时，用鼠标左键点取多个对象，选中的对象四周有黄色的外框，如图 2-26 所示。

（2）通过菜单“Edit”→“Select”进行选择。有“Inside Area”（框内的对象）、“Outside Area”（框外部的对象）、“All”（所有对象）等供选择，其中前两者通过鼠标拉框选取对象。

（3）利用工具栏按钮选中元器件。单击主工具栏上的按钮，拉框选取框内对象。

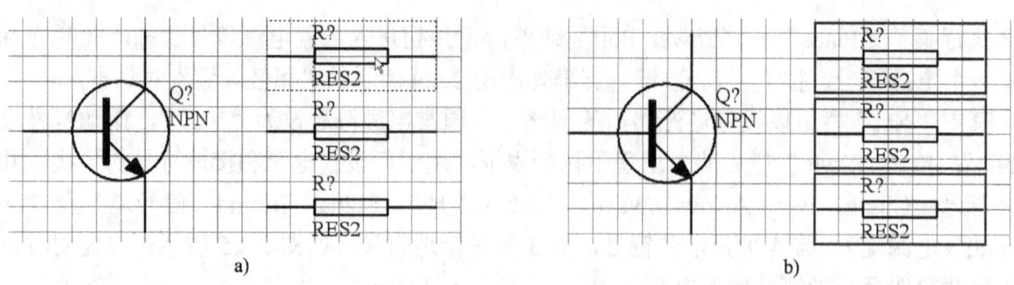

图 2-26　选中对象示意图

a) 选中单个对象　b) 选中多个对象

2. 解除元器件选中状态

一般执行所需的操作后，必须取消元器件的选中状态，取消的方法有以下 3 种。

（1）通过菜单“Edit”→“Deselect”。该菜单的作用是取消元器件的选中状态，有 3 个选项：“Inside Area”（框内区域）、“Outside Area”（框外区域）和“All”（所有）。

（2）通过菜单“Edit”→“Toggle Selection”，执行该命令后，用鼠标单击对应元器件取消选中状态。

（3）单击主工具栏上的按钮，取消所有对象的选中状态。

3. 移动元器件

（1）单个元器件移动。常用的方法是用鼠标左键选中并点住要移动的元器件，将元器件拖到要放置的位置，松开鼠标左键即可移动到新位置。

（2）一组元器件的移动。用鼠标拉框选中一组元器件或用〈Shift〉键和鼠标左键选中一组元器件，然后用鼠标点住其中的一个元器件，将这组元器件拖动到要放置的位置，松开鼠标左键即可移动到新位置。

移动完毕，单击主工具栏上的按钮，取消所有对象的选中状态。

单击主工具栏上的按钮，也可以移动已选取的对象。

4. 旋转元器件

放置好的元器件在重新布局时，有时需要调整元器件方向，可以通过键盘上的按键进行控制。

用鼠标左键点住要旋转的元器件不放，按键盘上的〈Space〉键可以进行逆时针 90° 旋转，按〈X〉键可以进行水平方向翻转，按〈Y〉键可以进行垂直方向翻转，如图 2-27 所示。

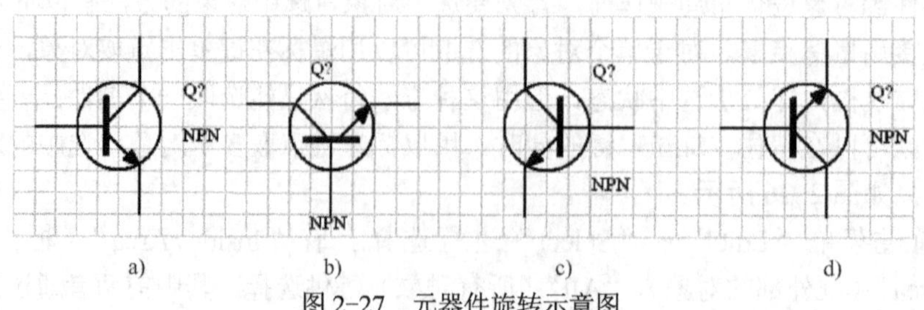

a)　b)　c)　d)

图 2-27　元器件旋转示意图

a) 原状态　b) 90° 旋转　c) 水平翻转　d) 垂直翻转

5. 删除对象

要删除某个对象，可以用鼠标左键单击要删除的对象，此时该对象将被虚线框住，按键盘上的〈Delete〉键即可删除该对象。也可执行菜单“Edit”→“Delete”，将光标移动到要删除的对象上，单击鼠标左键删除对象。

6. 全局显示全部对象

元器件布局调整完毕，执行菜单“View”→“Fit All Objects”全局显示所有对象，此时可以观察布局是否合理。

完成元器件布局调整的单管放大电路如图 2-28 所示。

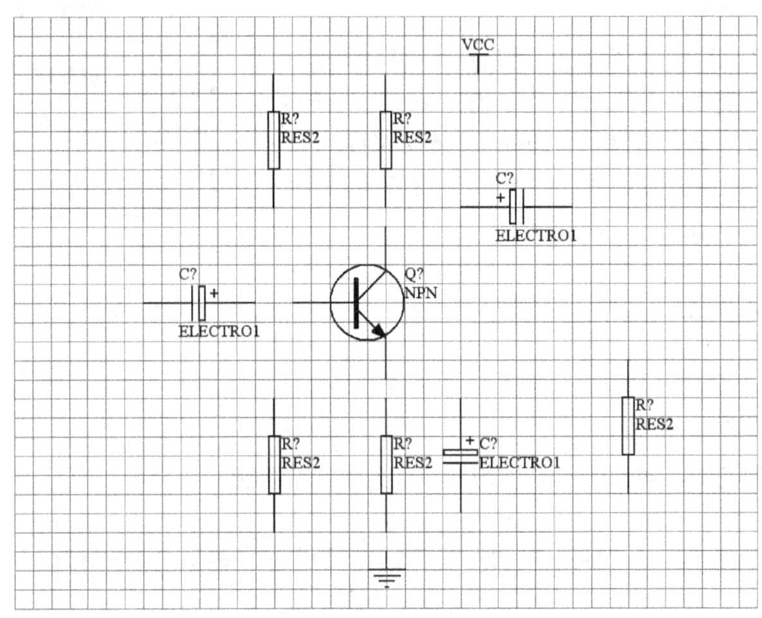

图 2-28 单管放大电路布局图

2.3.6 放置电路的 I/O 端口

端口通常表示电路的输入或输出，因此也称为输入/输出端口，或称为 I/O 端口，端口通过导线与元器件引脚相连，具有相同名称的 I/O 端口在电气上是相连接的。

执行菜单“Place”→“Port”或单击 按钮，进入放置电路 I/O 端口状态，光标上带着一个悬浮的 I/O 端口，将光标移至所需的位置，单击鼠标左键，定下 I/O 端口的起点，拖动光标可以改变端口的长度，调整到合适的大小后，再次单击鼠标左键，即可放置一个 I/O 端口，如图 2-29 所示，单击鼠标右键退出放置状态。

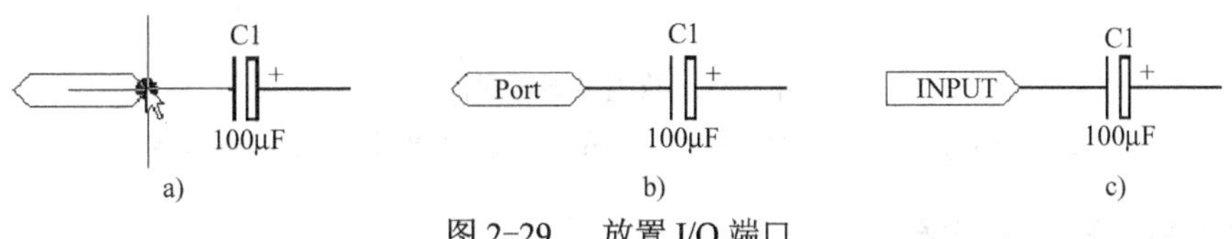

图 2-29 放置 I/O 端口

a) 悬浮状态的 I/O 端口 b) 放置后的 I/O 端口 c) 定义属性后的 I/O 端口

双击 I/O 端口，屏幕弹出图 2-30 所示的“I/O 端口属性”对话框，对话框中的主要参数说明如下所述。

“Name”：设置 I/O 端口的名称，若要放置低电平有效的端口（即名称上方有上画线），如 $\overline{\mathrm{RD}}$，则输入方式为 R\D\。本例中设置为“INPUT”。

“Style”后的下拉列表框：设置 I/O 端口形式，有 None（无）、Right（右）、Left（左）、Left&Right（左右）、Top（上）、Bottom（下）、Top&Bottom（上下）等几种。本例中设置为“Right”。

“I/O Type”后的下拉列表框：设置 I/O 端口的电气特性，共有 4 种类型，分别为 Unspecified（未指明或不指定）、Output（输出端口）、Input（输入端口）、Bidirectional（双向型）。本例中输入端口设置为“Input”，输出端口设置为“Output”。

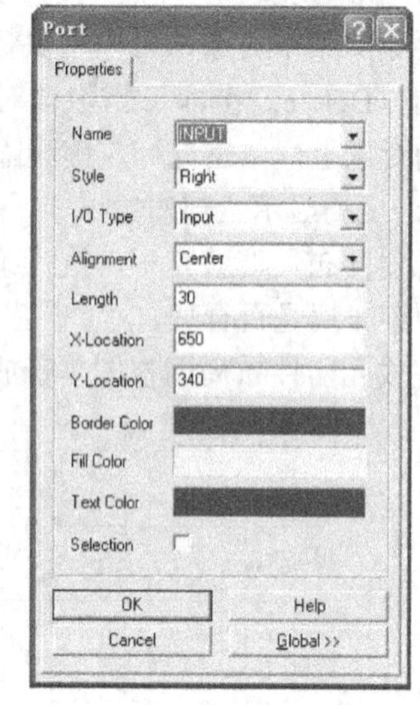

图 2-30 “I/O 端口属性”设置对话框

“Alignment”后的下拉列表框：设置端口名称在端口中的位置，共有 3 个选项，分别为 Center（居中）、Right（居右）、Left（居左）。本例中设置为“Center”。

2.3.7 电气连接

元器件布局完毕，对元器件进行连线，以实现电路功能。

1. 放置导线

执行菜单“Place”→“Wire”，或单击配线工具栏的≈按钮，光标变为“+”形状，系统处在画导线状态，按下〈Tab〉键，屏幕弹出“导线属性”对话框，可以修改连线粗细和颜色，一般情况下不修改。

将光标移至所需位置，单击鼠标左键，定义导线起点，将光标移至下一位置，再次单击鼠标左键，完成两点间的连线，单击鼠标右键，结束此条连线。这时仍处于连线状态，可继续进行线路连接，再次单击鼠标右键，则退出画线状态。

在连线中，当光标接近引脚时，出现一个圆点，这个圆点代表电气连接的意义，此时单击左键，这条导线就与引脚之间建立了电气连接。连线过程如图 2-31 所示。

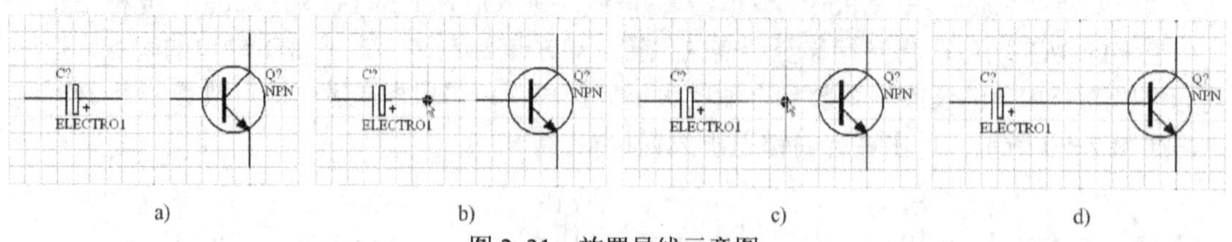

图 2-31 放置导线示意图

a) 要连接的元器件 b) 定义连接起点 c) 定义连接终点 d) 连接后的元器件

2. 导线转弯形式的选择

在放置导线时，系统默认的导线转弯方式为 90°，有时在连线时需要改变连线的角度，可以在放置导线的状态下按〈Space〉键来切换，可以切换为 90° 转角、135° 转角和任意转角，如图 2-32 所示。

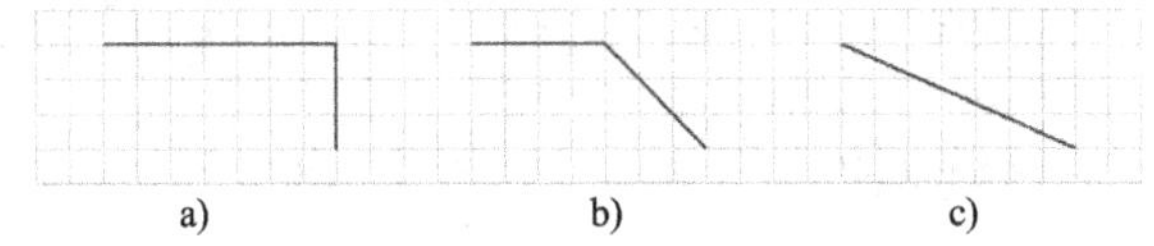

图 2-32 导线转弯示意图

a) 90° 转角 b) 135° 转角 c) 任意转角

3. 放置节点

节点用来表示两条相交的导线是否在电气上连接。没有节点，表示在电气上不连接，有节点，则表示在电气上是连接的。

执行菜单“Place”→“Junction”，或单击按钮，进入放置节点状态，此时光标上带着一个悬浮的小圆点。将光标移到导线交叉处，单击鼠标左键即可放下一个节点，单击鼠标右键退出放置状态。

当两条导线呈“T”相交时，系统将会自动放置节点，但对于呈“十”字交叉的导线，不会自动放置节点，必须采用手工放置，如图 2-33 所示。

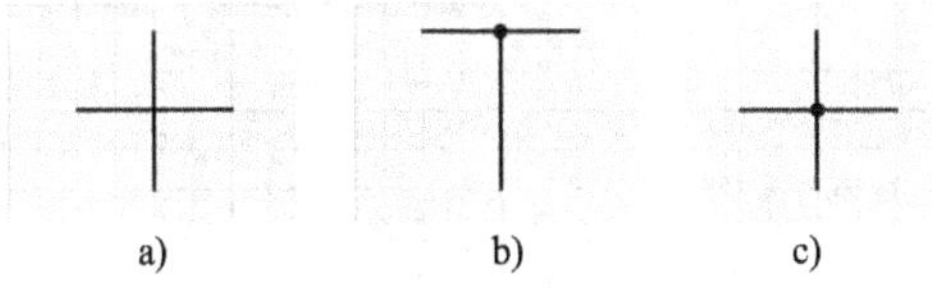

图 2-33 交叉线的连接

a) 未连接的十字交叉 b) T 字交叉自动放置节点 c) 手工放置节点的十字交叉

需要注意的是，系统也有可能在不该有节点的地方出现节点，应作相应的删除。删除节点的方法是单击需要删除的节点，出现虚线框后，按键盘的〈Delete〉键删除该节点。

连线后的单管放大电路如图 2-34 所示，图中元器件的属性还未定义。

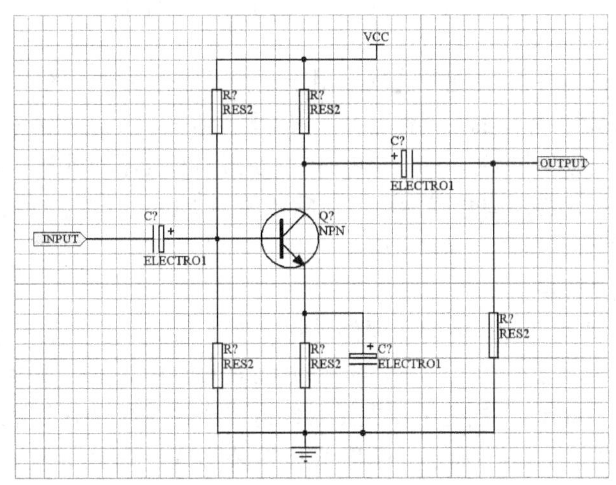

图 2-34 连线后的单管放大电路

4．拖动和移动对象

在 Protel 99 SE 中，用户可以移动和拖动对象，两者的操作类似，但结果不同。

执行菜单“Edit”→“Move”→“Drag”拖动对象，拖动时对象上连接的导线也跟着移动，不会断线。

执行菜单“Edit”→“Move”→“Move”移动对象，与对象相连的导线不会随之移动。

2.3.8 元器件属性调整

从元器件浏览器中放置到工作区的元器件都是尚未定义元器件标号、标称值和封装形式等属性的，因此必须重新逐个设置元器件的参数，元器件的属性不仅影响原理图的可读性，还影响到设计的正确性。

1．设置元器件属性

在放置元器件状态时，按键盘上的〈Tab〉键，或者在元器件放置好后双击该元器件，屏幕弹出“元器件属性”对话框，图 2-35 所示为电阻 RES2 的“元器件属性”对话框。

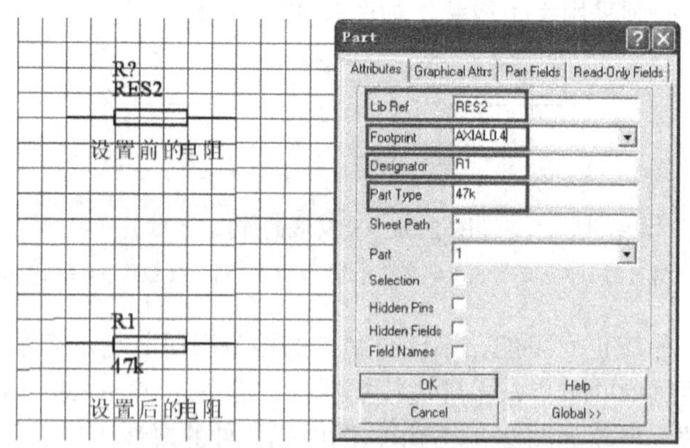

图 2-35　电阻的“元器件属性”对话框

图 2-35 中“Attributes”（属性）选项卡用于设置元器件属性，图中主要设置如下所述。

- “Lib Ref”：元器件库中的元器件名称，它不显示在图样上，本例中为电阻“RES2”。
- “Designator”：元器件标号，同一个电路中的元器件标号不能重复，本例中设置为“R1”。
- “Part Type”：元器件型号或标称值，默认值与“Lib Ref”中的元器件名称一致，本例中设置元器件的标称值为“47k”。

2．为元器件添加封装

元器件的封装形式为 PCB 中的元器件，它定义了元器件的安装空间和焊盘间距。一般原理图绘制完毕都要给元器件定义封装，以保证 PCB 设计中元器件不会缺失。

图 2-35 中的“Footprint”栏用于设置元器件封装形式，本例中设置为“AXIAL0.4”。

每个元器件一般要设置好标号、标称值和封装形式，而且标号必须是唯一的，不能重复。集成电路等标准器件系统一般自动设置了封装形式，可根据实际情况决定是否修改。常用元器件的封装形式如表 2-5 所示。

表 2-5　常用元器件的封装形式

元器件封装型号	元器件类型	元器件实物示例图	元器件封装图形
AXIAL0.3～AXIAL1.0	通孔式电阻或无极性双端子元器件等		
RAD0.1～RAD0.4	通孔式无极性电容、电感等		
RB.2/.4～RB.5/1.0	通孔式电解电容等		
0402～7257	贴片电阻、电容等		
DIODE0.4～DIODE0.7	通孔式二极管		
XTAL1	石英晶体振荡器		
SO-X、SOJ-X、SOL-X	双列贴片元器件		
TO-3～TO-220	通孔式晶体管、FET 与 UJT		
DIP6～DIP64	双列直插式集成块		
SIP2～SIP20、FLY4	单列直插式集成块或连接头		
IDC10～IDC50P、DBX 等	接插件、连接头等		
VR1～VR5	可变电阻器		

经验之谈

“Footprint”用于设置元器件的封装形式，在原理图设计中通常应该给每个元器件设置封装，而且名字必须与 PCB 库中封装名完全相同，否则在 PCB 设计中调用网络表时会丢失该元器件。

3. 多功能单元元器件属性调整

某些元器件由多个功能单元器件组成（如一个 74LS00 中包含有 4 个与非门），在进行元器件属性设置时要按实际元器件中的功能单元数合理设置元器件标号。

如果某电路使用了 4 个与非门，则定义元器件标号时应将 4 个与非门的标号分别设置为 U1A、U1B、U1C、U1D，即这 4 个与非门同属于 U1，这样只用到 1 个 74LS00；若 4 个与非门的标号分别设置为 U1A、U2A、U3A、U4A，则在 PCB 设计时将调用 4 个 74LS00，这样造成浪费。

图 2-35 中的“Part”栏用于元器件的功能单元的设置，其后的下拉列表框可以设置选择第几套功能单元。如集成电路 74LS00 中有 4 个与非门，若在该选项中设置为 1，则标号为 U?A，表示选用集成块中的第一个门；若在该选项中设置为 2，则标号为 U?B，表示选用第二个门，以此类推。

本例中电阻只有一个功能单元，所以系统自动设置为“1”。

4. 重新标注元器件标号

在图 2-34 中，所有的元器件均没有设置标号，元器件的标号可以通过编辑元器件属性对逐个设置，也可以统一标注。

统一标注通过执行菜单“Tools”→“Annotate”实现，系统将弹出图 2-36 所示的“元器件重新标注”对话框。

图中“Annotate Options”下拉列表框共有 3 项，其中“All Parts”用于对所有元器件进行标注；“? Parts”用于对电路中尚未标注的元器件进行标注；“Reset Designators”则用于取消电路中元器件的标注，以便重新标注。

“Current sheet only”复选框设置是否仅修改当前电路中的元器件标号。

“Re-annotate Method”区用于选择重新标注的处理顺序，共有 4 种选择，处理顺序可参考其右侧的示意图。

单击“OK”按钮对图 2-34 的电路进行重新标注，系统产生元器件重新标注的报告表，指示元器件标号的变动情况，经重新标注后的电路如图 2-37 所示。

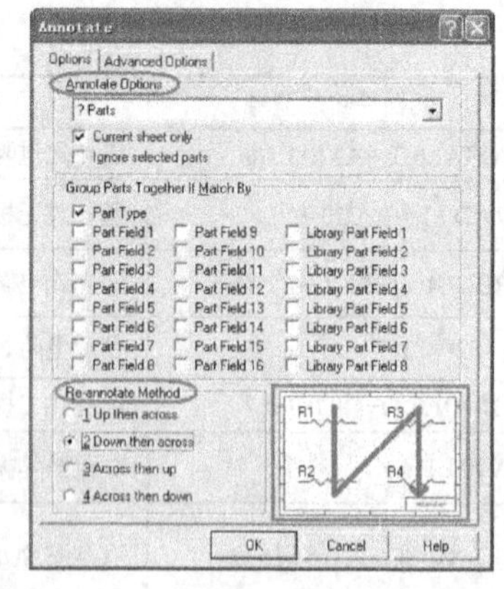

图 2-36 “元器件重新标注”对话框

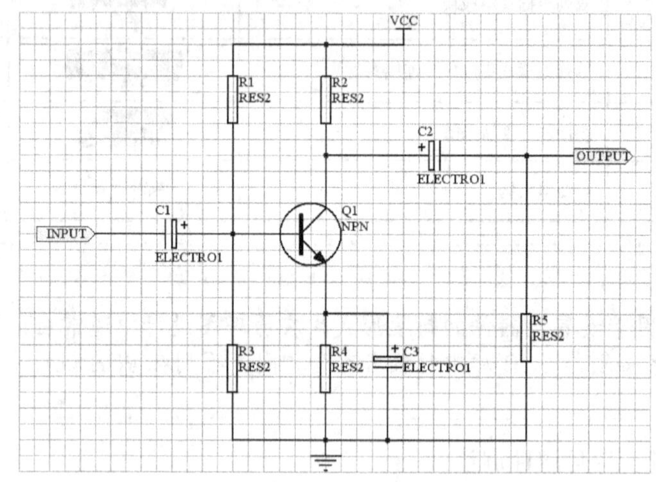

图 2-37 重新标注后的单管放大电路

从图 2-37 中可以看出，重新标注后元器件的标号已经设置好，但标称值未设置。设计中也可以通过编辑元器件属性的方式逐个设置元器件的标号和标称值。

5．利用全局修改功能统一设置同种元器件的封装形式

在电路图中通常含有大量的同种元器件，若逐个设置元器件封装，费时费力。Protel 99 SE 提供全局修改功能，可以一次性设置，下面以电阻为例说明统一设置封装的方法。

双击电阻，屏幕弹出图 2-35 所示的“元器件属性”对话框，单击“Global>>”按钮，屏幕出现图 2-38 所示的全局修改对话框。

图中“Attributes To Match By”区是源属性区，即匹配条件，用于设置要进行全局修改的源属性；“Copy Attributes”区是目标属性区，即复制的内容，用于设置需要复制的属性内容；“Change Scope”（修改范围）下拉列表框用于设置修改的范围。

图中元器件的名称为 RES2，元器件的封装形式为 AXIAL0.4，在“Attributes To Match By”区中的“Lib Ref”栏中填入“RES2”；在“Copy Attributes”区中的“Footprint”栏中填入“AXIAL0.4”；在“Change Scope”下拉列表框中选择“Change Matching Items In Current Document”（修改当前电路中的匹配目标），并单击“OK”按钮，则原理图中所有库元器件

名为 RES2（电阻）的封装形式全部设置为 AXIAL0.4。

本例中，采用同样方法将电解电容的封装全部设置为 RB.2/.4。由于软件自动定义的晶体管的标号为 Q1，与国标不符，通过编辑元器件属性将其标号改为 V1，封装设置为 TO-92B。

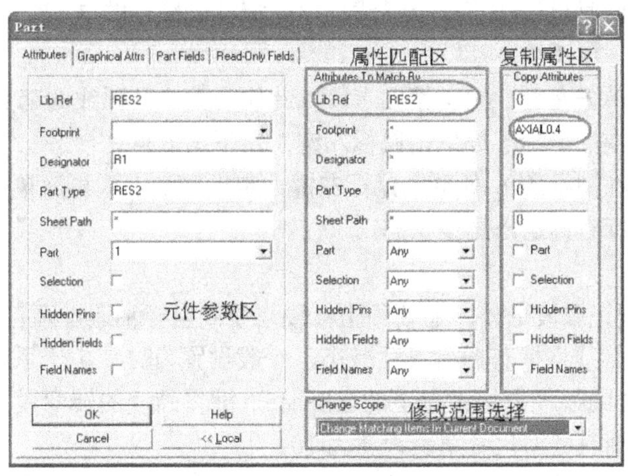

图 2-38　同种元器件封装的统一设置

2.3.9　绘制电路波形

在实际原理图设计中，除了要放置上述的各种具有电气特性的对象外，有时还需要放置一些波形示意图，而这些图形均不具备电气特性，需要使用绘图工具栏上的按钮或执行菜单“Place”→“Drawing Tools”下的子菜单来完成。

绘图工具栏可单击主工具栏上的按钮或执行菜单“View”→“Toolbars”→“Drawing Tools”打开，绘图工具栏按钮功能如表 2-6 所示。

表 2-6　绘图工具栏按钮功能

按　钮	功　　能	按　钮	功　　能	按　钮	功　　能
	画直线		画多边形		画椭圆弧线
	画贝塞尔曲线	T	放置说明文字		放置文本框
	画矩形		画圆角矩形		画椭圆
	画饼图		放置图片		阵列式粘贴

下面以画正弦曲线为例来说明波形绘制方法，画图过程如图 2-39 所示。

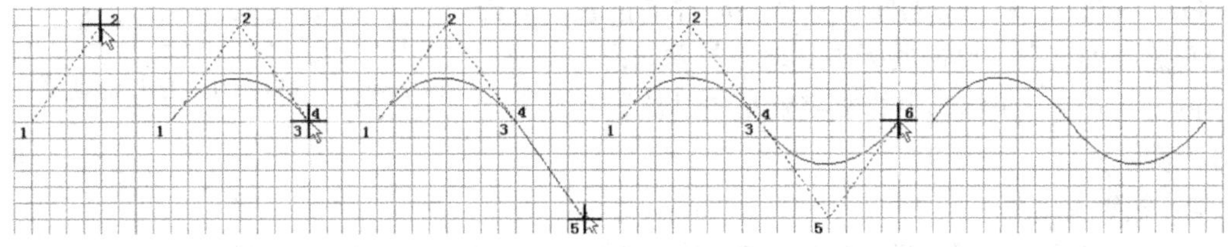

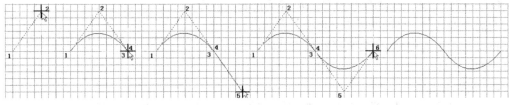

图 2-39　绘制正弦波示意图

1. 绘制正弦曲线

单击绘图工具栏中的按钮，进入画贝塞尔曲线状态。

（1）将鼠标移到指定位置，单击鼠标左键，定下曲线的第一点。

（2）移动光标到正弦波的顶点，如图所示的 2 处，单击鼠标左键，定下第二点。

（3）移动光标，此时已生成了一个弧线，将光标移到图示的 3 处，单击鼠标左键，定下第三点，从而绘制出一条弧线。

（4）在 3 处再次单击左键，定义第四点，以此作为第二条弧线的起点。

（5）移动光标，在图示的 5 处单击鼠标左键，定下第五点。

（6）移动光标，在图示的 6 处单击鼠标左键，定下第六点，再次单击鼠标左键完成整条曲线的绘制，单击鼠标右键退出画线状态。

2. 绘制坐标

图 2-16 中除了画正弦波形外，还要画坐标轴，绘制坐标轴通过画直线按钮进行。

为了画好箭头，必须将捕获栅格尺寸减小，一般设置为 1。由于系统默认的画直线转弯模式为 90°，故在画线过程中按键盘上的〈Space〉键将画线的转弯模式设置为任意转角进行绘制，绘制结束将捕获栅格尺寸重新设置为 10。

放置直线后，双击直线可以修改该直线的属性，主要有线宽、颜色和线风格。线宽有 4 种选择，默认为 Small；线风格有 3 种选择，分别为 Solid（实线）、Doshed（虚线）和 Dotted（点线）。

经验之谈

绘制坐标轴时，需将捕获栅格设置为 1，箭头采用任意角度走线方式绘制，箭头一侧绘制完毕，选中并将其复制，然后粘贴到另一侧，单击键盘〈Y〉键进行垂直旋转，移到合适位置后将其放置完成箭头绘制。

2.3.10 放置文字说明

在电路中，通常要加入一些文字来说明电路，这些文字可以通过放置说明文字的方式实现。

1. 放置标注文字

执行菜单“Place”→“Annotation”，或单击T按钮进入放置标注文字状态，按下〈Tab〉键，屏幕弹出“放置标注文字”对话框，如图 2-40 所示，在“Text”栏中填入需要放置的文字（最大为 255 个字符）；单击“Change”按钮，可改变文字的字体及字号，设置完毕单击“OK”按钮结束。将光标移到需要放置的位置，单击鼠标左键放置文字，单击鼠标右键退出放置状态。

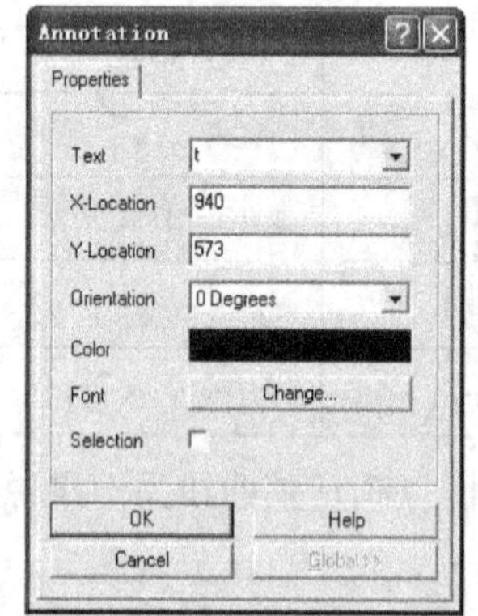

图 2-40 “放置标注文字”对话框

图 2-16 中，坐标轴中的文字就是通过放置标注文字的方式实现的。

2. 放置文本框

标注文字只能放置一行，当所用文字较多时，可以采用文本框方式解决。

执行菜单“Place”→“Text Frame”，或单击按钮，进入放置文本框状态，按下〈Tab〉键，屏幕弹出“文本框属性”对话框，选择“Text”右边的“Change”按钮，屏幕出现一个文本编辑区，在其中输入文字，输入完毕单击“OK”按钮退出，将光标移动到合适的位置，单击鼠标左键定义文本框的起点，移动光标确认文本框大小后，再次单击鼠标左键定义文本框尺寸并放置文本框，单击鼠标右键退出放置状态。

若文本框已经放置好，单击该文本框，文本框上会出现控点，拖动控点可以改变文本框的大小；双击该文本框，可以调出“文本框属性”设置对话框进行文本编辑。

图 2-16 中放置的说明文字“该电路为一个共 E 倒相放大电路，其中 R1、R3 为基极偏置电阻，R2 为集电极电阻，R4 为发射极直流负反馈电阻，用于稳定静态工作点，C3 为交流旁路电容，可以提高电路的交流增益。”就是通过放置文本框实现的。

经验之谈

由于软件对中文的兼容性问题，可能会出现文本框中的汉文出现乱码，可在文本的适当位置回车换行以减少乱码出现，并适当调整文本框的大小可以消除乱码问题。

2.3.11 设置自定义标题栏

建立原理图后，标题栏将显示在图样的右下角，系统默认采用标准标题栏。

在实际应用中一般公司会根据自己的情况自行设计标题栏，下面以图 2-41 为例，介绍自定义标题栏的设置方法，图中标题栏为 240×50 的长方形，行间距为 10。

设计单位	福建信息职业技术学院				
地　址	福州市福飞路106号				
文 档 名	单管放大电路				
图纸编号	201601	文档编号	1	文档总数	1
版　本	1.0		设计时间	12-Sep-2016	

图 2-41　自定义标题栏效果图

标题栏中的边框线采用“Line（直线）”绘制，文字采用“Annotation”（文本字符串）形式放置，有说明字符串和标题栏参数字符串两种。下面具体介绍自定义标题栏的设置方法。

1. 关闭标准标题栏

执行菜单“Design”→“Options”，屏幕出现图 2-14 所示的“文档参数设置”对话框，选中“Sheet Options”选项卡，去除“Title Block”复选框，图样上将不显示标准标题栏。此时用户可以自行定义标题栏，标题栏一般定义在图样的右下角。

2. 绘制标题栏边框

执行菜单“Place”→“Drawing Tools”→“Line”进入画线状态，在标题栏的起始位置单击鼠标左键定义直线的起点，移动光标，光标上将拖着一根直线，移至终点位置单击鼠标左键放置直线，继续移动光标可继续放置直线，单击鼠标右键结束本次连线，此时可以继续绘制下一条直线。若双击鼠标右键则退出连线状态。边框绘制完毕的标题栏如图 2-42 所示。

3. 放置 LOGO

执行菜单“Place”→“Drawing Tools”→“Graphic”，在弹出的对话框中选择所需的

LOGO 图片后单击“打开”按钮，移动光标到适当位置，单击鼠标左键确定图片的放置起点，移动鼠标确定图片大小后再次单击鼠标左键放置图片，屏幕返回“选择图片”对话框，单击“取消”按钮完成 LOGO 放置，如图 2-42 所示。

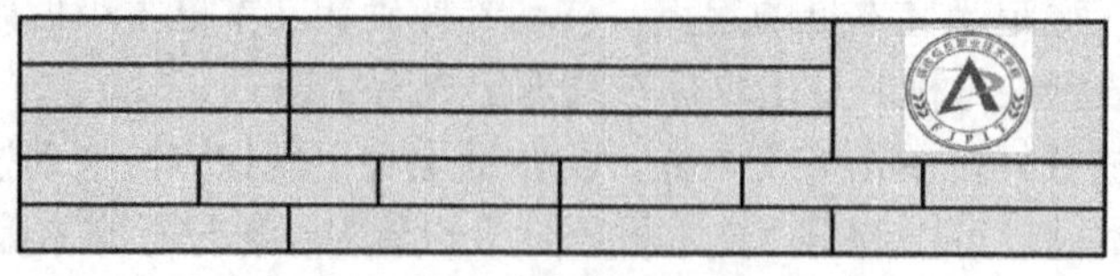

图 2-42　边框与 LOGO 效果图

4. 放置标题栏中的说明字符串

标题栏绘制完毕，可以在其中添加说明该电路设计情况所需的说明字符串，如图 2-43 所示。

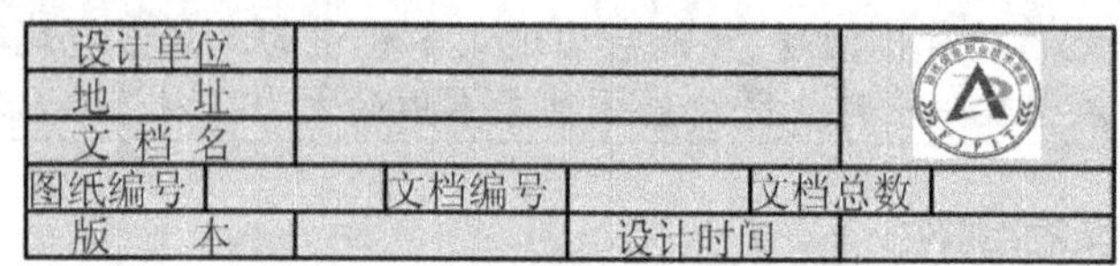

图 2-43　放置标题栏中的说明字符串

执行菜单“Place”→“Annotation”，屏幕上出现的光标上带着字符串，单击键盘上的〈Tab〉键，屏幕弹出图 2-40 所示的“放置字符串”对话框，在“Text”栏中输入相应内容（如“设计单位”）后单击“OK”按钮，移动光标到所需位置，单击鼠标左键放置字符串，此时光标上还粘着一个字符串，可以继续放置，单击鼠标右键结束放置。

5. 放置标题栏参数字符串

放置好标题栏中的说明字符串后，便可在其后放置标题栏参数，以便显示相应信息。

放置说明字符串后，屏幕出现图 2-40 所示的对话框，单击“Text”栏后的下拉列表框，系统显示可选择的标题栏参数字符串，如图 2-44 所示，从其中选定所需的参数字符串后在图 2-43 中对应说明字符串后的框中放置即可。

标题栏参数字符串对应功能如表 2-7 所示。

表 2-7　标题栏参数字符串功能表

参数名称	功　能	参数名称	功　能
.ADDRESS1	设置地址 1	.DOCUMENT NUMBER	设置原理图编号
.ADDRESS2	设置地址 2	.ORGANIZATION	设置设计机构名称
.ADDRESS3	设置地址 3	.REVISION	设置版本号
.ADDRESS4	设置地址 4	.SHEET NUMBER	设置项目中原理图图样编号
.DATE	设置日期，默认当前日期	.SHEET TOTAL	设置项目中原理图图样总数
.DOC_FILE_NAME	系统默认文件名及保存路径	.TIME	设置时间，默认当前时间
.DOC_FILE_NAME_NO_PATH	系统默认不带路径的文件名	.TITLE	设置原理图标题

本例中标题栏参数字符串设置如图 2-45 所示。图中“图纸编号”等 3 项后的参数字符串字号特地改小，主要是为了完整显示参数字符串的内容。否则参数字符串过长，将会遮盖

其他字符串，但不会影响参数的正常使用。

单击图 2-44 中的“Change”按钮可以修改字符串的字号。

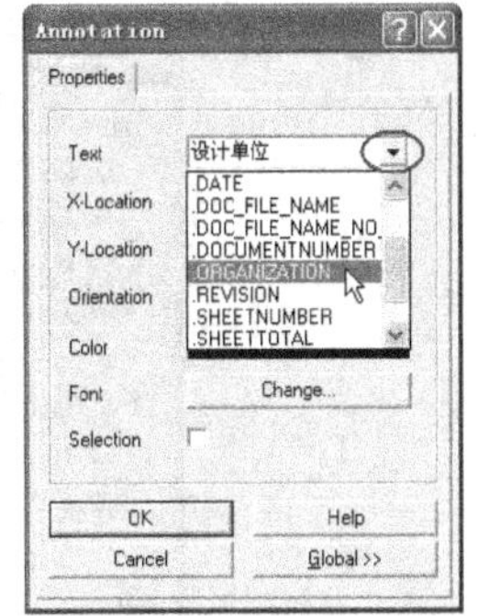

图 2-44 放置标题栏参数字符串

6. 设置标题栏信息

执行菜单“Design”→“Options”，屏幕出现图 2-14 所示的“文档参数设置”对话框，选中“Organization”选项卡进行标题栏信息设置，本例中的参数设置如图 2-46 所示，其中“Sheet”区的“No.”代表参数“.SHEET NUMBER”，“Document”区的“No.”代表参数“.DOCUMENT NUMBER”。

设计单位	.ORGANIZATION				
地 址	.ADDRESS1				
文 档 名	.TITLE				
图纸编号	.DOCUMENTNUMBER	文档编号	.SHEETNUMBER	文档总数	.SHEETTOTAL
版 本	.REVISION	设计时间		.DATE	

图 2-45 定义参数后的标题栏

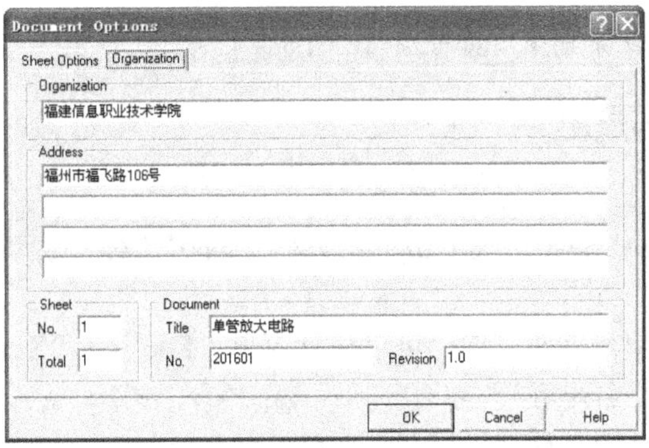

图 2-46 标题栏信息设置

标题栏信息输入完毕单击“OK”按钮完成设置。

本例中参数内容如下所述。

.Organization：福建信息职业技术学院 .Address1：福州市福飞路 106 号

.Title：单管放大电路 .Revision：1.0

.Sheett Number：1 .Sheet Total：1

.Document Number：201601 .Date：无须设置，系统自动设置为当前日期

7. 设置显示标题栏信息

在系统默认状态下，标题栏信息设置完毕，屏幕上显示的是参数字符串，而不是已经设置好的信息，需要进行下一步设置。

执行菜单“Tools”→“Preferences”，屏幕弹出图 2-47 所示的“Preferences”（优先设定）对话框，选中“Graphical Editing”选项卡，选中“Conver Special Strings”（转换特殊字符串）复选框，单击“OK”按钮完成设置。

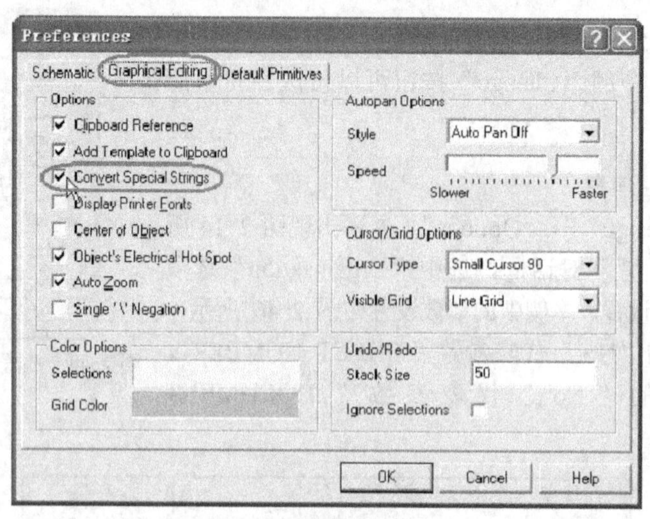

图 2-47　设置转换特殊字符串

设置完毕，屏幕将显示前面设置好的标题栏信息，此时可能会出现字符串位置不合理或字号不合理，影响视觉效果。可在图 2-14 中将“Snap On”（捕获栅格）改为“1”，然后微调字符串的位置。

至此单管放大电路设计完毕，如图 2-16 所示。

2.3.12　文件的存盘与退出

1．文件的保存

执行菜单“File”→“Save”或单击主工具栏上的图标，自动按原文件名保存，同时覆盖原先的文件。

在保存时如果不希望覆盖原文件，可以执行菜单“File”→“Save As”更名保存，在对话框中指定新的存盘文件名即可。

在默认情况下，原理图文件的扩展名为.sch。

2．文件的退出

若要退出原理图编辑状态，可执行菜单“File”→“Close”或用鼠标右键单击选项卡中的原理图文件名，在出现的菜单中单击“Close”命令。

若要关闭设计库，可执行菜单命令“File”→“Close Design”。

若要退出 Protel 99 SE，可执行菜单命令“File”→“Exit”或单击系统关闭按钮。如果在执行关闭操作前文件没有进行保存操作，则系统将提示保存文件。

任务 2.4　总线形式的接口电路设计

在原理图设计中，集成电路之间的连接线很多，显得很复杂，为了解决这个问题，可以使用总线来连接原理图。

所谓总线，就是代表数条并行导线的一条线。总线本身没有实质的电气连接意义，电气连接的关系要靠网络标号来定义。利用总线和网络标号进行元器件之间的电气连接不仅可以减少图中的导线，简化原理图，而且清晰直观。

使用总线来代替一组导线，需要与总线分支相配合，总线与一般导线的性质不同，必须由总线接出的各个单一入口导线上的网络标号来完成电气意义上的连接，具有相同网络标号的导线在电气上是相连的。

下面以设计图 2-48 的接口电路为例介绍设计方法。

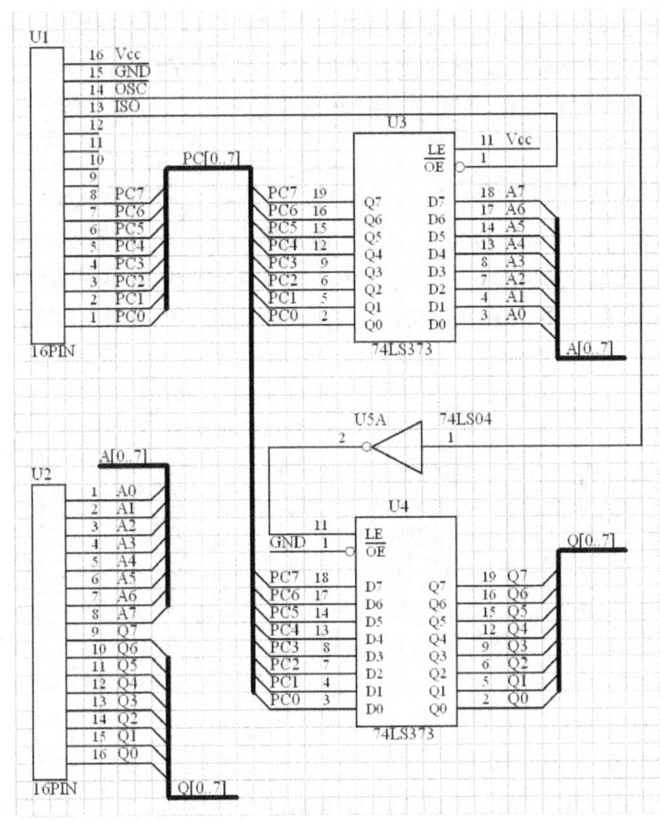

图 2-48　接口电路

（1）新建文件。在 Protel 99 SE 主窗口下，执行菜单“File”→“New”，新建设计数据库文件，并将文件命名为“接口电路.ddb”；执行菜单“File”→“New”，创建原理图文件“接口电路.Sch”并保存。

（2）设置元器件库。集成块 74LS373 和 74LS04 位于 Protel DOS Schematic Libraries.ddb 库的 TTL.lib 中，16 脚接插件 16PIN 位于 Miscellaneous Devices.ddb 库中，将上述两个元器件库设置为当前库。

（3）放置元器件。执行菜单“Place”→“Part”，在电路上放置元器件 74LS373 两个，74LS04 的非门一个，16 脚接插件 16PIN 两个。

（4）元器件属性设置与布局。根据图 2-48 设置好元器件的标号，调整好元器件的放置方向，其中标号 U5 的非门 74LS04 选择第一套功能单元，故显示为 U5A。

（5）执行菜单“File”→“Save”保存当前文件。此后使用总线和网络标号进行线路连接。

2.4.1 放置总线与总线分支

1. 放置总线

在绘制带总线的原理图时，一般通过配线工具栏的按钮先放置元器件引脚的引出线，然后再放置总线。

执行菜单“Place”→“Bus”，或单击配线工具栏的按钮，进入放置总线状态，将光标移至合适的位置，单击鼠标左键，定义总线起点，将光标移至另一位置，单击鼠标左键，定义总线的下一点，连线完毕单击鼠标右键退出放置状态，如图 2-49 所示。

在放置过程中，按〈Tab〉键，屏幕弹出“总线属性”对话框，可以修改线宽和颜色。

2. 放置总线分支

元器件引脚的引出线与总线的连接通过总线分支实现，总线分支是一条倾斜的短线段。

执行菜单“Place”→“Bus Entry”，或单击配线工具栏的按钮，进入放置总线分支的状态，此时光标上带着悬浮的总线分支线，将光标移至总线和引脚引出线之间，按〈Space〉键变换倾斜角度，单击鼠标左键放置总线分支线，如图 2-50 所示。

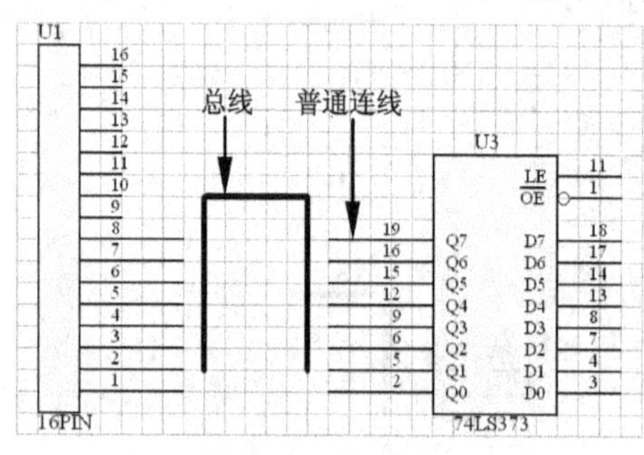

图 2-49　放置总线

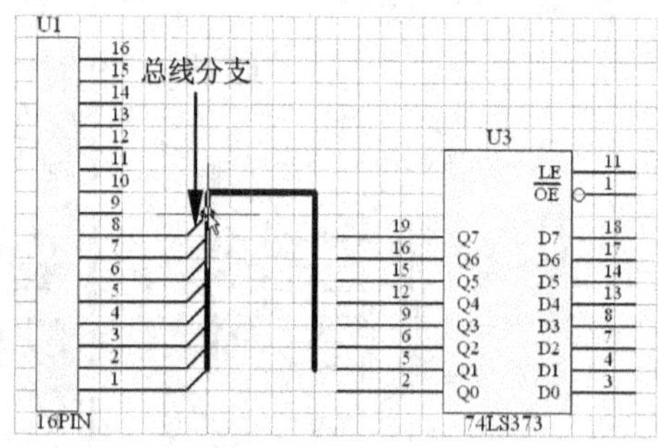

图 2-50　放置总线分支

2.4.2 放置网络标号

由于总线不是实际连线，因此还必须通过网络标号实现连接。在复杂的电路图中，通常使用网络标号来简化电路，具有相同网络标号的导线之间在电气上是相通的。

放置网络标号可以通过执行菜单“Place”→“Net Label”实现，或单击配线工具栏的按钮进入放置网络标号状态，此时光标处带有一个虚线框，按〈Tab〉键，系统弹出图 2-51 所示的“网络标号属性”对话框，在“Net”栏定义网络标号名，本例中设置为“PC0”，设置完毕后单击“OK”按钮，将虚线框移动至需要放置网络标号的导线上，当虚线框和导线相连处出现一个小圆点时，表明与该导线建立电气连接，单击鼠标左键放下网络标号，将光标移至其他位置可继续放置，且网络标号数字自动加 1，单击鼠标右键退出放置状态。

放置网络标号如图 2-52 所示。

图 2-52 中，U1 的 1 脚与 U3 的 2 脚，网络标号都为“PC0”，在电气特性上它们是相连的。

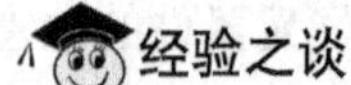

经验之谈

网络标号（Net Label）与标注文字（Annotation）不同，前者具有电气连接功能，后者只是说明文字，用于电路说明。

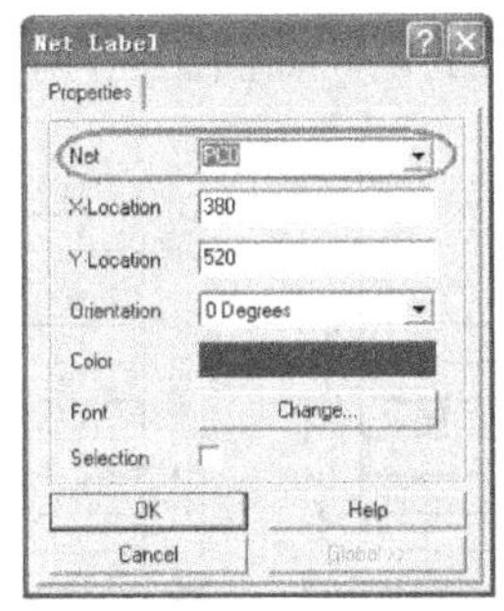

图 2-51 “网络标号属性”对话框

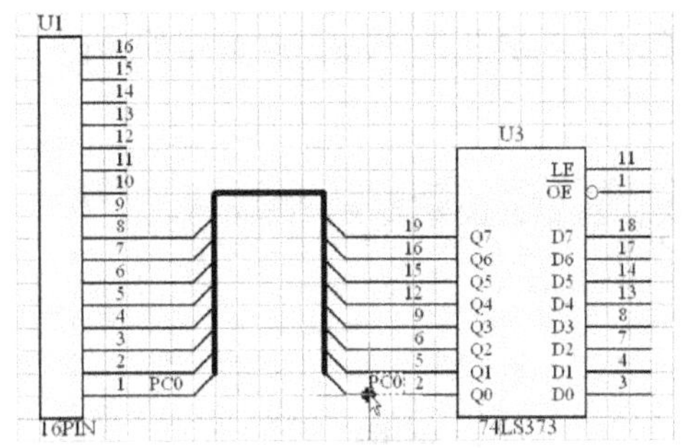

图 2-52 放置网络标号

2.4.3 阵列式粘贴

从上面的操作可以看出，放置引脚引出线、总线分支线和网络标号需要多次重复，占用时间长。如果采用阵列式粘贴，可以一次完成重复性操作，大大提高原理图设计的速度。

阵列式粘贴通过执行菜单“Edit”→“Paste Array”，或单击绘图工具栏的按钮实现。具体操作步骤如下所述。

（1）在元器件 U3 上放置连线、总线分支及网络标号 PC0，如图 2-53 所示。

（2）用鼠标拉框选中要复制的连线、总线分支及网络标号，如图 2-54 所示，选中后这些对象将呈现黄色。

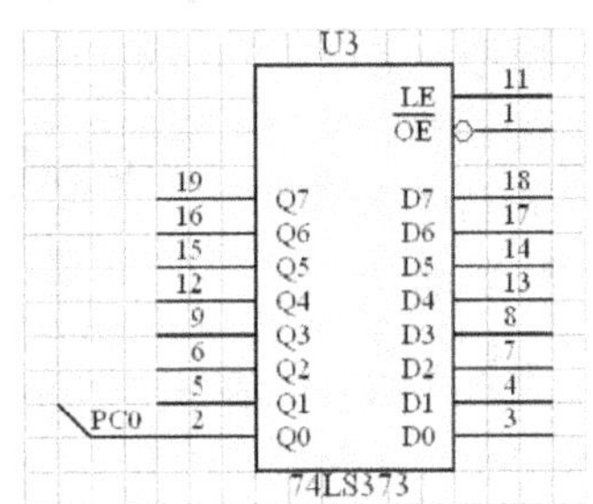

图 2-53 连线并放置网络标号

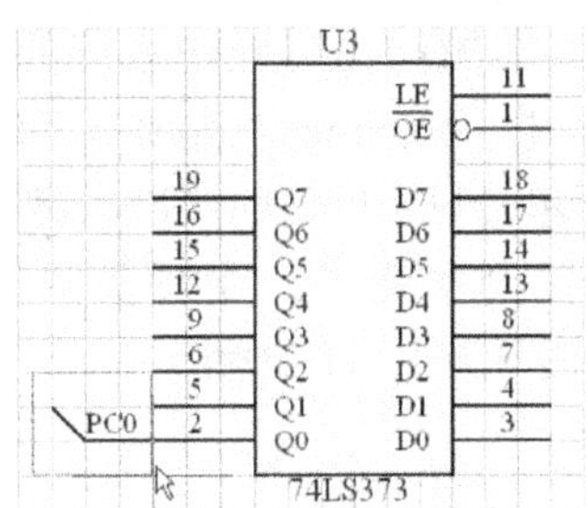

图 2-54 选中要复制的图件

（3）执行菜单“Edit”→“Cut”，将光标移至选中对象的左上角，单击鼠标左键，将对象剪切到剪贴板。

（4）执行菜单“Edit”→“Paste Array”，屏幕弹出图 2-55 所示的“阵列式粘贴”对话框。

对话框中各项含义如下所述。

- “Item Count”栏：设置重复放置的次数，此处设置为 8。
- “Text Increment”栏：设置文字的跃变量，此处设置为 1，即网络标号依次为 PC0、PC1、PC2 等。
- “Horizontal”栏：设置对象水平方向的间隔，此处为 0，表示水平方向不移动。
- “Vertical”栏：设置对象垂直方向的间隔。由于从下而上放置，故设置为 10。

参数设置完毕，单击“OK”按钮。

（5）将光标移至需要粘贴的起点（即前面剪切的位置），单击鼠标左键完成阵列粘贴。

（6）单击主工具栏的 按钮取消图件的选中状态，粘贴后的电路如图 2-56 所示。

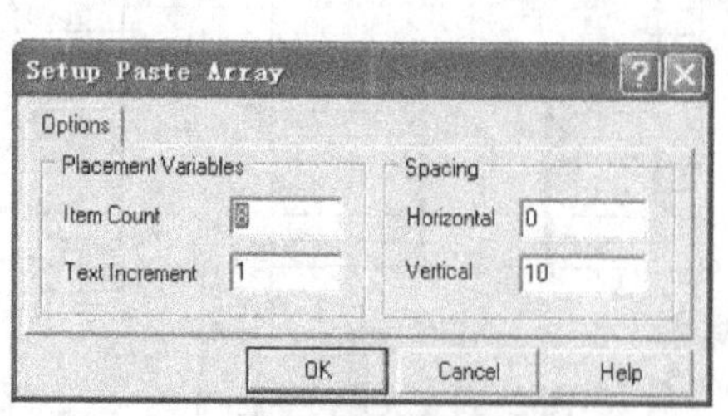

图 2-55 “阵列式粘贴”对话框

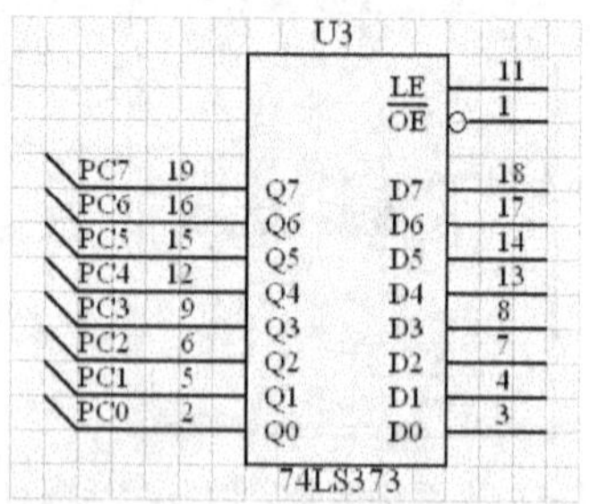

图 2-56 阵列式粘贴后的电路

采用相同的方法绘制其他电路，完成图 2-48 所示的接口电路设计。

任务 2.5 单片机层次电路图设计

当电路图比较复杂时，用一张原理图来绘制显得比较困难，此时可以采用层次型电路来简化电路。层次型电路将一个庞大的电路原理图分成若干个子电路，通过主图连接各个子电路，这样可以使电路图变得更简洁。

层次电路图按照电路的功能区分，主图相当于框图，在其中的子图模块中代表某个特定的功能电路。

层次电路图的结构与操作系统的文件目录结构相似，选择设计管理器的“Explorer”选项卡可以观察到层次图的结构，图 2-57 为“单片机”电路的层次电路结构图。在一个项目中，处于最上方的为主图，一个项目只有一个主图，扩展名为“.prj”；在主图下方所有的电路均为子图，扩展名为“.sch”，图中有 3 个子图。

图 2-57 层次电路结构

2.5.1 单片机层次电路主图设计

在层次式电路中，通常主图是由若干个方块图组成的，它们之间的电气连接通过 I/O 端口和网络标号实现。

下面以图 2-58 所示的单片机电路主图为例，介绍层次电路主图设计。

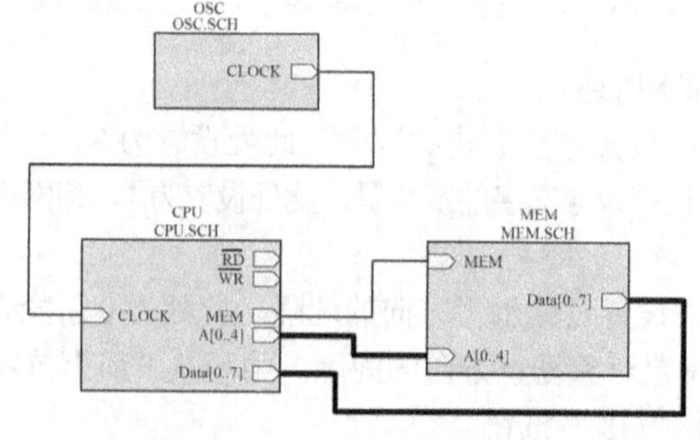

图 2-58 单片机层次电路主图

进入 Protel 99 SE，建立项目文件“单片机.ddb”后，执行菜单“File”→“New”，新建一个原理图文件作为主图，执行菜单“File”→“Save As”另存文件，选择文件扩展名为*.prj，将其另存为“单片机.prj”。

1. 电路方块图设计

电路方块图，也称为子图符号，是层次电路中的主要组件，它对应着一个具体的子电路，即子图。图 2-58 所示的有源功放主图是由 3 个电路方块图组成的。

执行菜单“Place”→“Sheet Symbol”，或单击配线工具栏的按钮，光标上粘着一个悬浮的虚线框，按〈Tab〉键，屏幕弹出图 2-59 所示的“子图符号属性”对话框，在“File Name”栏中填入子图的文件名（如 MEM.sch），“Name”栏中填入子图符号的名称（如 MEM），设置完毕后，单击“OK”按钮，关闭对话框，将光标移至合适的位置后，单击鼠标左键定义方块的起点，移动鼠标，改变其大小，大小合适后，再次单击鼠标左键，放下子图符号。子图模块设计过程图如图 2-60 所示。

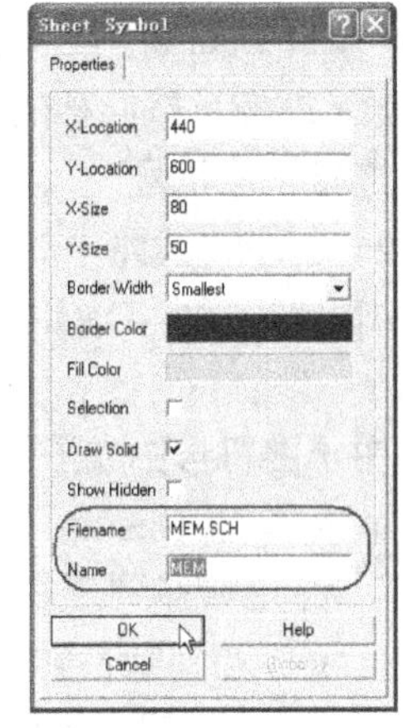

图 2-59 “子图符号属性”对话框

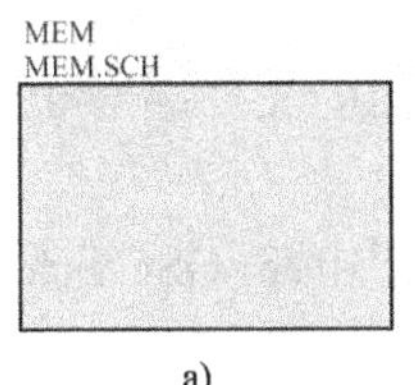

a)

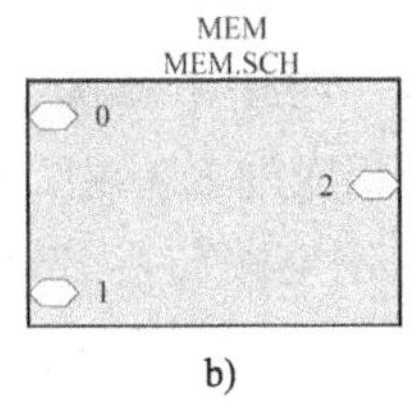

b)

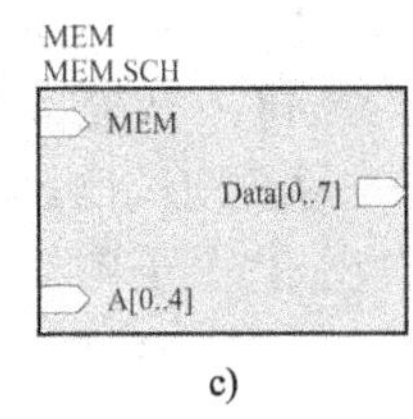

c)

图 2-60 子图模块设计过程图

a) 放置子图符号 b) 放置子图 I/O 接口 c) 完成设置的子图符号

2. 放置子图符号的 I/O 接口

执行菜单“Place”→“Add Sheet Entry”，或单击配线工具栏的按钮，将光标移至子图符号内部，在其边界上单击鼠标左键，此时光标上出现一个悬浮的 I/O 端口，该 I/O 端口被限制在子图符号的边界上，光标移至合适位置后，再次单击鼠标左键，放置 I/O 端口。

双击 I/O 端口，屏幕弹出图 2-61 所示的子图符号“端口属性”对话框，具体设置如下所述。

- “Name”栏：设置端口名。若要放置低电平有效的端口名，如 $\overline{RD}$，需将端口名设置为“R\D\”。
- “I/O Type”栏：设置端口电气特性。共有 4 种类型，分别为 Unspecified（未指明或不指定）、Output（输出端口）、Input（输入端口）、Bidirectional（双向型），根据实际情况选择端口的电气特性。
- “Side”栏：设置 I/O 端口在子图的左边（Left）或右边（Right）。
- “Style”栏：设置端口方向。

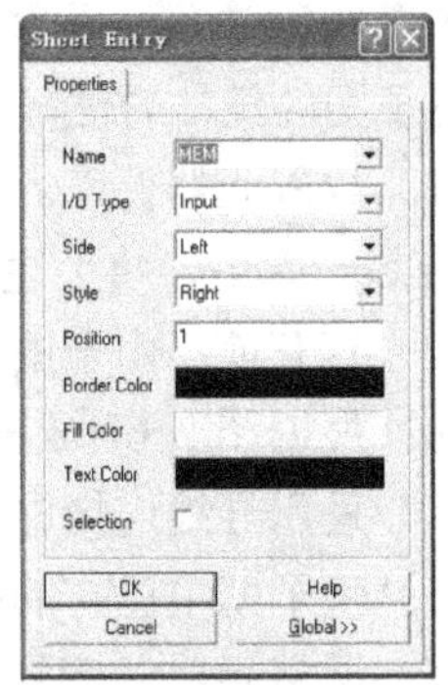

图 2-61 “端口属性”对话框

● “Position”栏：设置子图符号 I/O 端口的上下位置，以左上角为原点，每向下一个栅格增加 1。

根据图 2-60 设置好各子图符号的端口，端口 I/O 类型如下：端口 MEM、A[0..4]为“Input”；端口 Data[0..7]为“Bidirectional”。

根据图 2-58，按同样的方法放置其他两个子图模块。

3．连接子图符号

图 2-58 中，线路中的“CLOCK”和“MEM”通过执行菜单“Place”→“Wire”进行连接；“A[0..4]”和“Data[0..7]”是总线，执行菜单“Place”→“Bus”连接子图模块中的总线端口。

4．由子图符号生成子图文件

执行菜单“Design”→“Create Sheet From Symbol”，将光标移到子图符号上，单击鼠标左键，屏幕弹出“I/O 端口特性转换”对话框，如图 2-62 所示。选择“Yes”按钮，生成的电路图中的 I/O 端口的输入、输出特性将与子图符号 I/O 端口的特性相反；选择“No”按钮，则生成的电路图中的 I/O 端口的输入、输出特性将与子图符号 I/O 端口的特性相同，一般选择“No”按钮。

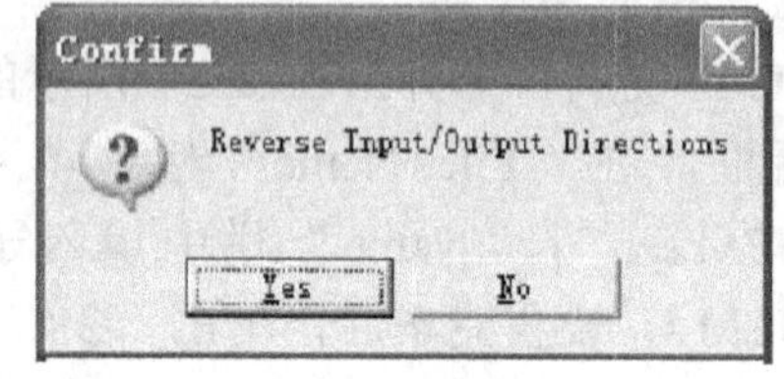

图 2-62 “I/O 端口特性转换”对话框

单击“No”按钮，系统自动生成一张新电路图，电路图的文件名与子图的文件名相同，同时在新的电路图中，已自动生成相应的 I/O 端口。

本例中依次在 3 个子图符号上创建电路图，分别生成子电路 OSC.Sch、CPU.Sch 和 MEM.Sch，系统自动在电路中产生相应的 I/O 端口。

5．层次电路的切换

在层次电路中，经常要在各层电路图之间相互切换，切换的方法主要有两种。

（1）利用设计管理器，鼠标左键单击所需文档，便可在右边工作区中显示该电路原理图。

（2）执行菜单“Tools”→“Up/Down Hierarchy”或单击主工具栏的⇕按钮，将光标移至需要切换的子图符号上，单击鼠标左键，即可将上层电路切换至下一层的子图；若是从下层电路切换至上层电路，则是将光标移至下层电路的 I/O 端口上，单击鼠标左键进行切换。

2.5.2 单片机电路子图设计

子图绘制与普通原理图设计方法相同，下面以图 2-63 所示的子图 CPU.Sch 为例介绍层次电路子图的绘制方法，

（1）载入元器件库。本例中元器件在 Protel DOS Schematic Libraries.ddb 和 Miscellaneous Devices.ddb 库中，将上述两个元器件库设置为当前库。

（2）打开前面由子图符号生成的子图文件 CPU.Sch。

（3）根据图 2-63 放置元器件并进行布局调整。

（4）采用导线连接电路。

（5）将子图中已有的端口移动到合适位置并进行连接。

（6）调整元器件标号和标称值的位置。

（7）保存电路。

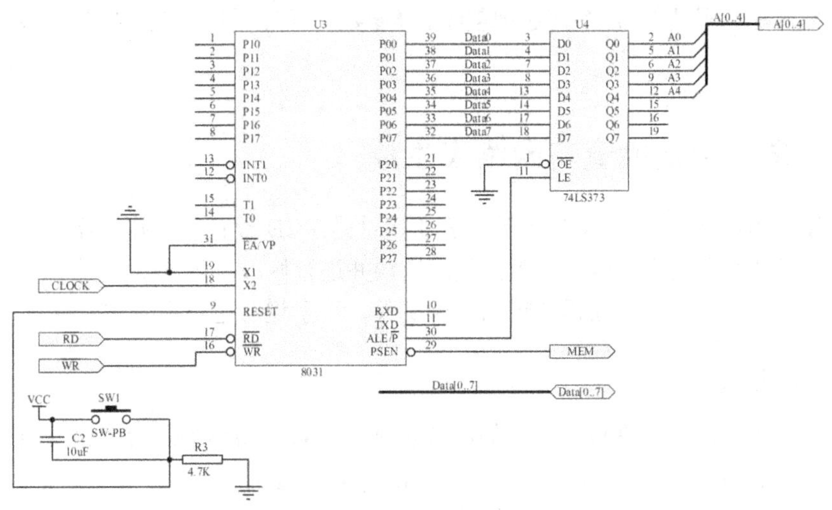

图 2-63　子图 CPU.Sch

采用相同方法依次画好图 2-64 和图 2-65 所示的其他子图电路，最后保存所有文件。

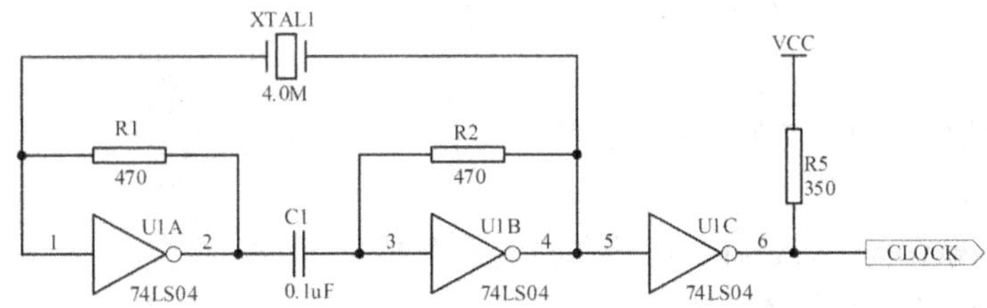

图 2-64　子图 OSC.Sch

2.5.3　设置主图图样信息

主图和子图绘制完毕，一般要设置图样信息，添加好原理图的编号和原理图总数。下面以设置主图的图样信息为例进行说明，主图原理图编号为 1，项目原理图总数为 4。

打开原理图主图“单片机.prj”，执行菜单“Design”→“Options”，屏幕弹出“文档参数设置”对话框，选中“Organization”选项卡设置图样信息。

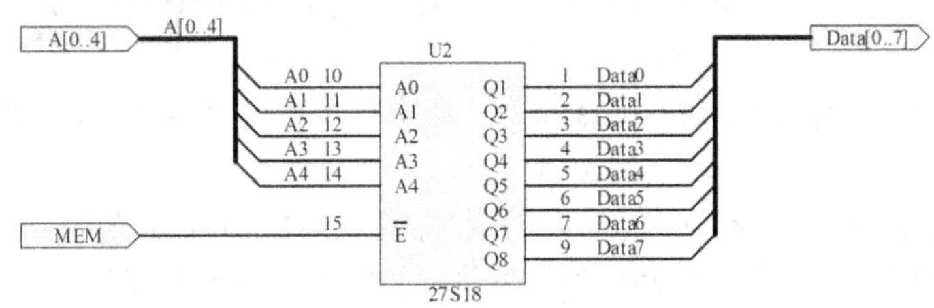

图 2-65　子图 MEM.Sch

“Sheet”栏中的“No.”设置为“1”，即原理图的编号为 1。

“Sheet”栏中的“Total”设置为“4”，即电路图总数为 4。

“Document”栏的“Title”设置为“单片机主图”，即电路图的标题。

采用同样方法设置其他 3 个子图电路的图样参数并保存项目，至此单片机层次电路设计完毕。

任务 2.6　电气规则检查与网络表生成

原理图设计的最终目的是 PCB 设计，其正确性是 PCB 设计的前提，原理图设计完毕，必须对设计完成的原理图进行电气检查，找出错误并进行修改。

在一个工程项目中，一般还需要输出报表文件，用于说明电路中的主要信息。

2.6.1　电气规则检查

电气规则检查（ERC）是按照一定的电气规则，检查电路图中是否有违反电气规则的错误。ERC 检查报告以错误（Error）或警告（Warning）来提示。

进行电气规则检查后，系统会自动生成检测报告，并在电路图中有错误的地方放上红色的标记⊠。

执行菜单“Tools”→“ERC”，打开图 2-66 所示的“电气规则检查”设置对话框，选中图中的复选框表示要做该项检查。

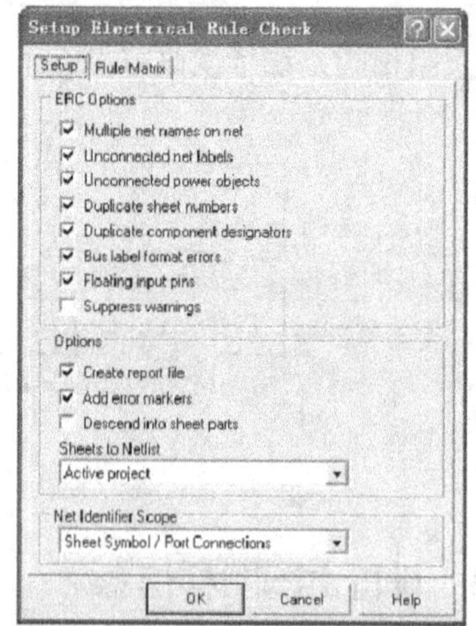

图 2-66 “电气规则检查”设置对话框

对话框中各项参数的含义如下所述。

（1）“ERC Options”区。

- “Multiple net names on net”：该项检测是否同一网络上存在多个网络标号。
- “Unconnected net labels”：该项对存在未实际连接的网络标号，给出错误报告。
- “Unconnected power objects”：该项对电路中存在未连接的电源或接地符号时，给出错误报告。如果把 Power Port 的 Vcc 改为+5V，则+5V 和其他 Vcc 名称的引脚就被看成是两个完全不同的图件，在检查时会给出错误标记。
- “Duplicate sheet numbers”：该项对电路图中出现图样编号相同的情况，给出错误报告。
- “Duplicate component designator”：该项对电路中元器件标号重复的情况给出错误报告。
- “Bus label format errors”：该项对电路图中存在总线标号格式错误的情况给出错误报告。正确的 BUS 格式，如 D[0..7]代表单独的网络标号 D0～D7。
- “Floating input pins”：该项对电路中存在输入引脚悬空的情况给出警告报告。
- “Suppress warnings”：选中此复选框，则进行 ERC 检测时将跳过所有的警告型错误。

（2）“Options”区。

- “Create report file”：选中此复选框，则进行 ERC 检测后，将给出检测报告*.ERC。
- “Add error markers”：选中此复选框，则进行 ERC 检测后，将在电路图上有错的地方放上红色错误标记⊠。

- “Descend into sheet parts”：选中此复选框，设定检查范围是否深入到元器件内电路。

（3）“Sheets to Netlist”下拉列表框。用于选择检查的范围，“Active Sheets”指当前电路图，“Active Project”指当前项目文件，“Active Sheet Plus Sub Sheets”指当前的电路图与子图。

（4）“Net Identifier Scope”下拉列表框。用来设置进行 ERC 检测时网络标号和端口的作用范围。“Net Labels and Ports Global”代表网络标号和电路 I/O 端口在整个项目文件中的所有电路图中都有效；“Only Ports Global”代表只有 I/O 端口在整个项目文件中有效；“Sheet Symbol/Port Connections”代表在子图符号 I/O 口与下一层的电路 I/O 端口同名时，二者在电气上相通。

单击“Rule Matrix”选项卡进入检查电气规则矩阵设置，一般选择默认值。

图 2-67 所示为单管放大电路，为了说明电气规则检查的方法，在图中特地设置了几处违规点，具体如下。

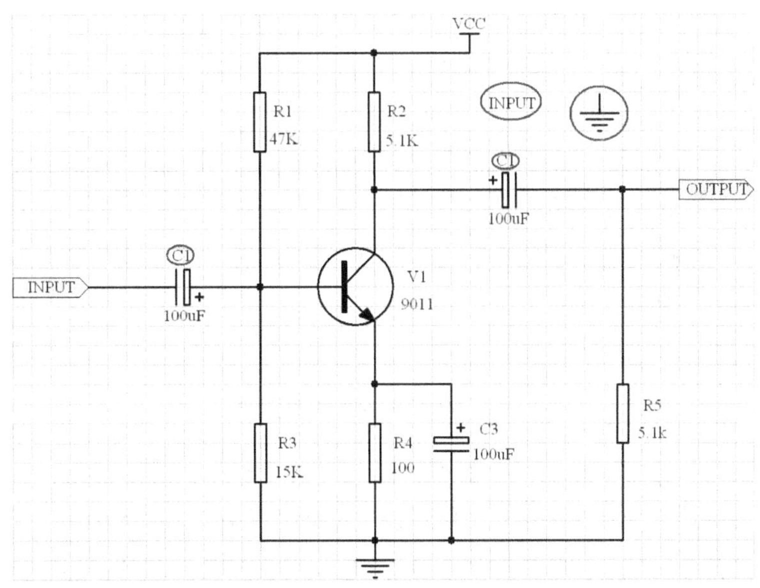

图 2-67　违规的电路

1）两个相同的元器件标号 C1。

2）多余的网络标号 INPUT。

3）未连接的接地符号。

执行菜单“Tools”→“ERC”进行电气规则检查，系统在电路中违规之处放置红色错误标记⊠提示出错，如图 2-68 所示。同时自动产生并打开一个检测报告，提示错误信息，如图 2-69 所示。

图 2-69 中显示有 3 个错误报告信息：第 1 个是错误信息，出现重复的标号 C1，坐标（424，291）的 C1 与坐标（594，340）的 C1；第 2 个是警告信息，存在未连接的电源网络 GND；第 3 个是警告信息，存在未连接的网络标号 INPUT。

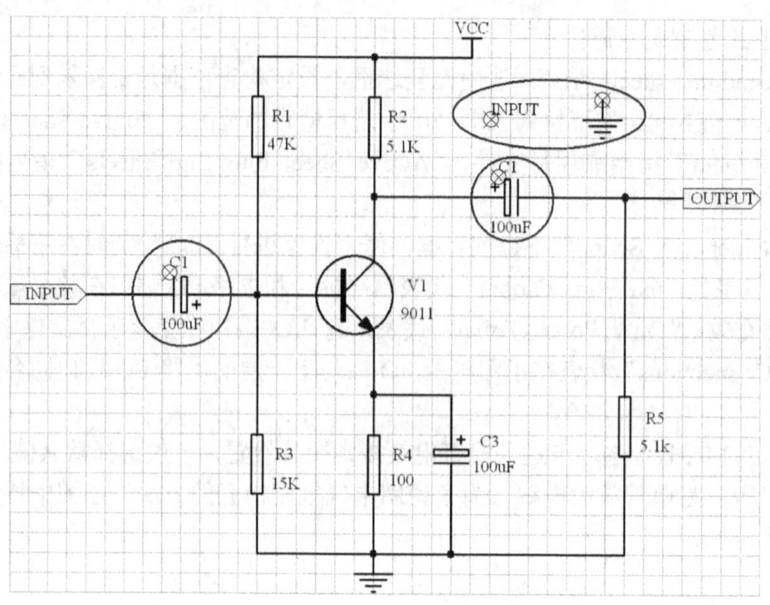

图 2-68　ERC 检查后的违规电路

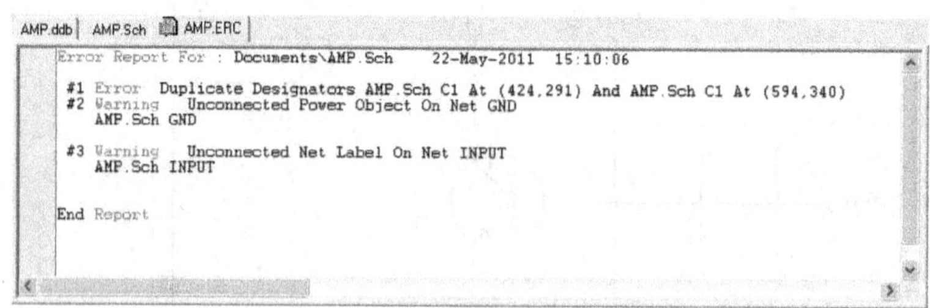

AMP.ddb | AMP.Sch | AMP.ERC

```
Error Report For : Documents\AMP.Sch    22-May-2011  15:10:06

 #1 Error   Duplicate Designators AMP.Sch C1 At (424,291) And AMP.Sch C1 At (594,340)
 #2 Warning   Unconnected Power Object On Net GND
    AMP.Sch GND

 #3 Warning   Unconnected Net Label On Net INPUT
    AMP.Sch INPUT

End Report
```

图 2-69　ERC 检测报告文件

按照系统给出的错误信息修改电路图，将图 2-67 中 V1 集电极的电容 C1 标号改为 C2，删除多余的接地符号和网络标号，然后再次进行电气检查，错误消失。

经验之谈

在 ERC 检查时有些警告信息可以忽略，如浮动输入引脚问题（Floating input pins），为了在检查时不提示该信息，可以在 ERC 设置时不选中该项检查。

2.6.2　从原理图中生成网络表

一般来说，设计原理图的最终目的是进行 PCB 设计，网络表在原理图和 PCB 之间起到一个桥梁作用。网络表文件（*.Net）是一张电路图中全部元器件和电气连接关系的列表，它包含电路中的元器件信息和连线信息，是电路板自动布线的灵魂。

1．生成网络表

在生成网络表前，必须对原理图中所有的元器件设置好元器件标号（Designator）、型号或标称值（Part Type）及封装形式（Footprint）。

执行菜单“Design”→“Create Netlist”，屏幕上弹出图 2-70 所示的“生成网络表”对话框，对话框中的具体内容如下所述。

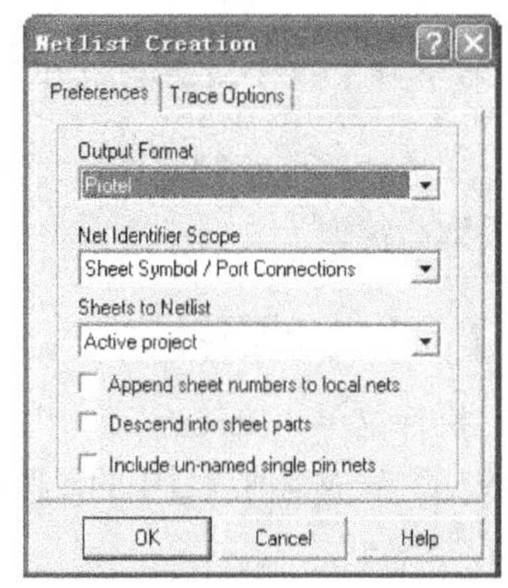

图 2-70 “生成网络表”对话框

（1）“Output Format”下拉列表框。用来设置生成的网络表格式，Protel 99 SE 支持 38 种格式，一般选取 Protel。

（2）“Net Identifier Scope”下拉列表框。用来设置网络标号、子图符号 I/O 口、电路 I/O 端口的作用范围，共有 3 个选项。

“Net Labels and Ports Global”代表网络标号和电路 I/O 端口在整个项目文件中的所有电路图中都有效；“Only Ports Global”代表只有 I/O 端口在整个项目文件中有效；“Sheet Symbol/Port Connections”代表在子图符号 I/O 口与下一层的电路 I/O 端口同名时，二者在电气上相通。

（3）“Sheets to Netlist”下拉列表框。用于选择产生网络表的范围，“Active sheets”（当前电路图）、“Active Project”（当前项目文件）和“Active sheet plus sub sheets”（当前的电路图与子图）。

（4）“Append sheet numbers to local nets”复选框。选中此复选框，则在生成网络表时，将电路图的编号附在每个网络名称上，以识别该网络的位置。

（5）“Descend into sheet parts”复选框。选中此复选框，则在生成网络表时，系统将深入元器件的内部电路图，将它作为电路的一部分，一起转化为网络表。

（6）“Include un-named single pin nets”复选框。选中此复选框，则在生成网络表时，将电路图中没有名称的引脚，也一起转换到网络表中。

2. 网络表的格式

执行菜单“Design”→“Create Netlist”，设置参数后，单击“OK”按钮，程序便自动生成并打开网络表文件。

Protel 格式的网络表是一种文本式文档，由两个部分组成，第一部分为元器件描述段，以“[”和“]”将每个元器件单独归纳为一项，每项包括元器件名称、标称值和封装形式；第二部分为电路的网络连接描述段，以“(”和“)”把电气上相连的元器件引脚归纳为一项，并定义一个网络名。

下面是一个网络表文件的部分内容。（其中“【”与“】”中的内容是编著者添加的说明）

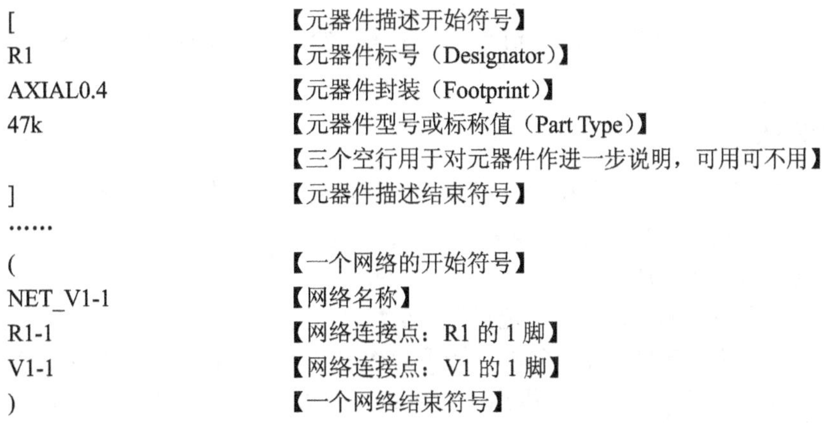

```
[                【元器件描述开始符号】
R1               【元器件标号（Designator)】
AXIAL0.4         【元器件封装（Footprint)】
47k              【元器件型号或标称值（Part Type)】
                 【三个空行用于对元器件作进一步说明，可用可不用】
]                【元器件描述结束符号】
......
(                【一个网络的开始符号】
NET_V1-1         【网络名称】
R1-1             【网络连接点：R1 的 1 脚】
V1-1             【网络连接点：V1 的 1 脚】
)                【一个网络结束符号】
......
```

任务 2.7 输出原理图信息

一般电路图绘制完毕，需要打印输出原理图文件，并且还要产生一份元器件清单，以便于采购与管理。

2.7.1 生成元器件清单

执行菜单“Reports”→“Bill of Material”，屏幕弹出一个对话框选择报表的范围，选择“Project”生成当前项目中的元器件清单，选择“Sheet”生成当前原理图中的元器件清单，本例中选择“Sheet”。

单击“Next”按钮，屏幕弹出选择输出内容对话框，一般采用系统默认设置。

单击“Next”按钮，屏幕弹出输出栏目设置，本例中在“Part Type”栏后输入“标称值”，在“Designator”栏后输入“标号”，在“Footprint”栏后输入“封装”。

单击“Next”按钮，屏幕弹出对话框提示选择输出格式，主要清单格式有“Protel Format”（产生文件*.BOM）和“Client Spreadsheet”（产生文件为电子表格形式，*.XLS），将以上两种均选中，单击“Next”按钮确定设置；最后单击“Finish”按钮结束操作，系统自动产生两种类型的元器件清单。

图 2-71 所示为单管放大电路的“Protel Format”格式的元器件清单，文件名为“AMP.Bom”，从图中可以看出该清单统计了标称值相同的元器件个数及其标号，该清单使用于元器件采购。

图 2-72 所示为单管放大电路的“Client Spreadsheet”格式的元器件清单，文件名为“AMP.XLS”，该文件为电子表格形式，便于后期的再处理。

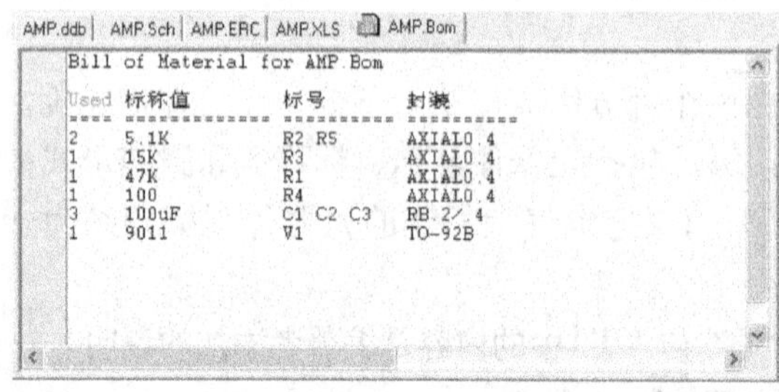

Bill of Material for AMP.Bom

Used	标称值	标号	封装
2	5.1K	R2 R5	AXIAL0.4
1	15K	R3	AXIAL0.4
1	47K	R1	AXIAL0.4
1	100	R4	AXIAL0.4
3	100uF	C1 C2 C3	RB.2/.4
1	9011	V1	TO-92B

图 2-71 “Protel Format”格式的元器件清单

AMP.ddb | AMP.Sch | AMP.ERC | AMP.XLS | AMP.Bom

A6

	A	B	C	D	E	F	G
1	标称值	标号	封装				
2	5.1K	R2	AXIAL0.4				
3	5.1k	R5	AXIAL0.4				
4	15K	R3	AXIAL0.4				
5	47K	R1	AXIAL0.4				
6	100	R4	AXIAL0.4				
7	100uF	C1	RB.2/.4				
8	100uF	C2	RB.2/.4				
9	100uF	C3	RB.2/.4				
10	9011	V1	TO-92B				
11							

Sheet1

图 2-72 “Client Spreadsheet”格式的元器件清单

2.7.2 打印原理图

执行菜单“File”→“Setup Printer”或单击主工具栏的按钮，进入原理图打印设置，屏幕弹出图 2-73 所示的“原理图打印设置”对话框。

对话框中各项说明如下所述。

“Select Printer”下拉列表框：用于选择打印机。

“Properties”按钮用于设置打印参数。按下此按钮，屏幕弹出图 2-74 所示的“打印设置”对话框。图中“大小”下拉列表框用于设置纸张的大小，“来源”下拉列表框用于设置纸张的来源，“方向”区用于选择打印的方向。

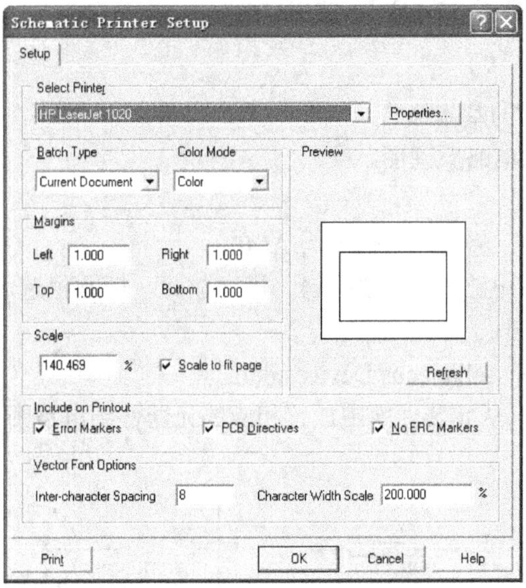

图 2-73 “原理图打印设置”对话框

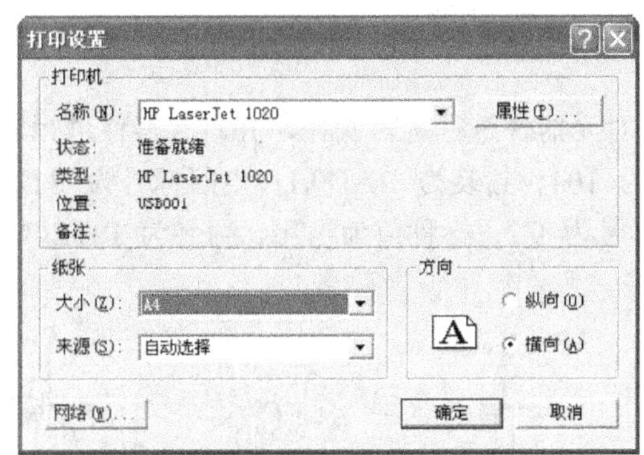

图 2-74 “打印设置”对话框

图 2-73 中“Batch Type”下拉列表框：设置打印文档范围，有“Current Document”（当前文档）和“All Document”（所有文档）两个选择。

“Color Mode”下拉列表框：设置打印时的颜色，有“Color”（彩色方式）和“Monochrome”（黑白打印）两种。

“Margins”区：用于设置图样与纸张边沿的距离，单位为英寸。

“Scale”区：用于设置打印的比例，选中“Scale Fit Page”复选框，系统将根据纸张的大小和方向自动计算打印比例的大小。

“Preview”区：用于预览观察电路在图样中的位置，单击“Refresh”按钮可以重新显示改变设置后的预览效果。

设置好各项参数，单击“Print”按钮打印输出原理图。

如果直接执行菜单“File”→“Print”，系统将直接打印输出原理图，而不进行打印设置。

技能实训 2　单管放大电路原理图设计

1．实训目的

（1）掌握 SCH 99 SE 的基本操作。

（2）学会设计简单的电路原理图。

2．实训内容

（1）新建原理图文件，将文档名修改为 AMP。

（2）参数设置。设置电路图大小为 A4、横向放置、标题栏选用标准标题栏，捕获栅格和可视栅格均设置为 10mil。

（3）载入元器件库 Miscellaneous Devices.ddb。

（4）如图 2-75 所示，从元器件库中放置相应的元器件到电路图中。

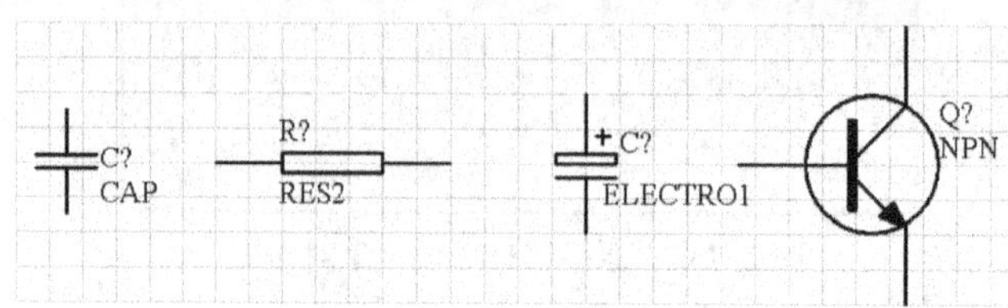

图 2-75　放置元器件

（5）如图 2-76 所示对元器件进行旋转操作，并对元器件进行属性设置，其中无极性电容的标号为 C1、标称值为 104、封装为 RAD0.1；电阻标号为 R1、标称值为 10k、封装为 AXIAL0.3；电解电容的标号为 C2、标称值为 47μ、封装为 RB.2/.4；晶体管的标号为 V1、型号为 9011、封装为 TO-5。

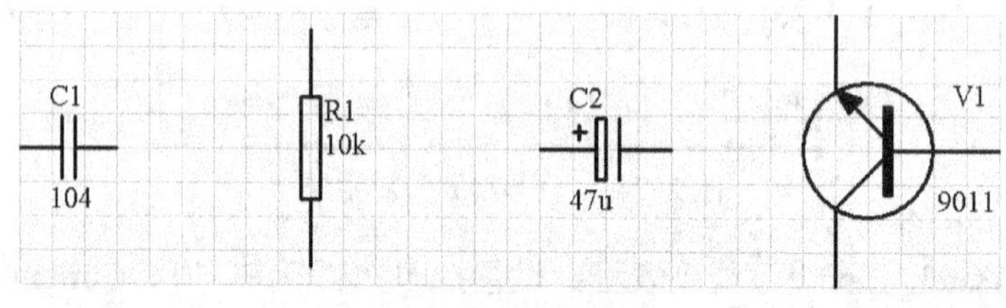

图 2-76　旋转元器件

（6）全局修改。利用 SCH 99 SE 的全局修改功能，将图 2-76 中各元器件的标号和标称值的字体改为五号黑体。

（7）选中所有元器件，将元器件删除。

（8）绘制图 2-16 所示的单管放大电路，其中电阻封装使用 AXIAL0.4、晶体管封装采用 TO-5、电解电容封装采用 RB.2/.4，完成后将文件存盘。

3．思考题

（1）如何查找元器件？

（2）在进行线路连接时应注意哪些问题？

（3）为什么要给元器件定义封装形式，是否所有原理图中的元器件都要定义封装形式？

（4）如何实现全局修改？

技能实训 3　存储器电路原理图设计

1. 实训目的

（1）进一步掌握 SCH 99 SE 基本操作。

（2）掌握较复杂电路图的绘制。

（3）掌握总线和网络标号的使用。

（4）掌握电路图的 ERC 校验、电路错误修改和网络表的生成。

2. 实训内容

（1）新建原理图文件，将文档名修改为“存储器电路.SCH”。

（2）采用搜索元器件的方式设置元器件库。

（3）绘制存储器电路图。设置图样大小为 A4，绘制图 2-77 所示的电路，其中元器件标号、标称值及网络标号均采用五号宋体，完成后将文件存盘。

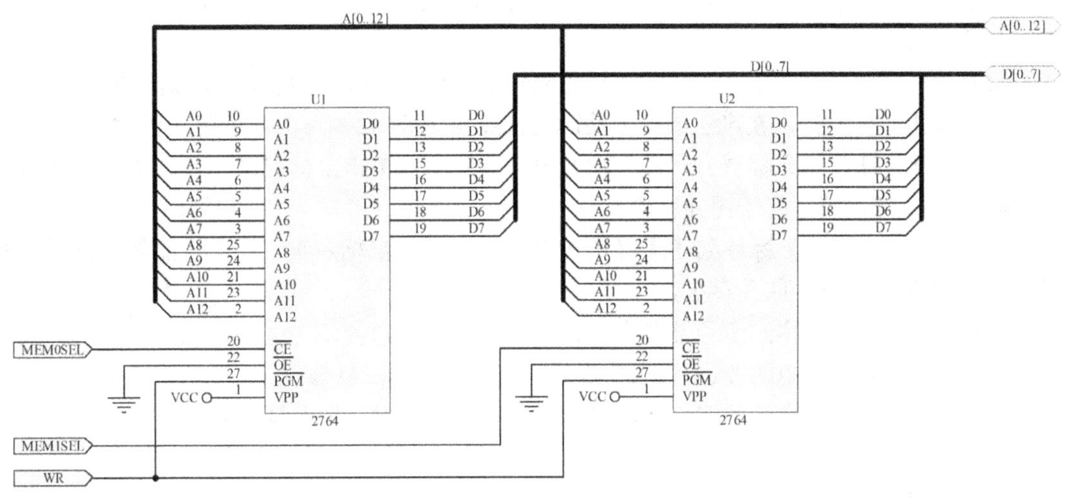

图 2-77　存储器电路

（4）对完成的电路图进行 ERC 校验，看懂报告文件，若有错误，加以改正，直到校验无原则性错误。

（5）对修改后的电路图进行编译，产生网络表文件，并查看网络表文件，看懂网络表文件的内容。

（6）生成元器件清单，采用电子表格形式。

3. 思考题

（1）使用网络标号时应注意哪些问题？

（2）如何查看电规则检查的内容？它主要包含哪些类型的错误？

（3）总线和一般连线有何区别？使用中应注意哪些问题？

（4）网络表文件能否直接编辑形成？如果能，应注意哪些问题？

技能实训 4　单片机层次式电路图设计

1. 实训目的

（1）熟练掌握 SCH 99 SE 的操作。

（2）掌握层次式电路图的绘制方法，能够绘制较复杂的层次式电路。

（3）进一步熟悉 ERC 校验和网络表的生成。

2. 实训内容

要绘制的层次式电路图的结构如图 2-57 所示，主图和各子图分别如图 2-58、图 2-63～图 2-65 所示。

（1）新建一张原理图，图样大小设置为 A4，参照图 2-58，完成层次式电路图主图的绘制。图中，各子图符号 I/O 口中，子图 OSC 中的端口 CLOCK 电气类型为“Output”；子图 CPU 中的端口 CLOCK 电气类型为“Input”，端口 $\overline{RD}$ 、$\overline{WR}$ 、MEM、A[0..4]电气类型为“Output”，端口 Data[0..7]电气类型为“Bidirectional”；子图 MEM 中的端口 MEM、A[0..4]电气类型为“Input”，端口 Data[0..7]电气类型为“Bidirectional”，将电路图以“单片机.prj”存盘。

（2）执行菜单“Design”→“Create Sheet From Symbol”，将光标移到子图方块符号 CPU 上，单击鼠标左键，在产生的新电路图上按照图 2-63 绘制第 1 张子图并存盘。

（3）同样方法，将光标移到子图方块符号 OSC 上，单击鼠标左键，在产生的新电路图上按照图 2-64 绘制第 2 张子图并存盘。

（4）同样方法，将光标移到子图符号 MEM 上，单击鼠标左键，在产生的新电路图上按照图 2-65 绘制第 3 张子图并存盘。

（5）依次将 4 张图样的编号设置为 No.1～No.4，图样总数均为 4。

（6）对整个层次式电路图进行 ERC 校验，若有错误则加以修改。

（7）生成此层次式电路的网络表，检查网络表各项内容，是否与电路图相符合。

3. 思考题

（1）简述设计层次式电路图的步骤。

（2）设计层次式电路图时应注意哪些问题？

思考与习题

1. 在 Protel 99 SE 中如何设置自动备份时间？

2. 在 D:\下新建一个名为 A.ddb 的设计数据库文件，并在其中新建一个原理图文件，启动原理图编辑器。

3. 采用元器件搜索的方式将 BELL、74LS00 和 21256 所在的元器件库设置为当前库。

4. 新建一张原理图，设置图样尺寸为 A4，图样纵向放置，图样标题栏采用标准型。

5. 如何从原理图生成网络表文件？

6. 如何进行 ERC 检查？哪些 ERC 检查错误可以忽略？

7. 网络标号与标注文字有何区别？使用中应注意哪些问题？

8．绘制图 2-78 所示的 555 电路，对电路进行 ERC 检查，并产生元器件清单。

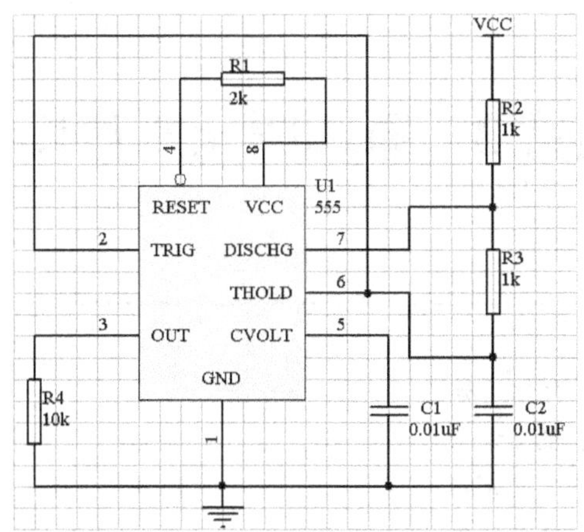

图 2-78　555 电路

9．绘制图 2-48 所示的接口电路，并说明总线的使用方法。

10．绘制图 2-79 所示的稳压电源电路，并将电路改画为层次图电路，其中整流滤波为子图 1，稳压输出为子图 2。

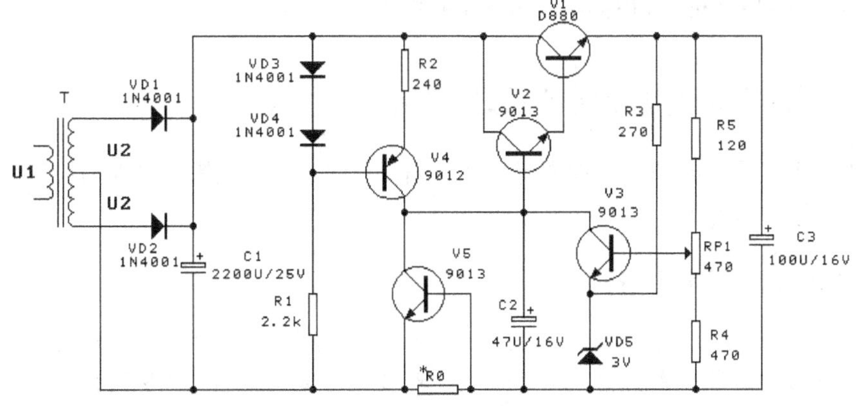

图 2-79　串联调整型稳压电源

项目 3　原理图元器件设计

知识与能力目标

1）掌握原理图元器件图形设计方法。

2）掌握原理图元器件引脚设置方法。

3）掌握原理图元器件属性设置方法。

4）学会通过上网收集元器件资料进行元器件设计。

随着新型元器件不断推出，在电路设计中有时会碰到一些新型的元器件，这些元器件在 Protel 99 SE 软件提供的元器件库中不存在，这就需要用户自己动手创建该元器件的电气图形符号。

用户也可以到 Altium 公司的网站下载最新的元器件库。

任务 3.1　了解原理图元器件库编辑器

原理图元器件设计必须在原理图元器件库编辑器中进行，其操作界面与原理图编辑器的界面相似，不同的是增加了专门用于元器件设计和库管理的工具。

3.1.1　启动元器件库编辑器

进入 Protel 99 SE，执行菜单“File”→“New”，在弹出的对话框中双击图标，打开原理图元器件库编辑器，系统自动新建一个元器件库，默认库名为“Schlib1.lib”，在设计管理器（Explorer）中可以修改元器件库名。双击该库，屏幕出现图 3-1 所示的元器件库编辑器的主界面。

图中的主界面与原理图编辑器的主界面相似，菜单栏及工具栏中的按钮也基本一致，但元器件库编辑器的工作区划分为 4 个象限，像直角坐标一样，元器件设计通常在第四象限中进行。与原理图编辑器相比，明显不同的是元器件库管理器，它是编辑元器件的一个重要工具。

3.1.2　元器件库管理器的使用

元器件库管理器位于图 3-1 所示原理图元器件库编辑器的左侧，执行菜单“View”→“Design Manager”可以打开或关闭设计管理器，鼠标单击选中“Browse SchLib”选项卡，打开元器件库管理器，各部分的作用如下所述。

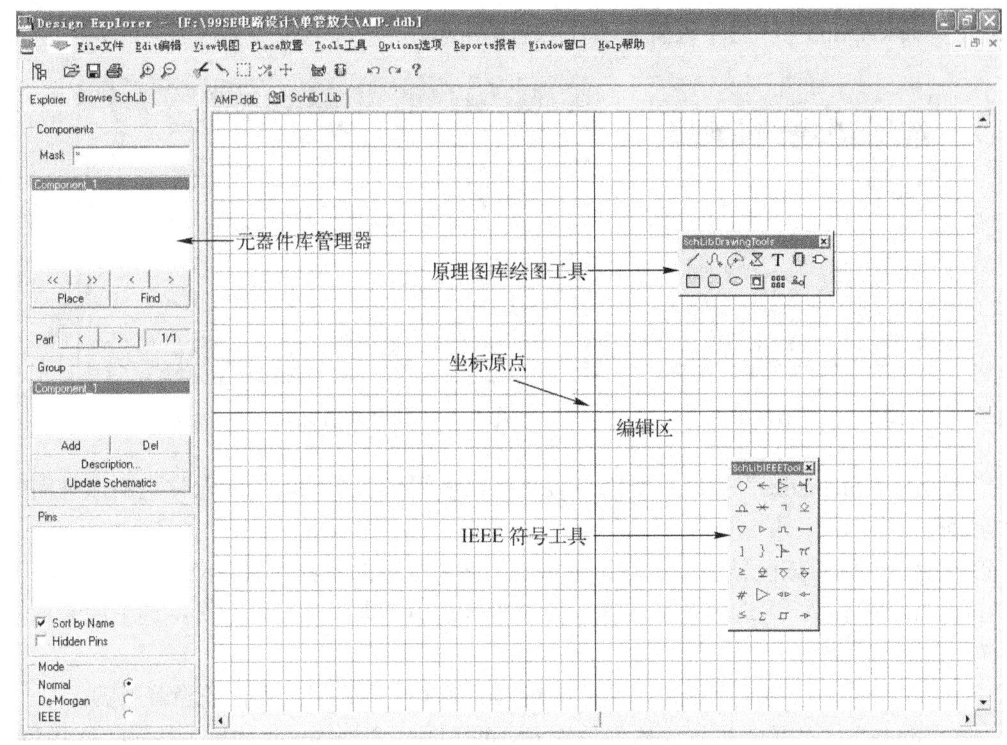

图 3-1　元器件库编辑器主界面

（1）“Components”区。如图 3-2 所示，用于选择要编辑的元器件，对于多功能单元元器件可以在“Part”栏选择要编辑的功能单元。

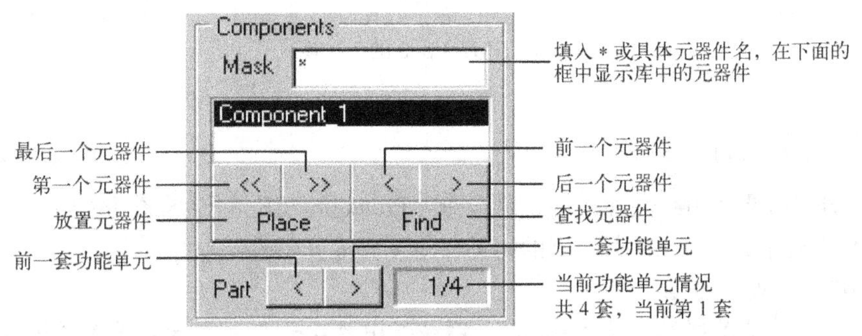

图 3-2　元器件选择区

（2）“Group”区。如图 3-3 所示，用于列出与“Component”区中选中元器件的同组元器件，同组元器件指外形相同、引脚号相同、功能相同，但名称不同的一组元器件的集合，同组元器件具有相同的元器件封装。其中按钮功能如下所述。

“Add”按钮：加入新的同组元器件。

“Del”按钮：删除列表框中选中的元器件。

“Description”按钮：用于设置元器件的信息。单击该按钮，屏幕弹出图 3-4 所示的“元器件信息编辑”对话框，其中“Default Designator”栏用于设置元器件的默认标号（如图中的 U?）；“Footprint”栏用于设置元器件的封装形式（最多可以设置 4 个，如图中的 DIP14 和

SO-14）；“Description”栏用于设置元器件的描述信息。

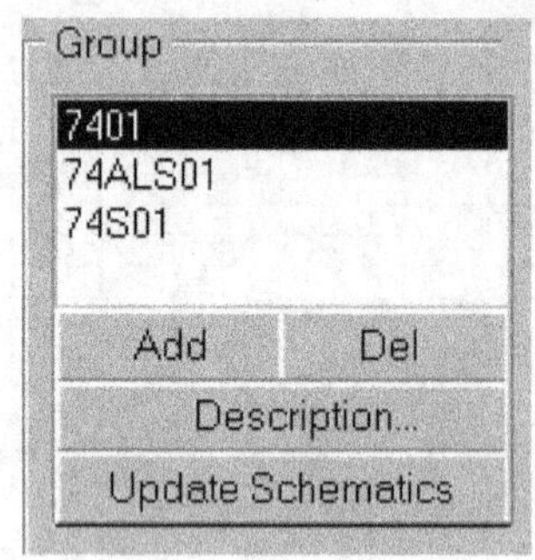

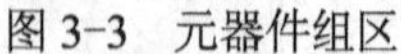
图 3-3　元器件组区

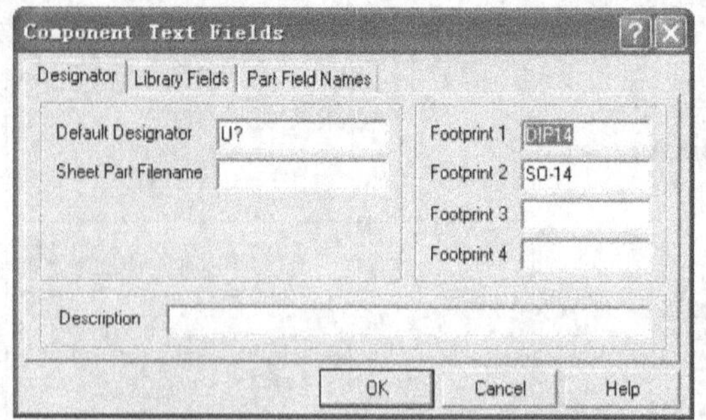

图 3-4　“元器件信息编辑”对话框

“Update Schematics”按钮：单击该按钮可以使用当前新编辑的元器件更新原理图中的同名元器件。

（3）“Pins”区。该区显示在“Components”区中选中的元器件所对应的引脚。

“Sort by Name”：未选中此复选框，按引脚号由小到大排列显示引脚；选中此复选框，引脚按引脚名称字母由小到大排列。

“Hidden Pins”：选中此复选框，在库编辑器的编辑区内显示元器件的隐藏引脚。

（4）“Mode”区。用于设置元器件的 3 种不同模式，即 Normal、De-Morgan 和 IEEE 模式。以元器件 DM74LS00 为例，它在 3 种模式下的显示图形如图 3-5 所示。

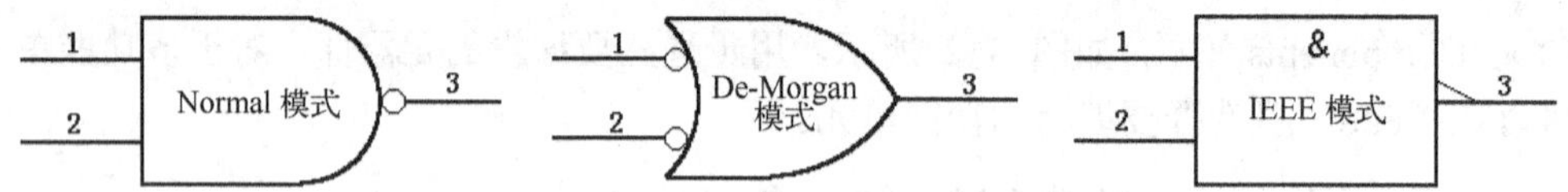

图 3-5　DM74LS00 的 3 种模式

3.1.3　元器件的设计工具

设计元器件需要使用绘制元器件工具命令，Protel 99 SE 的原理图库编辑器提供了绘图工具、IEEE 符号工具及 Tools 菜单下的相关命令来完成元器件绘制。

1．常用“Tools”菜单

用鼠标单击主菜单栏的菜单“Tools”，系统弹出“Tools”子菜单，该菜单可以对元器件库进行管理，常用命令功能如下所述。

New Component：在当前元器件库中建立新元器件。

Remove Component：删除选中的元器件。

Rename Component：修改选中元器件的名称。

Copy Component：复制元器件。

Move Component：将选中的元器件移动到目标元器件库中。

New Part：给当前选中的元器件增加一个新的功能单元。

Remove Part：删除当前元器件的某个功能单元。

Remove Duplicates：删除元器件库中的同名元器件。

2. 绘图工具栏

（1）启动绘图工具栏。执行菜单“View”→“Toolbars”→“Drawing Toolbar”，或单击主工具栏上的按钮，打开或关闭绘图工具栏。

（2）绘图工具栏的功能。绘图工具栏用于绘制元器件的外形、放置引脚等功能，与绘图工具栏相对应的子菜单均位于“Place”菜单下，绘图工具栏的按钮功能如表 3-1 所示。

表 3-1 绘图工具栏的按钮功能

图 标	功 能	图 标	功 能	图 标	功 能
	画直线		新建元器件		绘制椭圆
	画曲线		新建功能单元		粘贴图片
	画椭圆线		绘制矩形		阵列式粘贴
	画多边形		绘制圆角矩形		放置引脚
T	放置字符串				

3. IEEE 工具栏

（1）启动 IEEE 工具栏。执行菜单“View”→“Toolbars”→“IEEE Toolbar”，或单击主工具栏上的按钮，可以打开或关闭 IEEE 工具栏。

（2）IEEE 工具栏的功能。IEEE 工具栏用于为元器件加上常用的 IEEE 符号，主要用于逻辑电路。IEEE 工具栏各按钮的功能如表 3-2 所示。

表 3-2 IEEE 工具栏各按钮的功能

图标	功 能	图标	功 能	图标	功 能	图标	功 能
	低电平有效符号		放置信号流方向		上升沿时钟脉冲		低电平触发输入
	模拟信号输入端		无逻辑连接符号		延迟特性符号		集电极开路符号
	高阻状态符号		大电流输出符号		放置脉冲符号		放置延迟符号
	多条 I/O 线组合		二进制组合符号		低电平有效输出		放置π符号
	放置≥符号		上拉电阻集电极开路		发射极开路符号		下拉电阻发射极开路
	数字信号输入		放置反相器符号		双向 I/O 符号		数据左移符号
	放置≤符号		放置求和符号 Σ		施密特触发功能		数据右移符号

任务 3.2 规则的元器件设计——集成电路 74LS137

设计元器件的一般步骤如下所述。

（1）新建一个元器件库。

（2）修改元器件名称。

（3）设置工作参数。

（4）在第四象限的原点附近绘制元器件图形。

（5）放置元器件引脚。

（6）设置元器件属性。

（7）保存元器件。

3.2.1 了解 Protel 99 SE 库中元器件的设计风格

在设计原理图元器件前必须了解元器件的基本符号，元器件的大致尺寸，以保证设计出的元器件与 Protel 99 SE 自带库中元器件的风格基本一致，这样才能保证原理图的一致性。

下面以查看分立元器件库 Miscellaneous Devices.ddb 中的元器件为例，介绍打开已有元器件库的方法。

执行菜单“File”→“Open”，系统弹出“Open Design Database”对话框，在软件安装路径 Design Explorer 99 SE\Library\Sch 下选择分立元器件库 Miscellaneous Devices.ddb，如图 3-6 所示，单击“打开”按钮调用该库。

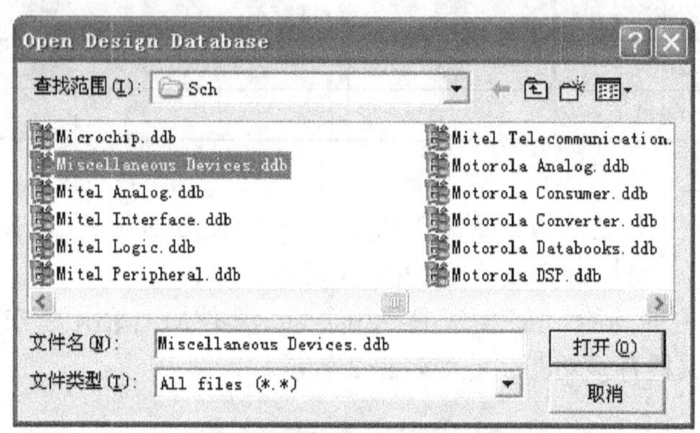

图 3-6　选择并打开库文件

单击“Explorer”选项卡中的元器件库“Miscellaneous Devices.lib”，在编辑区中将显示当前库中的元器件。单击“Browse Schlib”选项卡，打开元器件库管理器，在其中可以浏览元器件的图形及引脚的定义方式。

下面以电阻（RES2）、电容（CAP）、二极管（DIODE）、晶体管（NPN）和整流桥堆（BRIDGE2）为例查看元器件的图形和引脚特点，如图 3-7 所示。

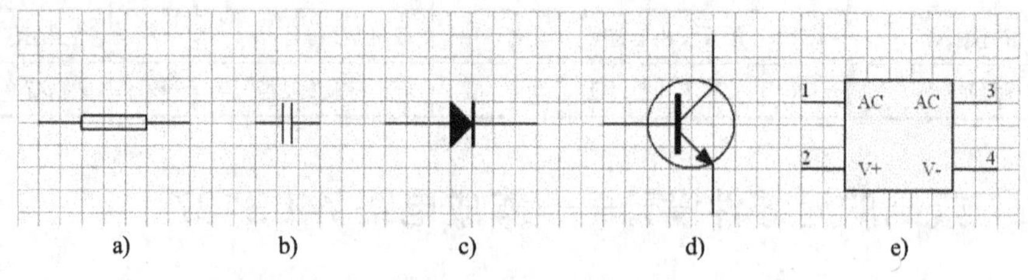

图 3-7　元器件样例

a) RES2　b) CAP　c) DIODE　d) NPN　e) BRIDGE2

图中每个小栅格的间距为 10，从图中可以看出各元器件图形和引脚的设置方法各不相同，具体如表 3-3 所示。

在进行元器件设计时应参考自带库的元器件信息，以保证设计的新元器件的规格与软件自带库中的元器件基本一致。

表 3-3　元器件图形和引脚的设置特点

元 器 件	图形尺寸	引脚尺寸	引脚间距	图 形 设 计	引 脚 状 态
CAP	10	10	----	采用直线绘制，默认引脚	隐藏引脚名称和引脚号
RES2	30	10	----	采用直线绘制，默认引脚	隐藏引脚名称和引脚号
DIODE	10	30	----	采用直线和多边形绘制，默认引脚	隐藏引脚名称和引脚号
NPN	40	20	----	采用直线、圆和多边形绘制，默认引脚	隐藏引脚名称和引脚号
BRIDGE2	根据需要定	20	根据需要定	采用矩形绘制，引脚设置电气特性	显示引脚名称和引脚号

3.2.2　元器件设计中的常用设置

1．将光标定位到坐标原点

在绘制元器件图形时，一般要在第四象限的坐标原点处开始设计，而实际操作中可能找不到坐标原点，造成元器件设计上的困难。

执行菜单“Edit”→“Jump”→“Origin”，可以将光标定位到坐标原点。

2．设置栅格尺寸

执行菜单“Options”→“Document Options”，打开工作参数设置对话框。在“Grids”区中设置捕获栅格（Snap）和可视栅格（Visible）尺寸，一般均设置为 10。

在绘制不规则图形时，可适当调节捕获栅格大小，但用于连接引脚的图形位置必须在以 10 为倍数的可视栅格上。

3．关闭自动滚屏

为防止在元器件设计时，屏幕出现滚动，一般要关闭自动滚屏。

执行菜单“Options”→“Preferences”，屏幕弹出“优先设定”对话框，选择“Graphical Editing”选项卡，在“Autopan Option”区的“Style”下拉列表框中选中“Auto Pan Off”取消自动滚屏。

3.2.3　新建元器件库和元器件

1．新建元器件库

进入 Protel 99 SE，建立项目文件，执行菜单“File”→“New”，在出现的对话框中双击图标，系统默认新建一个元器件库 Schlib1.lib，本例中将其改名为 Myschlib.lib。

2．新建元器件

建立元器件库后，系统会自动新建一个名为 Component_1 的元器件。

若要再增加元器件，可以执行菜单“Tools”→“New Component”，屏幕弹出“设置新元器件名”对话框，输入新元器件名后单击“OK”按钮新建元器件。

3．元器件更名

系统自动给定的元器件名为 Component_1，实际应用中通常需要进行更名。

本例中选中元器件 Component_1，执行菜单“Tools”→“Rename Component”，将元器件名修改为“DM74LS137”。

3.2.4　绘制元器件图形与放置引脚

集成电路 74LS137 的元器件图形比较规则，只需绘制好矩形块，放置引脚并设置好引脚属性即可完成元器件设计，74LS137 的设计过程如图 3-8 所示。

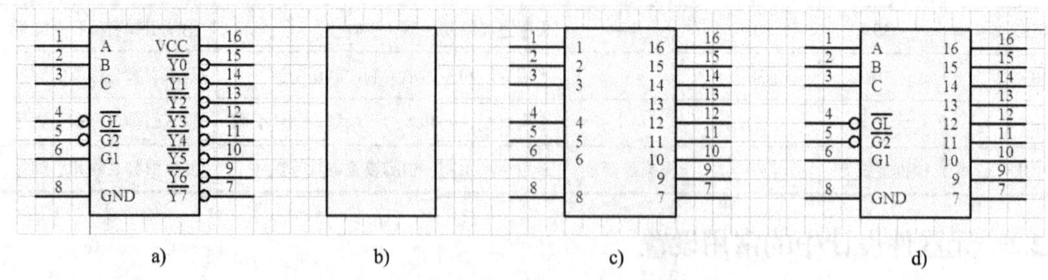

图 3-8　74LS137 设计过程图

a) 设计好的元器件　b) 放置矩形块　c) 放置引脚　d) 设置引脚属性

设置可视栅格和捕获栅格为 10，将光标定位到坐标原点。

1．绘制元器件图形

执行菜单“Place”→“Rectangle”或单击绘制矩形按钮，在坐标原点单击鼠标左键定义矩形块起点，移动光标在第四象限确定 60×100 的矩形块，再次单击鼠标左键定义矩形块的终点完成矩形块放置，单击鼠标右键退出放置状态。

2．放置元器件引脚及属性修改

元器件图形绘制完毕，还必须在图形上添加引脚。

执行菜单“Place”→“Pins”或单击画图工具栏上按钮，进入放置元器件引脚状态，此时光标上悬浮着一个引脚，按〈Tab〉键，屏幕弹出图 3-9 所示的“引脚属性设置”对话框。对话框中主要参数含义如下所述。

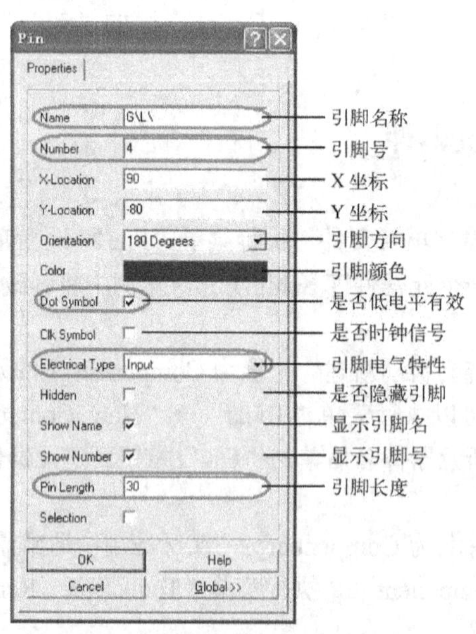

图 3-9　“引脚属性设置”对话框

“Name”：设置引脚的名称。

“Number”：设置引脚号，引脚号必须是唯一的。

“Orientation”下拉列表框：设置引脚的放置方向，有 0°、90°、180°和 270°。

“Dot Symbol”复选框：低电平有效复选框，选中后引脚末端出现一个小圆圈代表该引脚为低电平有效。

“Clk Symbol”复选框：时钟信号复选框，选中后引脚末端出现一个小三角形，代表该引脚为时钟端。

“Electrical Type”下拉列表框：设置引脚的电气类型，共有 8 种，即 Input（输入型）、I/O（输入/输出型）、Output（输出型）、Open Collector（集电极开路输出型）、Passive（无源型）、Hiz（三态输出型）、Open Emitter（发射极开路输出型）、Power（电源型）。

“Hidden”复选框：选中后代表该引脚具有隐藏特性，引脚将不显示。

“Pin Length”：设置引脚的长度。

“Show Name”和“Show Number”复选框：选中后显示引脚名和引脚号。

图 3-9 中设置的是引脚 4 的属性，其中“Name”为 G\L\，即 $\overline{GL}$；“Number”为 4，即第 4 脚；“Dot Symbol”为选中状态，表示低电平有效；“Electrical Type”（电气类型）为“Input”，表示输入引脚；“Pin Length”为“30”，表示引脚长 30。

参数设置完毕，单击“OK”按钮，将引脚移动到合适位置后，单击鼠标左键，放置引脚。

由于引脚只有一端具有电气特性，在放置时应将不具有电气特性（即无标志端）的一端与元器件图形相连，即引脚名（Name）朝向元器件图形，如图 3-10 所示。在放置引脚过程中，可以通过键盘上的〈Space〉键、〈X〉键和〈Y〉键调整引脚方向。

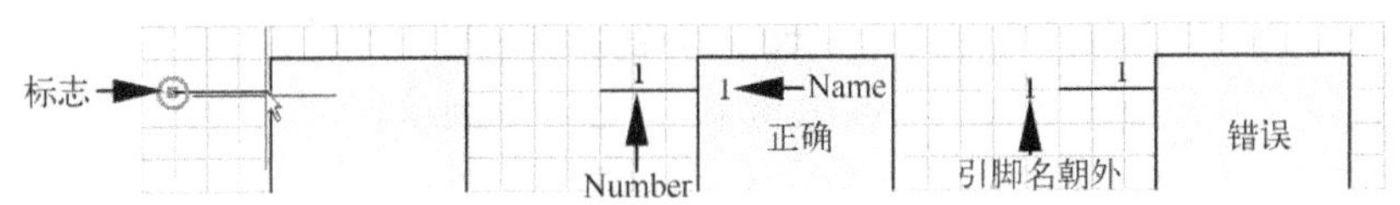

图 3-10　引脚放置示意图

本例中参考图 3-8 放置引脚，各引脚属性如下。

A、B、C、G1、$\overline{GL}$、$\overline{G2}$ 的“Electrical Type”（电气类型）为“Input”（输入）；$\overline{Y0}$～$\overline{Y7}$ 的电气类型为“Output”（输出）；GND、Vcc 的电气类型为“Power”（电源）；设置引脚 4、5 的“Name”（显示名称）为“G\L\”“G\2\”，设置引脚 7、9～15 的显示名称为“Y\7\”“Y\6\”～“Y\0\”；设置引脚的“Pin Length”（长度）为“30”。

3.2.5　设置元器件属性

元器件绘制完毕还必须进行元器件属性设置，特别是对于标准元器件必须设置好元器件的封装形式，以便 PCB 设计时自动调用。

在库管理器中选中元器件，执行菜单“Tools”→“Description”，屏幕弹出图 3-11 所示的“元器件属性设置”对话框，可以对当前元器件属性进行设置。

1．设置默认标号

“Default Designator”栏用于设置默认标号，放置元器件后元器件上显示的标号即为默认标号。本例中设计集成电路 74LS137，一般设置为“U？”，以后在原理图自动标注时元器件将以 U1、U2 等进行编号。

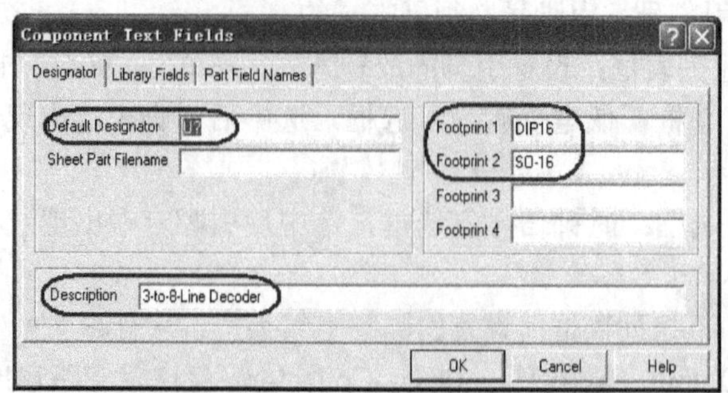

图 3-11 “元器件属性设置”对话框

2. 设置元器件封装

“Foot Print”栏用于设置元器件封装形式，最多可以同时设置 4 个，它必须与调用的 PCB 元器件库中的封装名称一致。本例中给元器件 74LS137 设置两种封装形式，即双列直插式的 DIP16 和贴片式的 SO-16，元器件的封装与元器件的具体尺寸焊接方式有关，如图 3-12 所示。设置封装应根据元器件实际情况进行。

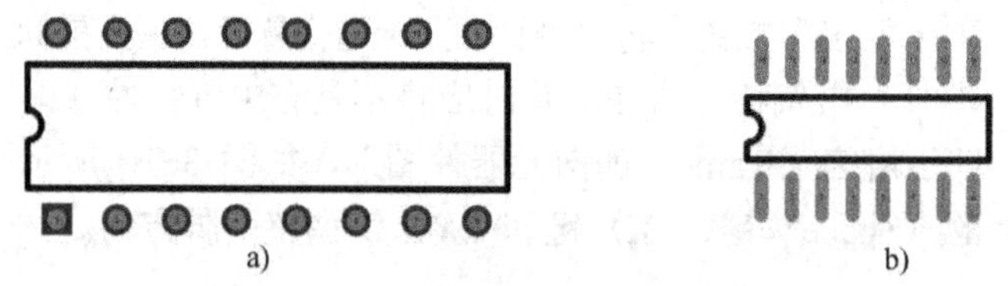

图 3-12 74LS137 的两种封装

a) 双列直插式封装 DIP16 b) 贴片式封装 SO-16

3. 设置元器件说明信息

“Description”栏用于说明元器件的说明信息，以便用户了解该元器件的功能。本例中设置为“3-to-8-Line Decoder”，即 3 线-8 线译码器。

最后执行菜单“File”→“Save”保存元器件，完成设计工作。

经验之谈

（1）在绘制矩形块时，可以在坐标原点附近任意放置一个矩形，然后双击该矩形块，修改其 X1-Location、Y1-Location 和 X2-Location、Y2-Location 来定义矩形块的尺寸。

（2）放置引脚时应将不具有电气特性（即无标志）的一端与元器件图形相连。

任务 3.3 不规则分立元器件设计

不规则元器件由于元器件图形较复杂，需采用直线、圆弧及多边形等进行图形绘制。

3.3.1 发光二极管设计

新建元器件 LED，设置可视栅格为 10、捕获栅格为 1（为了便于画线和多边形），将光标定位到坐标原点。元器件设计过程如图 3-13 所示。

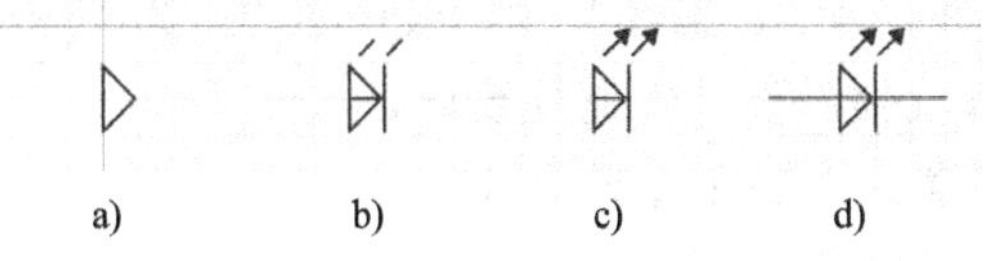

图 3-13 发光二极管设计过程图

a) 画空心三角形 b) 画直线 c) 画实心箭头 d) 放置引脚

1. 绘制元器件图形

(1) 绘制空心三角形。执行菜单“Place”→“Polygons”，系统进入放置多边形状态，按键盘上的〈Tab〉键，屏幕弹出“多边形属性”对话框，如图 3-14 所示，将“Border Width”(边缘宽) 设置为“Small”，在“Fill Color”(填充色) 栏中双击色块将其颜色设置为白色，单击“Draw Solid”后的复选框去除选中状态使填充区透明，设置完毕单击“OK”按钮，移动光标在图中绘制三角形符号，绘制完毕单击鼠标右键退出。

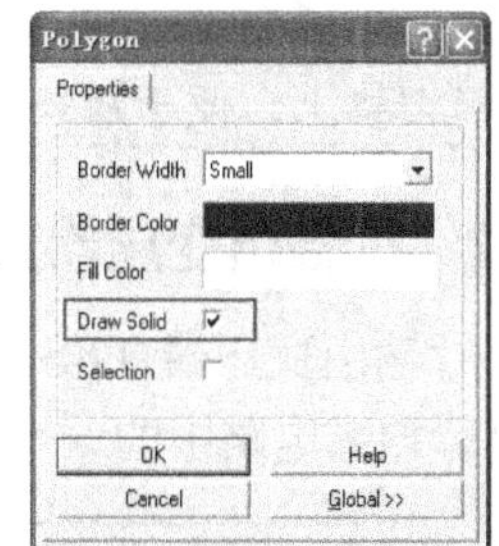

图 3-14 “多边形属性”对话框

(2) 放置直线。执行菜单“Place”→“Line”，绘制发光二极管的外形，在走线过程中单击键盘的〈Space〉键可以切换直线的转弯方式，设计过程如图 3-13b 所示。注意与引脚连接的元器件图形部分必须在可视栅格上。

(3) 绘制箭头。图 3-13 中箭头符号是实心的，执行菜单“Place”→“Polygons”，系统进入放置多边形状态，移动光标在图中绘制箭头符号，绘制完毕单击鼠标右键退出。

双击箭头符号，屏幕弹出图 3-14 所示的“多边形属性”对话框，在“Fill Color”(填充色) 栏中，双击色块将其颜色设置为与“Border Color”(边缘色) 栏中的颜色相同 (色块编号 229)，选中“Draw Solid”显示实心箭头。

2. 放置元器件引脚

为保证元器件引脚放置在以 10 为间距的可视栅格上，执行菜单“Options”→“Document Options”，将捕获栅格设置为 10。

执行菜单“Place”→“Pins”，光标上粘附着一个引脚，单击键盘的〈Space〉键可以旋转引脚的方向，移动光标到要放置引脚的位置，单击鼠标左键放置引脚，放置时注意引脚中具有电气特性的一端朝外。

3. 设置引脚属性

双击发光二极管正端的引脚，屏幕弹出“引脚属性”对话框，将“Name”设置为“A”，“Number”设置为“1”；“Electrical Type”(电气类型) 设置为“Passive”；“Pin Length”设置为“20”，表示引脚长 20。

去除“Show Name”和“Show Number”复选框的选中状态，将引脚名和引脚号隐藏，最后单击“OK”按钮完成设置。

采用同样的方法设置发光二极管负端的引脚，引脚名为“K”，引脚号为“2”。

4. 设置元器件属性

执行菜单“Tools”→“Description”进行元器件属性设置。

“Default Designator”栏设置为“VD？”。

“Foot Print”栏设置封装为“LED-1”，由于Protel 99 SE自带封装库中没有封装“LED-1”，该封装需要在PCB库元器件设计中自行设计。

“Description”栏用设置为“发光二极管”。

以上设置完毕，放置元器件“LED”时，除显示发光二极管的图形外，还显示“VD？”和“LED”。

最后执行菜单“File”→“Save”保存元器件，完成设计工作。

经验之谈

（1）为便于绘制三角形，应将捕获栅格设置为1。

（2）在连线过程中单击〈Space〉键可以切换转弯方式，便于绘制斜线。

（3）在放置引脚前应将捕获栅格改为10以保证元器件的引脚位于以10为间距的可视栅格上，便于原理图设计中进行元器件连接。

3.3.2　行输出变压器设计

行输出变压器（FBT）是一种一体化多级一次升压结构的脉冲功率变压器，是CRT电视机行扫描电路中的一个重要元器件，其设计过程如图3-15所示。

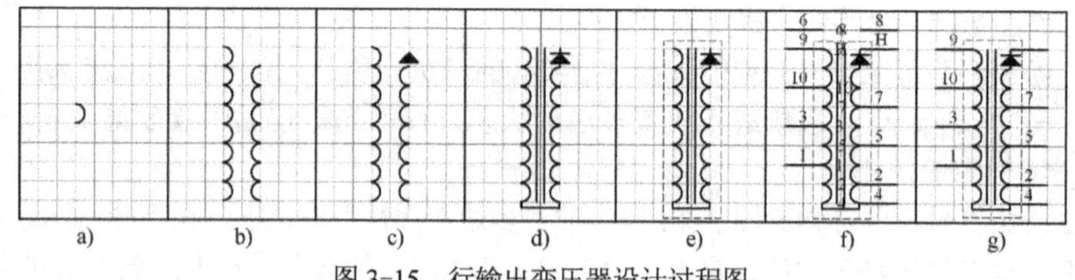

图3-15　行输出变压器设计过程图

a) 放置半圆弧　b) 复制并粘贴半圆弧　c) 放置三角形　d) 放置直线　e) 放置虚线　f) 放置引脚　g) 完成的元件

新建元器件FBT，设置可视栅格为10、捕获栅格为5，将光标定位到坐标原点。

1．绘制元器件图形

（1）执行菜单“Place”→“Arc”，将光标移到原点单击鼠标左键，定下圆心；拖动光标使圆的半径为5（即半个可视栅格），单击鼠标左键定下圆的半径；移动光标到原点的正下方单击左键，定下圆弧的起点；将光标移到原点的正上方单击鼠标左键，定下圆弧的终点，图上画出一段半圆弧，完成图形绘制，单击鼠标右键退出放置状态，完成半径为5的半圆弧放置。

（2）用鼠标拉框选中半圆弧，执行菜单“Edit”→“Copy”，将光标移动到圆心，单击鼠标左键复制该半圆弧。

（3）执行菜单“Edit”→“Paste”，粘贴半圆弧，根据图3-15的位置共放置15个半圆弧，适当移动位置使之连接正常。在通过移动半圆弧的过程中按〈X〉键可以进行水平翻转。半圆弧粘贴完毕，单击按钮取消选中状态。

（4）执行菜单“Place”→“Polygons”，根据图中位置和大小放置三角形，并将其边缘色和填充色设置成相同的颜色。

（5）设置捕获栅格为1。

（6）执行菜单“Place”→“Line”， 根据图中位置放置直线。

（7）执行菜单“Place”→“Line”，单击键盘上〈Tab〉键，弹出“连线属性”对话框，在“Line Style”下拉列表框中选择“Dashed”（虚线），在图中相应位置放置虚线。

2. 放置元器件引脚

设置捕获栅格为 10，执行菜单“Place”→“Pins”，参考图 3-15 放置 11 个引脚。如果引脚边缘没在可视栅格上，应减小捕获栅格尺寸对元器件图形进行微调。

3. 设置引脚属性。

双击引脚，屏幕弹出“引脚属性”对话框，在其中可以设置引脚属性，参考图 3-15 设置引脚 1、2、3、4、5、7、9、10、H 的属性：“Electrical Type”（电气类型）设置为“Passive”；“Pin Length”设置为“20”；去除“Show Name”复选框的选中状态；引脚 H 去除“Show Number”复选框的选中状态隐藏引脚号“H”；引脚 6 和 8 选中“Hidden”复选框将引脚隐藏。

4. 设置元器件属性

执行菜单“Tools”→“Description”进行元器件属性设置。

“Default Designator”栏设置为“T？”。

由于行输出变压器规格各不相同，无固定封装形式，在 PCB 设计时根据实际情况再进行设置，故“Foot Print”栏不设置。

最后执行菜单“File”→“Save”保存元器件，完成设计工作。

经验之谈

在绘制圆弧时，可以任意放置一个圆弧，然后双击该圆弧，屏幕弹出“圆弧属性”对话框，如图 3-16 所示，修改其属性完成圆弧绘制。

如绘制半径为 5 的半圆弧可在其中设置圆弧的“Radius”（半径）为 5，设置“Start Angle”（起始角度）为-90，设置“End Angle”（终止角度）为 90，单击“OK”按钮即可将任意圆弧修改为半圆弧。

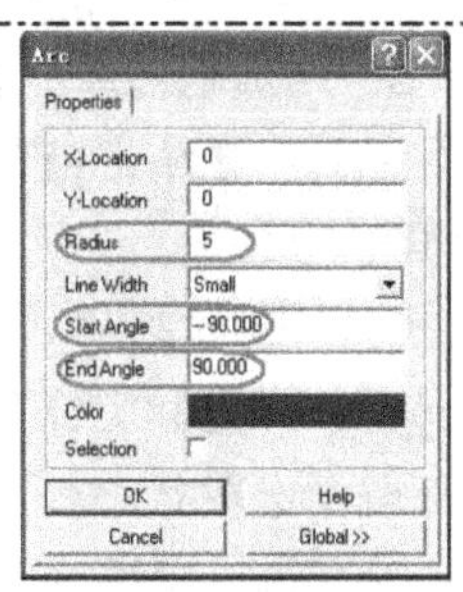

图 3-16　圆弧调整

任务 3.4　多功能单元元器件设计

在某些元器件中含有多个相同的功能单元（如 DM74LS02 中含有 4 个相同的 2 输入或非门，双联电位器中含有两个相同的电位器），其图形符号都是一致的，对于这样的元器件，只需设计一个基本符号，其他的通过适当的设置即可完成元器件设计。

3.4.1　DM74LS02 设计

DM74LS02 中含有 4 套相同的 2 输入或非门，其设计过程如图 3-17 所示。

1. 绘制元器件图形

（1）新建元器件 DM74LS02，设置可视栅格为 10，捕获栅格为 10，将光标定位到原点。

（2）执行菜单“Place”→“Line”，绘制元器件矩形外框，尺寸为 30×40。

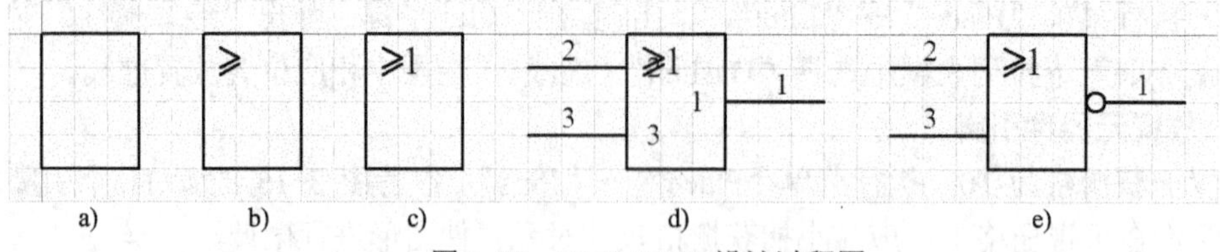

图 3-17　DM74LS02 设计过程图

a) 放置直线　b) 绘制≥　c) 放置字符串“1”　d) 放置引脚　e) 定义属性后的引脚

（3）设置捕获栅格为 1，执行菜单“Place”→“Line”，绘制符号“≥”。

（4）执行菜单“Place”→“Text”，放置字符串“1”。

2．放置引脚

（1）设置捕获栅格为 10，执行菜单“Place”→“Pins”，在图上对应位置放置引脚 1～引脚 3。

（2）设置引脚 2、引脚 3 的名称分别为“A”“B”，电气类型为“Input”；设置引脚 1 的名称为“Y”，电气类型为“Output”，选中“Dot Symbol”复选框（表示低电平有效，在引脚上显示一个小圆圈）。

（3）设置引脚长度设置为“30”，单击“Show Name”后的复选框去除引脚名的显示状态。

至此第一套功能单元设计结束。

3．增加功能单元套数

由于元器件 DM74LS02 中包含有 4 个相同的功能单元，可以采用复制的方法绘制第 2 套功能单元。

（1）执行菜单“Edit”→“Select”→“All”选中所有对象，执行菜单“Edit”→“Copy”，将光标定位在坐标（0，0）处单击鼠标左键，将选中的对象复制入剪切板。单击按钮取消选取状态。

（2）执行菜单“Tools”→“New Part”，屏幕出现一张新的工作窗口，在元器件库管理器中，注意到现在的位置是 Part < > 2/2。执行菜单“Edit”→“Paste”，将光标定位到坐标（0，0）处单击鼠标左键，将剪切板中的对象粘贴到新窗口中。

（3）执行菜单“Edit”→“Deselect”→“All”取消对象的选取状态，双击元器件引脚，将引脚 2 的引脚号由“2”改为“5”，将引脚 3 的引脚号由“3”改为“6”，将引脚 1 的引脚号由“1”改为“4”，完成第 2 套功能单元的绘制。

（4）按照同样的方法，绘制完成其他两个功能单元。其中 Part C 中引脚 8、9 为输入端，引脚 10 为输出端；Part D 中引脚 11、12 为输入端，引脚 13 为输出端。

4．放置隐藏的电源和地

在 Part D 中放置隐藏的电源引脚。执行菜单“Place”→“Pins”，放置电源脚“VCC”，引脚号为“14”；接地脚“GND”，引脚号为“7”；设置“Electrical Type”（电气类型）为“Power”；选中“Hidden”后的复选框隐藏引脚 7 和引脚 14。

5．设置元器件属性

执行菜单“Tools”→“Description”，在弹出的菜单中设置“Default Designator”为

"U？"；设置"Footprint1"为 DIP14，"Footprint2"为 SO-14。

最后执行菜单"File"→"Save"保存元器件，完成设计工作。

3.4.2 通过复制元器件方式设计双联电位器

双联电位器中含有两个相同的电位器，其图形符号相同，只需设计一个基本符号，采用复制粘贴并修改引脚属性的方式即可完成元器件设计。

由于分立元器件库 Miscellaneous Devices.ddb 中已经存在电位器 POT2，所以设计时可将该库中的电位器复制到到本库中，再进行编辑处理即可。

1. 元器件复制

执行菜单"File"→"Open"，打开分立元器件库"Miscellaneous Devices.ddb"，选中元器件库"Miscellaneous Devices.lib"，单击"Browse SchLib"选项卡打开元器件库管理器，在其中选中元器件 POT2，单击鼠标右键，在弹出的菜单中选择"Copy"，复制该元器件，如图 3-18 所示。

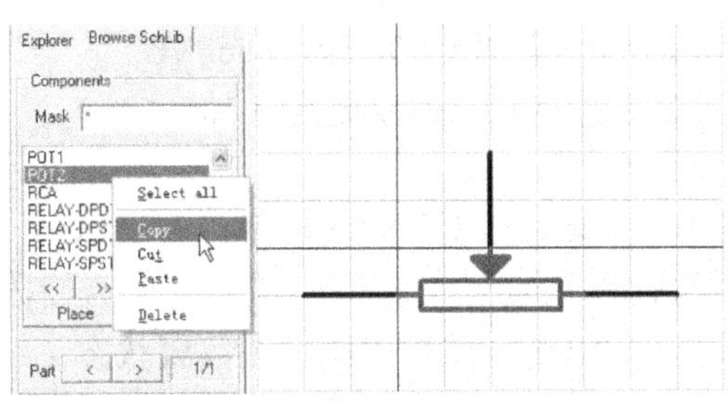

图 3-18　复制元器件

将元器件库切换到前面建立的 MySchlib.lib 中，在"Components"区中单击鼠标右键，在弹出的菜单中选择"Paste"，将 POT2 粘贴到当前库中。

选中元器件 POT2，执行菜单"Tools"→"Rename Component"将，"POT2"更名为"POT3"。

2. 修改引脚属性

将滑动端引脚的引脚名由"W"修改为"W1"，引脚 1、2 不变。属性修改完毕，选中所有对象，将其复制到剪贴板。

3. 增加一套功能单元

执行菜单"Tools"→"New Part"，新建一个功能单元，将前面剪切板中的对象粘贴到当前窗口中。

双击元器件的引脚，设置引脚属性，从左到右，将 3 个引脚的引脚名依次设置为"4""W2""5"，引脚号依次设置为"4""6""5"。

单击按钮取消图件的选中状态。

4. 设置元器件属性

执行菜单"Tools"→"Description"，设置"Default Designator"为"Rp？"

元器件封装形式由于要根据实际元器件尺寸设定，故此处不设置。

最后保存元器件，双联电位器设计完毕。

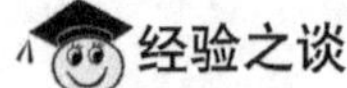

经验之谈

采用复制元器件并进行编辑修改的方式设计新元器件在元器件设计中经常用到，特别是想对某些现有元器件进行局部修改时，采用该方法可以提高设计效率。

任务 3.5　通过信息收集设计元器件 CY7C68013-56PVC

CY7C68013-56PVC 是 USB2.0 微控制器 CY7C68013 系列中的一款，该芯片有 56 个引脚，采用 SSOP 封装。

用户可以上网搜索获得元器件的具体信息，为了提高搜索的效率，搜索关键词可以设置为“CY7C68013-56PVC PDF”。具体的元器件图形和封装信息如图 3-19 和图 3-20 所示。

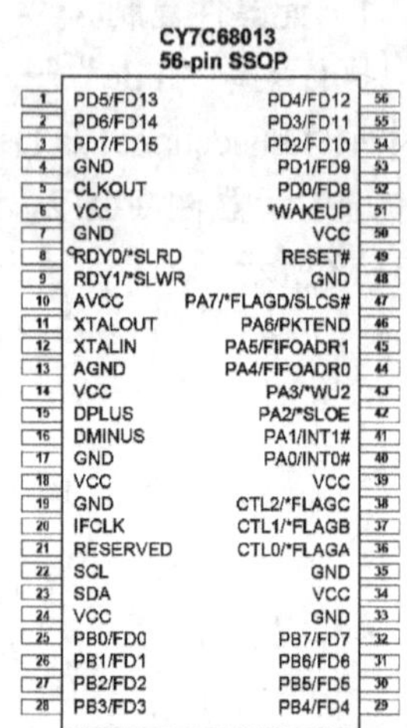

图 3-19　元器件图形

CY7C68013-56PVC 的设计过程如图 3-21 所示。

（1）打开前面设计的元器件库 MySchlib.lib。

（2）在 MySchlib1.lib 库中新建元器件 CY7C68013-56PVC。

（3）设置栅格尺寸，可视栅格为 10，捕获栅格为 10。

（4）将光标定位到坐标原点。

（5）执行菜单“Place”→“Rectangle”放置矩形，在坐标原点放置尺寸为 140×290 的矩形块。

（6）执行菜单“Place”→“Pins”放置引脚，在放置状态下按键盘上的〈Tab〉键，屏幕弹出“引脚属性”对话框，设置引脚名为“PD5/FD13”；设置引脚号为“1”；设置电气类型为“Passive”；设置引脚长度为“20”。

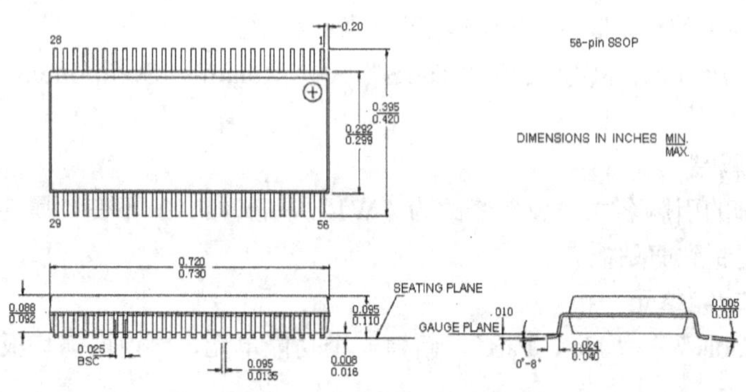

图 3-20　元器件封装信息

设置完毕单击“OK”按钮，将光标移动到合适位置，放置引脚 1。

（7）采用相同的方法放置引脚 2～56，注意电源和地的电气类型设置为“Power”，其他引脚电气类型设置为“Passive”。

（8）设置元器件属性。执行菜单“Tools”→“Description”，设置“Default Designator”为“U？”，设置“Description”为“USB2.0 Microcontroller，56pins，3.3v，8KRAM”，设置“Footprint1”为“SOL-56”。

（9）保存元器件，完成设计。

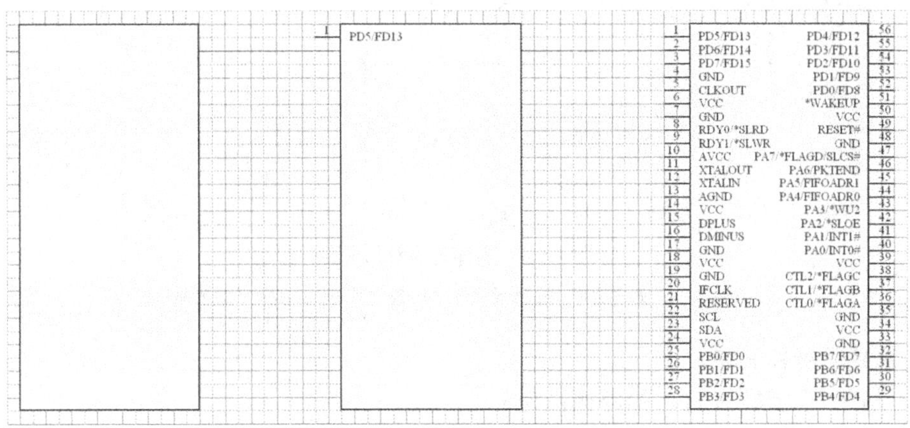

图 3-21　CY7C68013-56PVC 设计过程

技能实训 5　原理图库元器件设计

1．实训目的

（1）掌握元器件库编辑器的功能和基本操作。

（2）掌握规则和不规则元器件设计方法。

（3）掌握库元器件的复制方法。

（4）掌握多功能单元元器件设计。

2．实训内容

（1）新建元器件库，系统自动生成元器件库 Schlib1.lib，将库文件更名为 Newlib.lib。

（2）设计规则元器件集成功放 TEA2025。

设计图 3-22 所示的 TEA2025，元器件名设置为“TEA2025”，该元器件为一个双列直插式 16 脚的集成块，封装形式设置为“DIP16”。

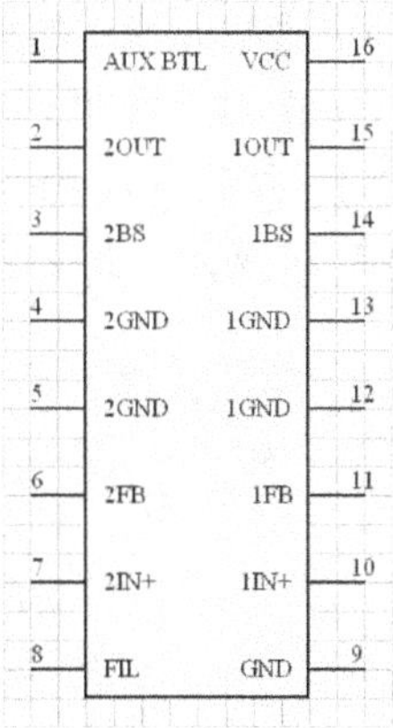

图 3-22　元器件 TEA2025

① 新建元器件 TEA2025。

② 设置可视栅格为 10，捕获栅格为 10。

③ 根据图 3-22 绘制元器件 TEA2025，元器件引脚名和引脚号如图所示；元器件矩形块的尺寸为 80×230；引脚间距 30；引脚的电气特性如下：1IN+、2IN+、1FB、2FB 为“Input”（输入引脚），1OUT、2OUT 为“Output”（输出引脚），VCC、GND、1GND、2GND 为“Power”（电源），FIL、1BS、2BS、AUX BTL 为“Passive”（无源）；引脚长度为“20”。

④ 设置默认标号“Default Designator”为“U？”。

⑤ 设置元器件的封装形式“Footprint1”为“DIP16”。

⑥ 保存元器件。

（3）设计 PNP 型晶体管。设计图 3-23 所示的 PNP 型晶体管，元器件名设置为“PNP”，封装名设置为“TO-92A”和“TO-92B”。

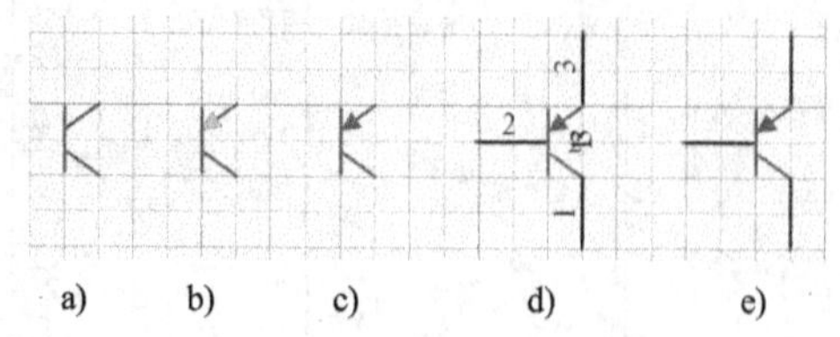

图 3-23　晶体管设计过程图

a) 画直线　b) 画多边形　c) 修改颜色　d) 放置引脚　e) 完成设置的晶体管

① 新建元器件 PNP。

② 设置可视栅格为 10，捕获栅格为 1。

③ 根据图 3-23 绘制元器件 PNP 的图形，其中箭头采用“多边形”绘制，将“多边形属性”中的“Fill Color”设置为蓝色“229”，其他采用放置直线方式绘制。

④ 放置元器件引脚并设置属性。

晶体管基极的引脚，将“Name”设置为“B”，“Number”设置为“2”；“Electrical Type”设置为 Passive；“Pin Length”设置为“20”，表示引脚长 20。去除“Show Name”和“Show Number”复选框的选中状态，将引脚名和引脚号隐藏，最后单击“OK”按钮完成设置。

采用同样的方法设置好晶体管的发射极，“Name”设置为“E”，“Number”设置为“3”；集电极“Name”设置为“C”，“Number”设置为“1”。

⑤ 设置默认标号“Default Designator”为“V？”

⑥ 设置元器件的封装形式为“TO-92A”和“TO-92B”。

⑦ 保存元器件。

（4）复制电阻 RES2 设计双联电位器 POT。设计双联电位器 POT，元器件图形设计过程如图 3-24 所示，封装由于要根据实际元器件尺寸设定，故此处不设置。

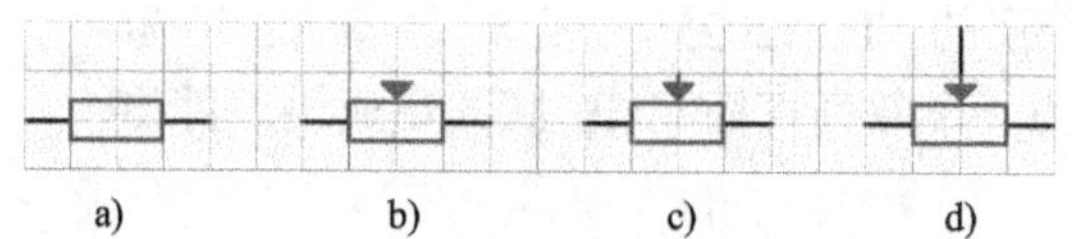

图 3-24　双联电位器图形设计过程图

a) 复制电阻　b) 画三角形　c) 画直线　d) 增加引脚 3

① 打开分立元器件库 Miscellaneous Devices.ddb，将其中的电阻 RES2 复制到当前库 Newlib.lib 中。

② 选中 Newlib.lib 库进入库编辑。

③ 选中元器件 RES2，将其更名为 POT。

④ 执行菜单“Place”→“Polygons”，在电阻上方放置三角形；执行菜单“Place”→“Line”，在三角形上放置直线，执行菜单“Place”→“Pins”，在三角形上方放置引脚。

⑤ 双击新放置的引脚，设置引脚属性，其中引脚名和引脚号均设置为“3”；电气特性置为“Passive”。将 3 个引脚的长度均设置为“10”，设置结束保存元器件。

⑥ 执行菜单“Tools”→“New Part”，增加一套功能单元“Part B”，将前面设计好的电位器复制到当前功能单元中。

⑦ 双击元器件的引脚，设置引脚属性，从左到右，将 3 个引脚名和引脚号依次设置为“4”“6”“5”。

⑧ 设置元器件属性。设置“Default Designator”为“Rp？”

⑨ 保存元器件。

（5）将设计好的 3 个元器件依次放置到电路图中，观察设计好的元器件是否正确及双联电位器两个功能单元的区别。

3．思考题

（1）如何旋转元器件的引脚？

（2）如何判别元器件引脚哪端具有电特性？

（3）规则元器件设计与不规则元器件设计有何区别？

（4）设计多套部件单元的元器件时，应如何操作？

（5）如何在原理图中选用多功能单元元器件的不同功能单元？

思考与练习

1．简述设计元器件的步骤。

2．如何在原理图中选用多套功能单元元器件的不同功能单元？

3．绘制图 3-25 所示的双联电位器，元器件名为 POT，元器件的图形复制 Miscellaneous Devices.lib 的 POT2，两个功能单元的引脚号分别为 1、3、2 和 4、6、5。

4．绘制图 3-26 所示的开关元器件，元器件名为 SW DIP-4，设置矩形块为 50×40，引脚电气特性设置为“Passive”。

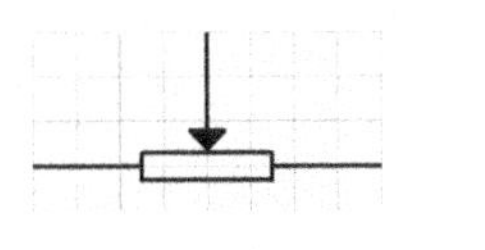

图 3-25　双联电位器

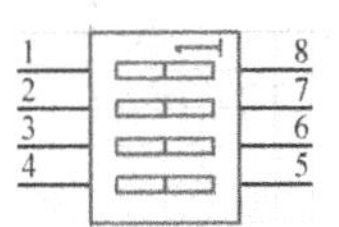

图 3-26　4 路开关

5．绘制图 3-27 所示的 74LS160，元器件封装设置为 DIP16。其中，1～7 脚、9 脚、10 脚为输入引脚；11～15 脚为输出引脚；8 脚为地，隐藏；16 脚为电源，隐藏。

6．绘制图 3-28 所示的 4006，元器件封装设置为 DIP14。其中，1 脚、3～6 脚为输入引脚；8～13 脚为输出引脚；7 脚为地，隐藏；14 脚为电源，隐藏。

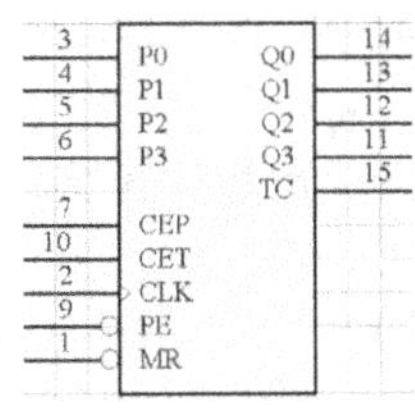

图 3-27　74LS160

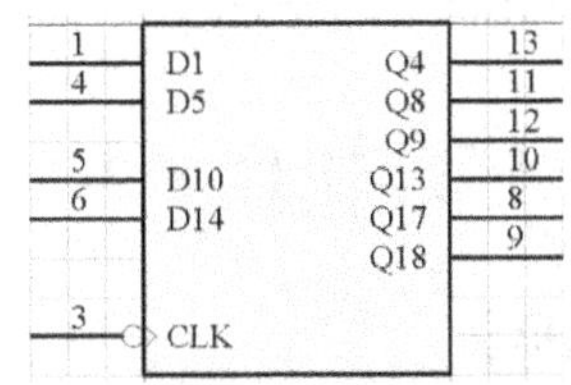

图 3-28　4006

项目 4　单管放大电路 PCB 设计

知识与能力目标

1）认识 PCB 编辑器。

2）认识 PCB 的基本组件和工作层面。

3）掌握 PCB 设计的基本方法。

4）学会解决 PCB 布线中的存在问题。

本项目通过单管放大电路介绍单面 PCB 的设计方法，该电路元器件数量少，可以不通过原理图和网络表，直接放置封装并进行手工布线；也可以先设计原理图，然后通过网络表调用元器件封装和网络信息到 PCB，最后再进行布局和布线。

任务 4.1　认识 PCB 编辑器

4.1.1　启动 PCB 99 SE 编辑器

进入 Protel 99 SE 的主窗口后，执行菜单“File”→“New”，建立新的设计项目，再次执行菜单“File”→“New”，屏幕弹出新建文件的对话框，单击图标，系统产生一个 PCB 文件，默认文件名为“PCB1.PCB”，此时可以修改文件名，双击该文件进入 PCB 99 SE 编辑器，如图 4-1 所示。

1．主菜单与主工具栏

PCB 编辑器的主菜单与主工具栏同原理图编辑器中的基本相似，操作方法也类似。在绘制原理图中主要是对元器件的操作和连接，而在进行 PCB 设计中主要是针对元器件封装、焊盘、过孔等的操作和布线工作。

2．PCB 设计管理器

PCB 设计管理器包含 PCB 浏览器（网络、库元器件、板上元器件等）、节点浏览器、监视器等，可以浏览元器件库中的元器件和当前 PCB 上的信息。

3．工作区

编辑器中的工作区主要用于 PCB 设计，在其中可以放置元器件封装、焊盘、过孔等对象并进行线路连接。

4．工作层选择区

位于编辑器的最下方，用于选择当前的工作层。

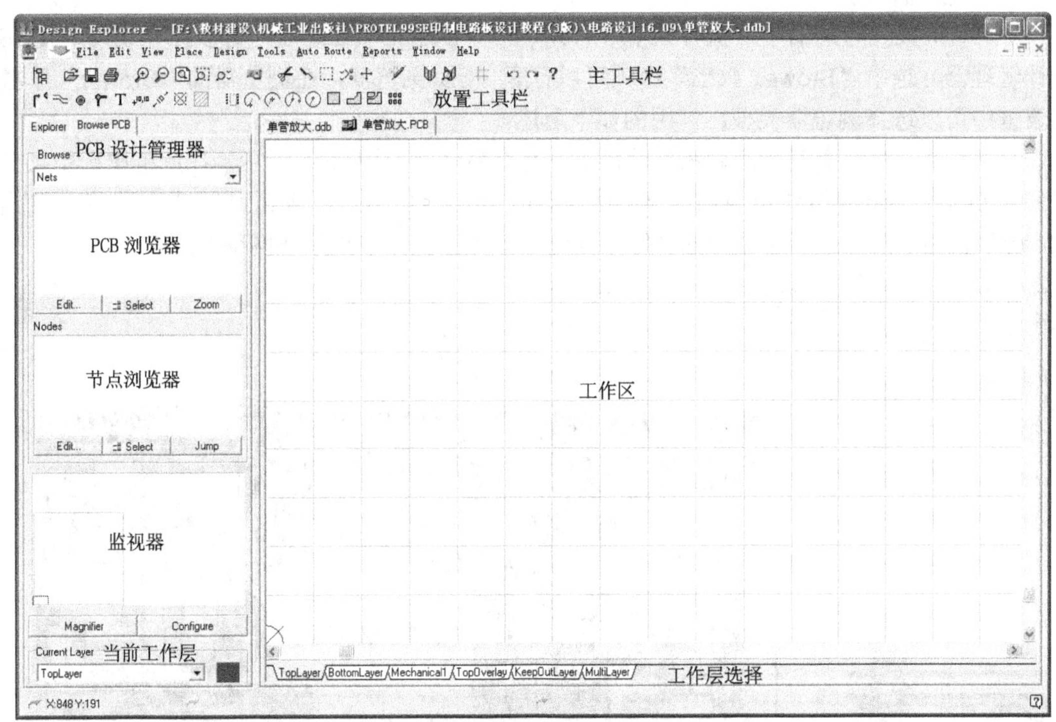

图 4-1　PCB 99 SE 主界面

4.1.2　PCB 编辑器管理

1. PCB 窗口管理

在 PCB 99 SE 中，窗口管理可以执行菜单“View”下的命令实现，常用命令如下。

执行菜单“View”→“Fit Board”可以实现全板显示，用户可以快捷地查找线路。

执行菜单“View”→“Refresh”可以刷新画面，操作中造成的画面残缺可以消除。

执行菜单“View”→“Board in 3D”可以显示整个印制电路板的 3D 模型，一般在电路布局或布线完毕，使用该功能观察 PCB 的布局或布线是否合理。

2. 坐标系与坐标原点

PCB 99 SE 的工作区是一个二维坐标系，其绝对原点位于电路板图的左下角，一般在工作区的左下角附近设计印制电路板。

在通常情况下，用户采用自定义坐标原点。执行菜单“Edit”→“Origin”→“Set”，将光标移到要设置为新坐标原点的位置，单击鼠标左键定义新的坐标原点。

执行菜单“Edit”→“Origin”→“Reset”，可将坐标原点恢复到绝对坐标原点。

3. 单位制设置

PCB 99 SE 设有两种单位制，即 Imperial（英制，单位为 mil）和 Metric（公制，单位为 mm），执行菜单“View”→“Toggle Units”可以实现英制和公制的切换。

单位制的设置也可以执行菜单“Design”→“Options”，在弹出的对话框中选中“Options”选项卡，在“Measurement Units”中选择所用的单位制。

4．浏览器使用

在 PCB 设计管理器中（执行菜单“View”→“Design Manager”可以打开或关闭 PCB 设计管理器）选中“Browse PCB”选项可以打开 PCB 浏览器，在浏览器的“Browse”下拉列表框中可以选择浏览器类型，常用的如下所述。

（1）Nets。网络浏览器，显示当前板上所有网络名，如图 4-2 所示。在此框中选中某个网络，单击“Edit”按钮可以编辑该网络属性；单击“Select”按钮可以选中网络，单击“Zoom”按钮则放大显示所选取的网络，同时在节点浏览器中显示此网络的所有节点。

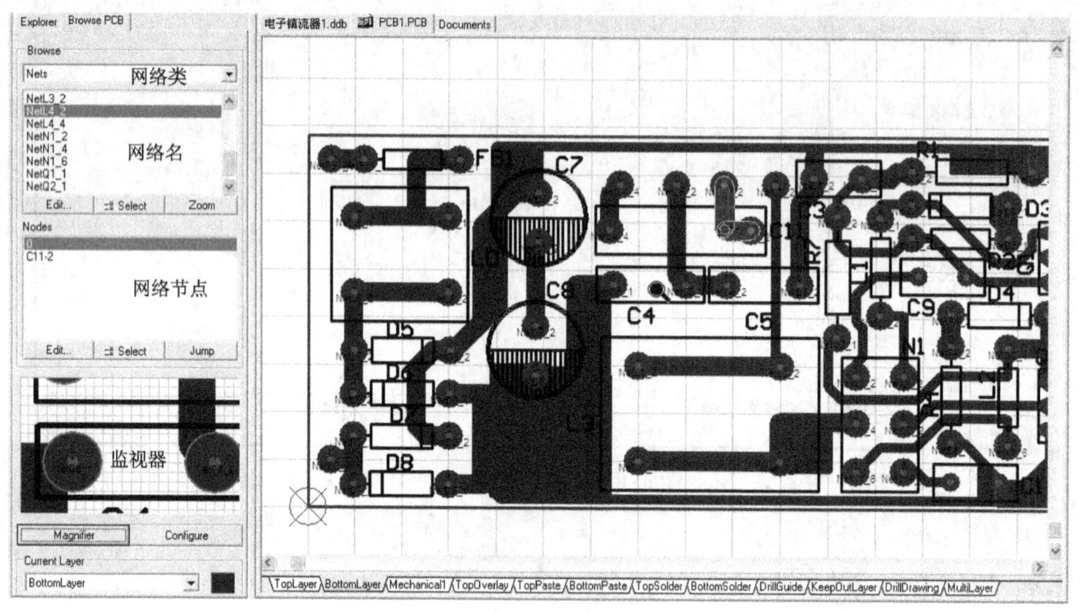

图 4-2 浏览器使用

选择某个节点，单击此栏下的“Edit”按钮可以编辑当前节点的焊盘属性；单击“Jump”按钮可以将光标跳跃到当前节点上，一般在印制电路板比较大时，可以用它查找元器件。

在节点浏览器的下方，还有一个微型监视器屏幕，如图 4-2 所示，在监视器中，虚线框为当前工作区所显示的范围，此时在监视器上显示已选择的网络。若按下监视器下的“Magnifier”按钮，光标变成了放大镜形状，将光标在工作区中移动，便可在监视器中放大显示光标所在的工作区域。

在监视器的下方，有一个“Current Layer”下拉列表框，可用于选择当前工作层，在被选中的层边上会显示该层的颜色。

（2）Component。元器件浏览器，在当前电路板图中将显示所有元器件名称和选中元器件的所有焊盘。

（3）Libraries。元器件库浏览器，用于显示当前元器件库中所有元器件封装。在放置元器件封装时，必须使用元器件库浏览器，这样才会显示元器件的封装名，其下方的“Add/Remove”按钮用于加载或移除元器件封装库。

（4）Violations。选取此项设置为违规错误浏览器，可以查看当前 PCB 上的违规信息。

（5）Rules。选取此项设置为设计规则浏览器，可以查看并修改设计规则。

4.1.3 认识 PCB 设计中的基本组件

1．板层（Layer）

板层分为敷铜层和非敷铜层，平常所说的几层板是指敷铜层的层面数。一般在敷铜层上放置焊盘、线条等完成电气连接；在非敷铜层上放置元器件描述字符或注释字符等；还有一些层面（如禁止布线层）用来放置一些特殊的图形来完成一些特殊的作用或指导生产。

敷铜层一般包括顶层（又称为元器件面）、底层（又称为焊接面）、中间层、电源层、地线层等；非敷铜层包括印记层（又称为丝网层、丝印层）、板面层、禁止布线层、阻焊层、助焊层、钻孔层等。

对于一个批量生产的电路板而言，通常在印制电路板上敷设一层阻焊剂，阻焊剂一般是绿色或棕色，除了要焊接的地方外，其他地方根据电路设计软件所产生的阻焊图来覆盖一层阻焊剂，这样可以快速焊接，并防止焊锡溢出引起短路；而对于要焊接的地方，通常是焊盘，则要涂上助焊剂，如图 4-3 所示。

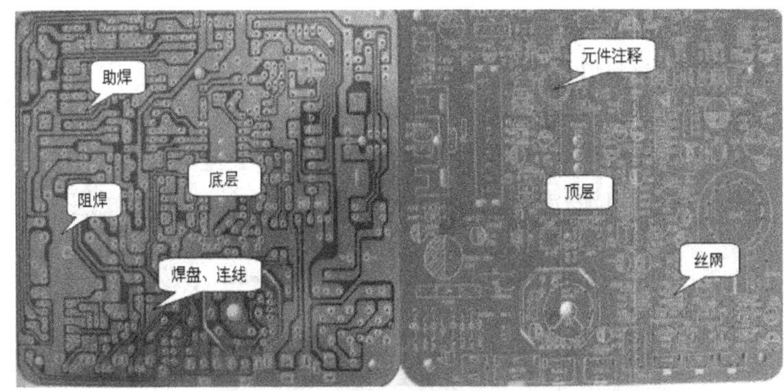

图 4-3　板层示意图

为了让电路板更具有可看性，便于安装与维修，一般在顶层上要印一些文字或图案，如图 4-4 所示中的 J1、VCC 等，这些文字或图案属于非布线层，用于说明电路的，通常称为丝网层，在顶层的丝网层称为顶层丝网层（Top Overlay），如 VD3；而在底层的则称为底层丝网层（Bottom Overlay），如 R6。

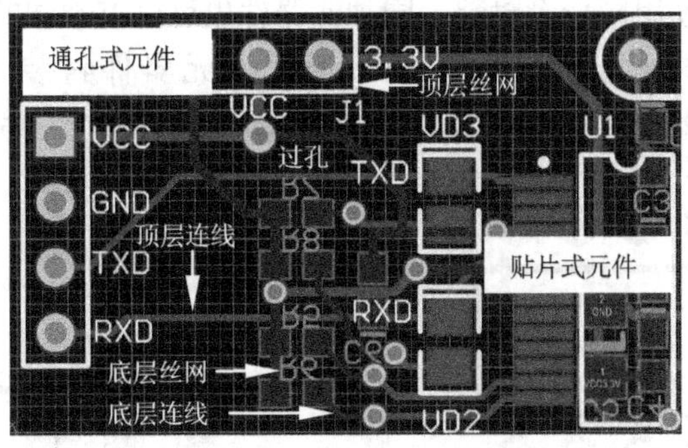

图 4-4　某 PCB 局部图

2．焊盘（Pad）

焊盘用于固定元器件引脚或用于引出连线、测试线等，它有圆形、方形等多种形状。焊盘的参数有焊盘编号、X 方向尺寸、Y 方向尺寸、钻孔孔径尺寸等。

焊盘可分为通孔式及表面贴片式两大类，其中通孔式焊盘必须钻孔，而表面贴片式焊盘无须钻孔，图 4-5 所示为焊盘示意图。

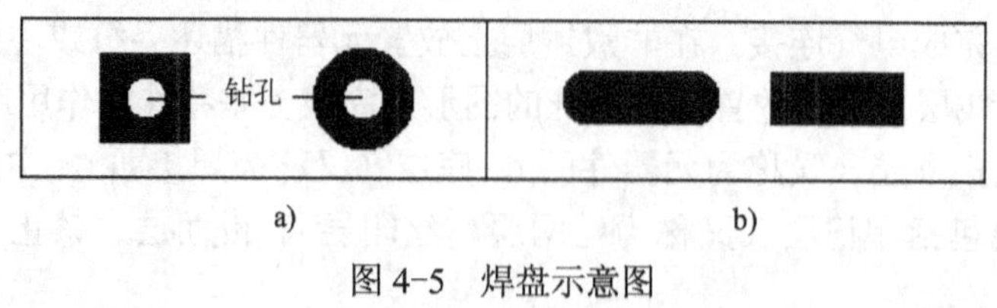

图 4-5　焊盘示意图

a) 通孔式焊盘　b) 表面贴片式焊盘

3. 金属化孔（Via）

金属化孔也称为过孔，在双面板和多层板中，为连通各层之间的印制导线，通常在各层需要连通的导线的交汇处钻上一个公共孔，即过孔，在工艺上，过孔的孔壁圆柱面上用化学沉积的方法镀上一层金属，用以连通中间各层需要连通的铜箔，而过孔的上下两面做成圆形焊盘形状，过孔的参数主要有孔的外径和钻孔尺寸。

过孔不仅可以是通孔，还可以是掩埋式。所谓通孔式过孔是指穿通所有敷铜层的过孔；掩埋式过孔则仅穿通中间几个敷铜层面，仿佛被其他敷铜层掩埋起来。图 4-6 所示为 6 层板的过孔剖面图，包括顶层、电源层、中间层 1、中间层 2、地线层和底层。

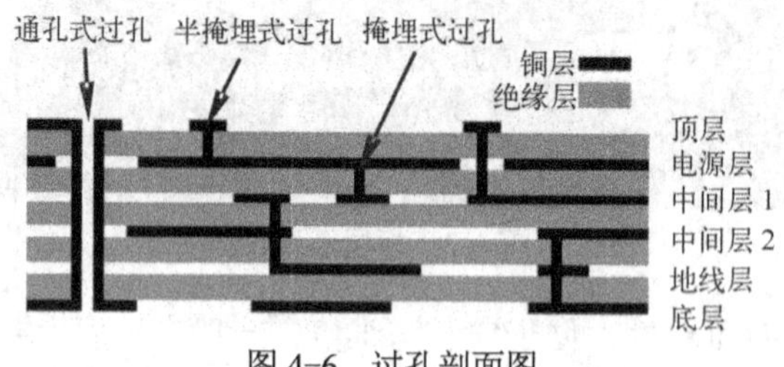

图 4-6　过孔剖面图

4. 元器件封装（Component Package）

元器件封装是指实际元器件焊接到电路板时所指示的元器件外形轮廓和引脚焊盘的间距。不同的元器件可以使用同一个封装，同种元器件也可以有不同的封装。

元器件的封装形式可以分为两大类：通孔式元器件封装（THT）和贴片式封装（SMT），图 4-7 所示为两种类型的双列 14 脚 IC 的封装图，主要区别在焊盘上。

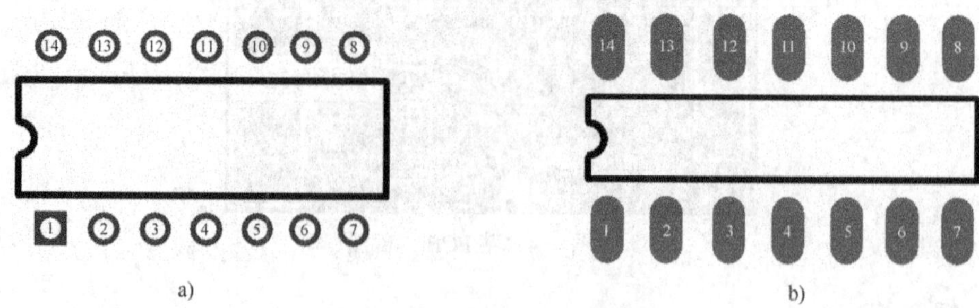

图 4-7　两种类型的元器件封装

a) 通孔式封装　b) 贴片式封装

元器件封装的命名一般与引脚间距和引脚数有关，如电阻的封装 AXIAL0.4 中的 0.4 表示引脚间距为 0.4 英寸或 400mil（1 英寸=1000mil）；双列直插式 IC 的封装 DIP8 中的 8 表示集成块的引脚数为 8。元器件封装中数值的意义如图 4-8 所示。

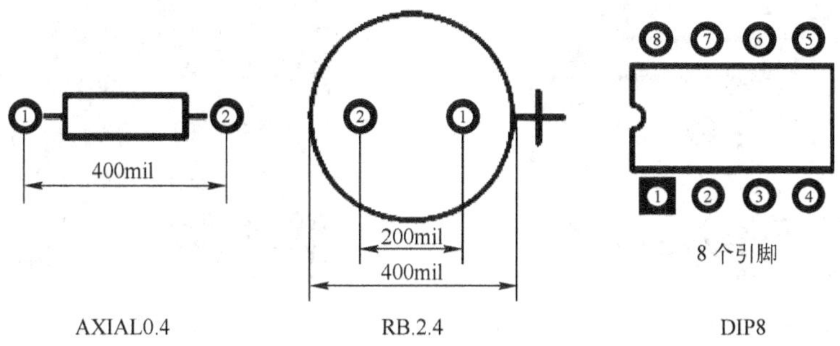

图 4-8　元器件封装中数值的意义

在进行电路设计时要分清楚原理图和印制电路板中的元器件，原理图中的元器件是一种电路符号，有统一的标准；而印制板中的元器件是元器件的封装，代表的是实际元器件的物理尺寸和焊盘，集成电路的尺寸一般是固定的，而分立元器件一般没有固定的尺寸，元器件封装根据需要设定。原理图元器件与 PCB 封装对照图如图 4-9 所示。

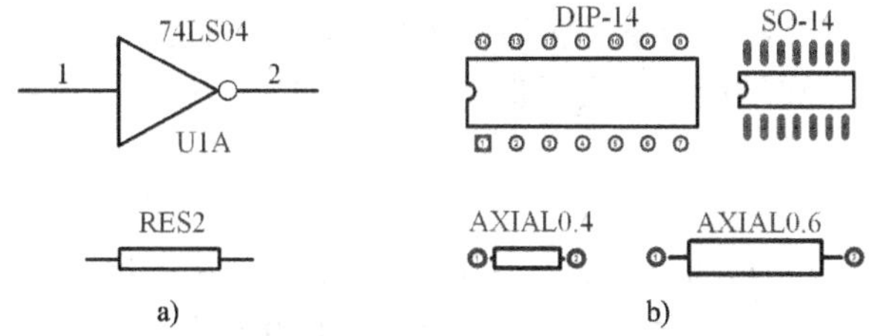

图 4-9　原理图元器件与 PCB 封装对照图

a) 原理图元器件　b) PCB 封装

一般元器件的图形符号被自动设置在丝印层（也称为丝网层）上，如图 4-4 中的 VD3、R6。

5. 连线（Track、Line）

连线是指有宽度、有位置方向（起点和终点）、有形状（直线或弧线）的线条。在敷铜面上的线条一般用来完成电气连接，称为印制导线或铜膜导线；在非敷铜面上的连线一般用作元器件描述或其他特殊用途。

印制导线用于印制电路板上的线路连接，通常印制导线是两个焊盘（或过孔）间的连线，而大部分的焊盘就是元器件的引脚，当无法顺利连接两个焊盘时，往往通过跳线或过孔实现连接。

图 4-10 所示为印制导线的走线图，图中所示为双面板，采用垂直布线法，一层水平走线，另一层垂直走线，两层间印制导线的连接由过孔实现。

图 4-11 所示为某电路 PCB 实物图，焊盘、过孔、印制导线如图所示。

6. 网络（Net）和网络表（Netlist）

网络是从一个元器件的某一个引脚到其他引脚或其他元器件的引脚的电气连接关系。每一个网络均有唯一的网络名称，有的网络名是人为添加的，有的是系统自动生成的，系统自动生成的网络名由该网络内两个连接点的引脚名称构成。

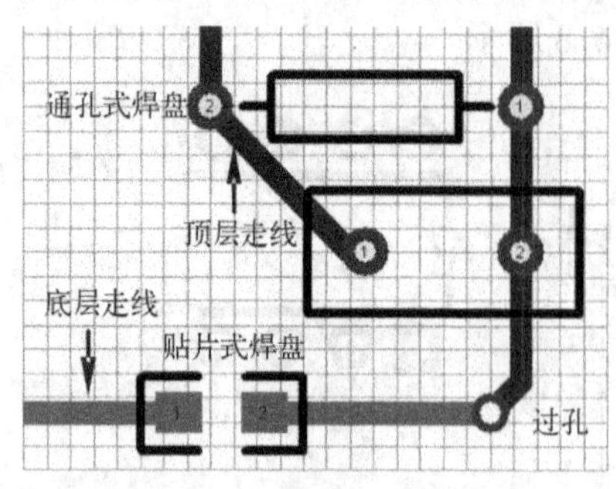

图 4-10 印制导线的走线图

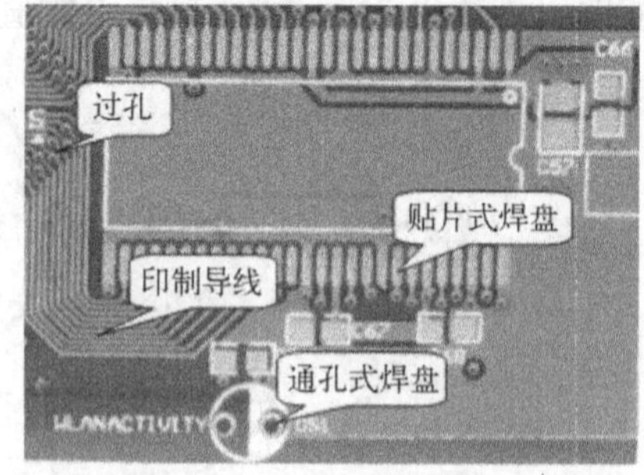

图 4-11 某电路局部 PCB 图

网络表描述电路中元器件特征和电气连接关系，一般可以从原理图中获取，它是原理图和 PCB 之间的纽带。

7．飞线（Connection）

飞线是在 PCB 上进行自动布线时供观察用的类似橡皮筋的网络连线，网络飞线不是实际连线。通过网络表调入元器件并进行布局后，就可以看到该布局下的网络飞线的交叉状况，不断调整元器件的位置，使网络飞线的交叉减少，可以提高自动布线的布通率。

自动布线结束，未布通的网络上仍然保留网络飞线，此时可以用手工连接的方式连通这些未布通的网络。

8．安全间距（Clearance）

安全间距是在进行印制板设计时，为了避免导线、过孔、焊盘及元器件之间的相互干扰，而在它们之间留出一定的间距，安全间距可以在设计规则中进行设置，不同类型的电路或不同的网络之间可以设置不同的安全间距。

9．栅格（Grid）

栅格用于 PCB 设计时的位置参考和光标定位，栅格有公制和英制两种单位制，类型有可视栅格、捕获栅格、元器件栅格和电气栅格 4 种。

任务 4.2 认识印制电路板的工作层面

1．工作层的类型

在 Protel 99 SE 中进行 PCB 设计时，系统提供了多个工作层面，主要层面类型如下所述。

（1）信号层（Signal layers）。信号层主要用于放置与信号有关的电气元素，共有 32 个信号层。其中顶层（Top layer）和底层（Bottom layer）可以放置元器件和铜膜导线，其余 30 个为中间信号层（Mid layer1～30），只能布设铜膜导线，置于信号层上的元器件焊盘和铜膜导线代表了电路板上的敷铜区。系统为每个层都设置了不同的颜色加以区别。

图 4-12 所示为某单面 PCB 的 3D 效果图，其 Top layer 放置元器件，Bottom layer 放置连线。

图 4-13 所示为某单面 PCB 的底层布线图，图中 Bottom layer 放置连线完成电气连接。

图 4-12　某单面 PCB 的 3D 效果图

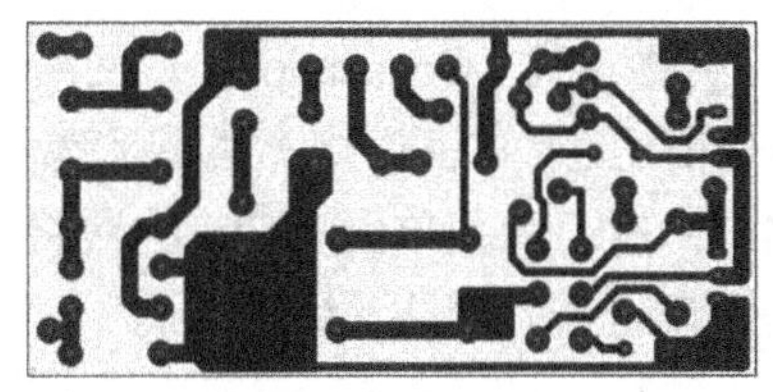

图 4-13　某单面 PCB 的底层布线图

（2）内部电源/接地层（Internal plane layers）。共有 16 个电源/接地层（Plane1～16），专门用于系统供电，信号层内需要与电源或地线相连接的网络通过过孔实现连接，这样可以大幅度缩短供电线路的长度，降低电源阻抗。同时，专门的电源层在一定程度上隔离了不同的信号层，有利于降低不同信号层间的干扰，只有在多层板中才用到该层，一般不布线，由整片铜膜构成。

（3）机械层（Mechanical layers）。共有 16 个机械层（Mech1～16），一般用于设置印制电路板的物理尺寸、数据标记、装配说明及其他机械信息。

（4）丝网层（Silkscreen layers）。主要用于放置元器件的外形轮廓、元器件标号和元器件注释等信息，包括顶层丝网层（Top Overlay）和底层丝网层（Bottom Overlay）两种。

图 4-14 所示为某单面 PCB 的顶层丝网层（Top Overlay），上面有元器件体的图形和相应的标号等信息。

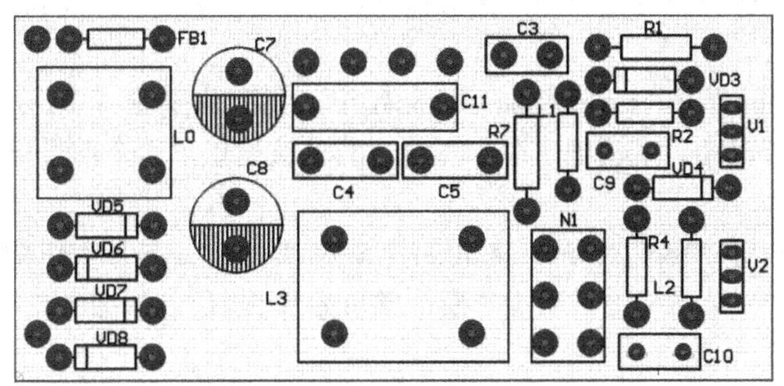

图 4-14　某单面 PCB 的顶层丝网层（Top Overlay）

（5）阻焊层（Solder Mask layers）。阻焊层是负性的，放置其上的焊盘和元器件代表电路板上未敷铜的区域，分为顶层阻焊层和底层阻焊层。设置阻焊层的目的是防止焊锡的粘连，避免在焊接相邻焊点时发生短路，所有需要焊接的焊盘和铜箔需要该层，是制造 PCB 的要求。

（6）锡膏防护层（Paste mask layers）。主要用于 SMD 元器件的安装，锡膏防护层是负性的，放置其上的焊盘和元器件代表电路板上未敷铜的区域，分为顶层防锡膏层和底层防锡膏层。Paste Mask 是 SMD 钢网层，是需要回流焊的焊盘使用的，Paste Mask 是 PCB 组装的要求。

（7）钻孔层（Drill Layers）。钻孔层提供制造过程的钻孔信息，包括钻孔指示图（Drill Guide）和钻孔图（Drill Drawing）。

（8）禁止布线层（Keep Out Layer）。禁止布线层用于定义放置元器件和布线的区域范围，一般禁止布线区域必须是一个封闭区域。

（9）多层（Multi Layer）。用于放置电路板上所有的通孔式焊盘和过孔。

（10）网络飞线（Connections）。网络飞线是具有电气连接的两个实体之间的预拉线，表示两个实体是相互连接的。网络飞线不是真正的连接导线，实际导线连接完成后飞线将消失。

图 4-15 所示为某单面 PCB 的网络飞线，焊盘上显示网络名称（放大屏幕后可见），需要相连的焊盘上带有网络飞线。

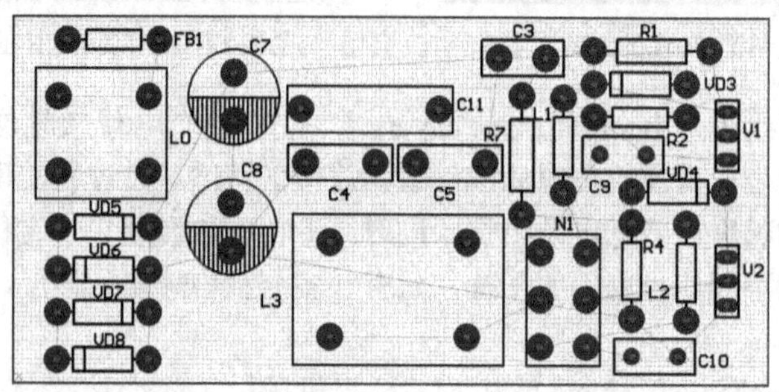

图 4-15　某单面 PCB 的网络飞线

2．设置信号层和电源层

在 Protel 99 SE 中，系统默认使用的信号层仅有顶层和底层，在实际设计时如果需要设计多层板，应根据需要自行定义工作层的数目。

下面以设置 6 层板为例进行介绍，需要再增加两个信号层、1 个电源层和 1 个地线层。

（1）添加信号层。

执行菜单“Design”→“Layer Stack Manager”，屏幕弹出图 4-16 所示的“Layer Stack Manager”（层堆栈管理器）对话框。图中系统已经默认设置了两个信号层，即 Top layer 和 Bottom layer。

选中图中的工作层“Top Layer”，单击右上角的“Add Layer”按钮即可在顶层之下添加中间层“Mid Layer”，单击一次，添加一层，共可添加 30 层。如图 4-17 所示的工作层设置中添加了两个中间层。

（2）添加内部电源/接地层。

选中图 4-17 中的顶层“Top Layer”，单击右上角的“Add Plane”按钮，单击一次，添加一层，添加的层位于顶层之下，共可添加 16 个内电层，系统添加后的内电层是不带网络的。图 4-18 中添加了两个内电层，可以通过设置网络可将其设置为电源层和接地层。

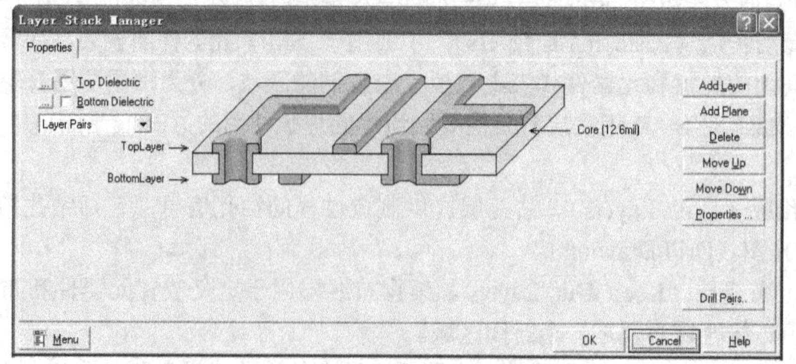

图 4-16　“层堆栈管理器”对话框

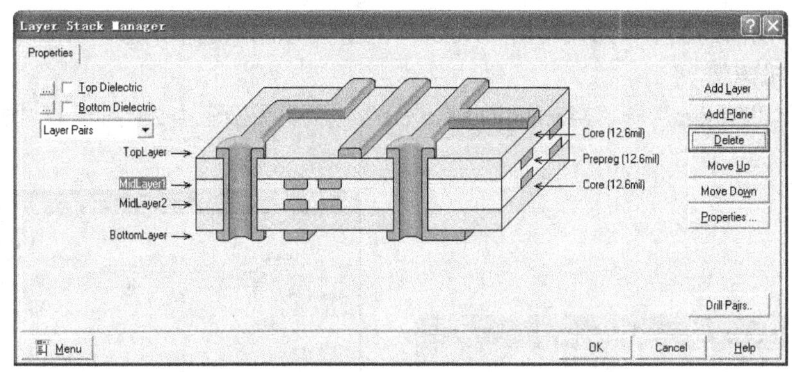

图 4-17　添加中间层

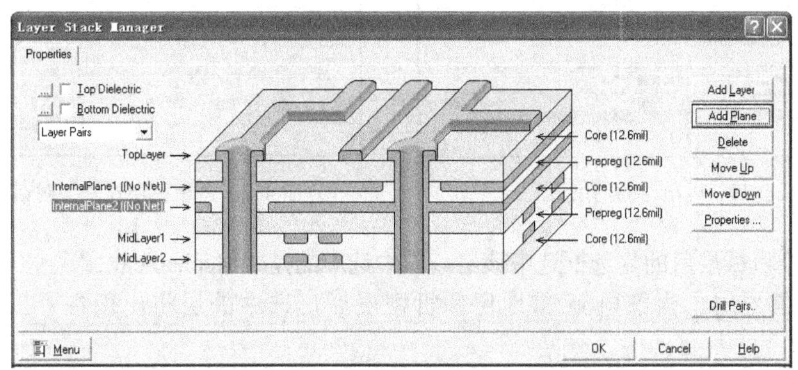

图 4-18　添加内部电源层和接地层

（3）修改工作层属性。

选中图 4-18 中的信号层（如 Top Layer），单击“Properties”按钮，可以改变信号层的名称（Name）和敷铜的厚度（Copper thickness）。

选中图 4-18 中的内电层（如 Interal Plane2），单击“Properties”按钮，可以改变内电层的名称（Name）、敷铜的厚度（Copper thickness）及所属网络名（Net name），根据需要将两个内电层分别设置为电源网络和接地网络。

（4）设置内电层的网络。

在没有原理图网络信息的情况下，内电层是不能命名的。在存在网络节点的情况下，可以选择网络名对内电层进行网络设置。如图 4-19 所示，在“Net name”后的下拉列表框中选中网络“+12”后，该内电层层的名称修改为“Internal Plane1（+12V）”，即该层连接在+12V 电源上。

（5）分割内电层。

当需要几个网络共享一个电源层时，可以将其分割成几个区域。通常的做法是将引脚最多的网络最先指定到电源层，然后再为将要连接到电源层的其他网络定义各自的区域，每个区域由被分割网络中所有引脚的特定边界规定。任何没有在边界线中的引脚仍然显示飞线，表示它们未曾连接，需采用连线连接。

（6）移动和删除工作层。

选中某工作层，单击“Move Up”（向上移动）按钮或“Move Down”（向下移动）按钮可以调节工作层面的上下关系，单击“Delete”按钮可以删除选中的层。

3. 设置机械层

执行菜单“Design”→“Mechanical Layers”，屏幕弹出图 4-20 所示的“机械层设置”对话框。

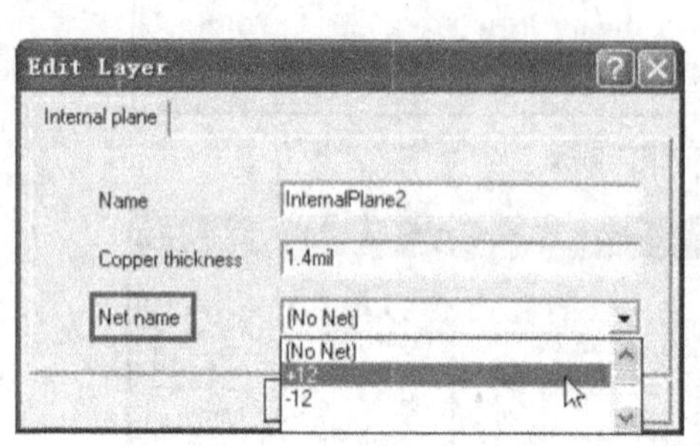

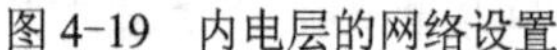

图 4-19　内电层的网络设置

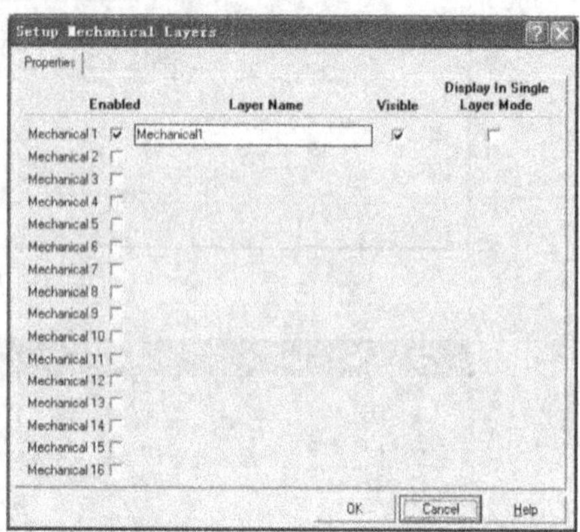

图 4-20　“机械层设置”对话框

单击某个机械层后的复选框选中该层，图中选中的是“Mechanical 1”。

设置完信号层、内部电源/接地层和机械层后，选中的层将出现在“工作层设置”对话框中。

执行菜单“Design”→“Options”，选中“Layers”选项卡打开“工作层设置”对话框，在其中可以查看工作层的状态，如图 4-21 所示，图中的层打“√”表示选中并显示该层。

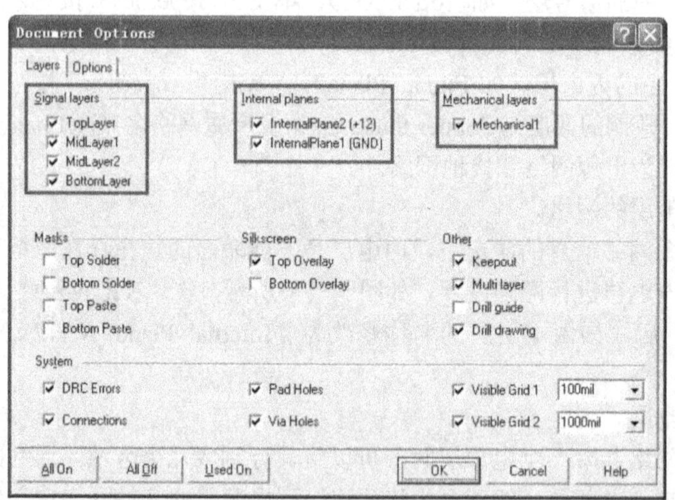

图 4-21　“工作层设置”对话框

4. 打开或关闭工作层

在图 4-21 中，选中工作层前的复选框，即可打开对应的工作层。

对话框左下角有 3 个按钮，“All On”按钮用于打开所有的层，“All Off ”按钮用于关闭所有的层，“Used On”按钮用于只打开当前文件中正在使用的层。

在“Silk screen”区中，选中“Top Overlay”打开顶层丝网层，选中“Bottom Overlay”打开底层丝网层。

在“Other”区中，选中“Keepout”打开禁止布线层，用于定义 PCB 的尺寸；选中“Multi layer”打开多层，用于显示焊盘和过孔。

在“System”区中，选中“DRC Errors”则 PCB 设计过程中出现违反设计规则的对象将显示为高亮度；选中“Connections”显示网络飞线；选中“Pad Holes”显示焊盘的钻孔；选中“Via Holes”显示过孔的钻孔；选中“Visible Grid1”显示第一组可视栅格，选中“Visible Grid2”显示第二组可视栅格，一般都要选中，可视栅格的尺寸大小也可在其中设置。

在一般情况下，Keep Out Layer、Multi Layer 必须设置为打开状态，其他各层根据所布板的层数设置。

5. 工作层显示颜色设置

在 PCB 设计中，由于层数多，为区分不同层上的铜膜线，必须将各层设置为不同颜色。

执行菜单“Tools”→“Preferences”，屏幕弹出“优选项设置”对话框，单击其中的“Colors”选项卡进行工作层颜色设置。

需要重新设置某层的颜色，可以单击该层名称右边的色块方框进行修改。在一般情况下，使用系统默认的颜色。

6. 当前工作层选择

在进行布线时，必须选择相应的工作层，设置当前工作层可以用鼠标左键单击工作区下方工作层选项栏上的某一个工作层，完成当前工作层的转换，如图 4-22 所示。图中选中的工作层为 Bottom Layer。

TopLayer BottomLayer Mechanical1 TopOverlay KeepOutLayer MultiLayer

图 4-22 设置当前工作层

当前工作层的转换也可以使用快捷键实现，按下小键盘上的〈*〉键，可以在所有打开的信号层间切换；按下〈+〉和〈-〉键可以在所有打开的工作层间切换。

经验之谈

在 PCB 设计中，为提高设计的效率，工作层一般只设置显示有用的层面，以减小误操作。初始的设置方法是将信号层、丝网层、禁止布线层和焊盘层（多层）设置为显示状态，其他的层需要时再设置。

如设计单面 PCB 时将 Bottom Layer、Top Overlay、Keep Out Layer 和 Multi Layer 设置为打开状态。

任务 4.3　单管放大电路 PCB 设计

在任务 2.3 中设计了单管放大电路的原理图，并针对每个元器件设置了封装形式，本任务则通过前面设计的原理图，直接从原理图中调用元器件封装和网络信息进行 PCB 设计。

PCB 设计的一般步骤如下。

（1）规划印制电路板，设置元器件封装库。

（2）加载网络表或手工放置封装。

（3）元器件布局。

（4）放置焊盘、过孔等图件。

（5）PCB 布线

（6）布线调整。

以下采用图 4-23 所示单管放大电路为例介绍 PCB 布线方法。

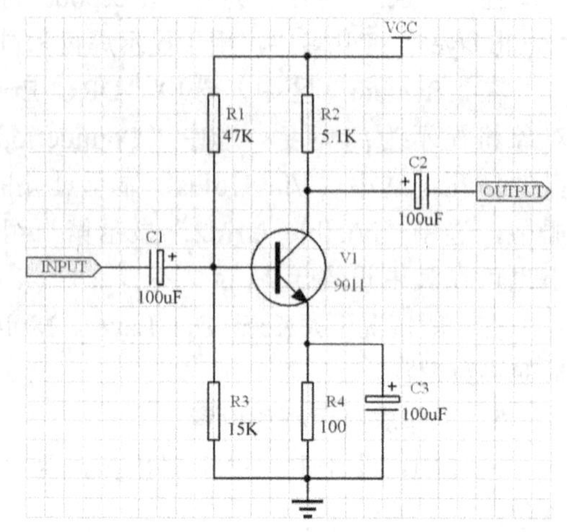

图 4-23　单管放大电路

图中有 3 种类型的元器件，封装形式均在 Advpcb.ddb 库中，其中电阻的封装设置为“AXIAL0.4”，晶体管的封装设置为“TO-92A”，电解电容的封装设置为“RB.2/.4”。

PCB 尺寸：50mm×40mm。

为了说明 PCB 设计方法，特意将图 4-23 中 R2 封装设置为“AXIAL”，R1 不设置封装，由于封装设置不对，在加载元器件封装时，R1、R2 的封装将丢失并提示相关错误。

4.3.1　PCB 设计工作环境设置

1．设置栅格

执行菜单“Design”→“Options”，屏幕弹出“文档选项”对话框，选中“Options”选项卡，出现图 4-24 所示的“栅格设置”对话框。

“Options”选项卡主要设置捕获栅格（Snap）、元器件移动栅格（Component）、电气栅格（Electrical Grid）、可视栅格样式（Visible Kind）和单位制（Measurement Unit）。“Layers”选项卡中可以设置可视栅格（Visible Grid）。

（1）捕获栅格设置。捕获栅格的设置在图 4-24 中的“Grids”区，“Snap X”设置光标在 X 方向上的位移量，“Snap Y”设置光标在 Y 方向上的位移量。

（2）元器件移动栅格设置。元器件移动栅格的设置在“Grids”区中，“Component X”设置元器件在 X 方向上的位移量，“Component Y”设置元器件在 Y 方向上的位移量。

（3）电气栅格设置。必须选中“Enable”复选框，然后在“Range”栏后的下拉列表框中选择电气栅格间距。

（4）可视栅格样式设置。在“Visible Kind”下拉列表框中设置，有“Dots”（点状）和“Lines”（线状）两种供选择。

（5）可视栅格间距和显示状态设置。单击图 4-24 中的“Layers”选项卡，屏幕弹出“层设置”对话框，在其中的“System”区中设置可视栅格，如图 4-25 所示。主要有“Visible

Grid 1”：第 1 组可视栅格间距，一般设置为比第 2 组可视栅格间距小；“Visible Grid 2”：第 2 组可视栅格间距。

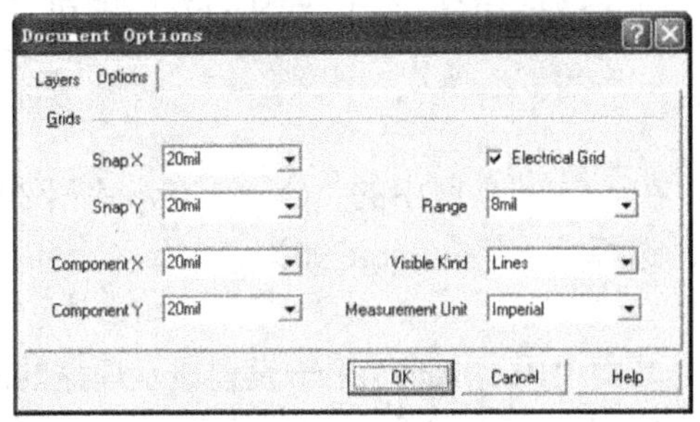

图 4-24 “栅格设置”对话框

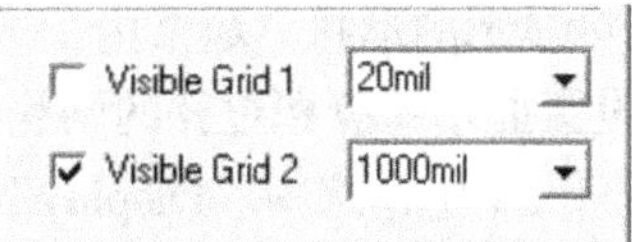

图 4-25 可视栅格设置

选中栅格设置前的复选框，可以将该栅格设置为显示状态。

经验之谈

由于系统默认的显示状态为只显示“Visible Grid 2”，故进入 PCB 编辑器时看到的栅格是第 2 组可视栅格，可视栅格 1 需设置为显示状态才能看见。

通常可视栅格 2 一般设置为可视栅格 1 的 5 倍或 10 倍，通常刚进入系统时看不见可视栅格 1，只有在工作区放大到一定程度时才会显示。

2. 设置元器件旋转角度

执行菜单“Tools”→“Preferences”，屏幕弹出图 4-26 所示的“优先设定”对话框，选中“Options”选项卡，在“Other”区中的“Rotation Step”栏后设置对象旋转的角度，系统默认为 90.000，即一次旋转 90°。如需修改，可在其后输入修改的数值即可。

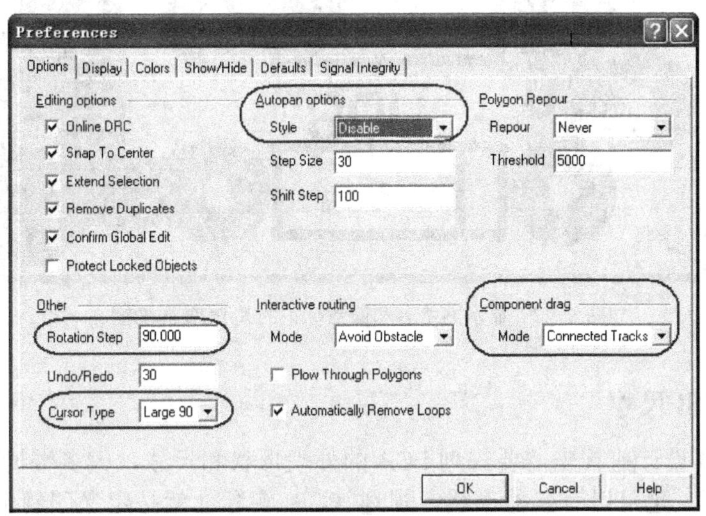

图 4-26 “优先设定”对话框

3. 关闭自动滚屏

有时在进行线路连接或移动元器件时，经常会出现窗口中的内容自动滚动的问题，这样不便于操作，主要原因在于系统默认的设置为自动滚屏。

要消除这种现象，可以关闭自动滚屏功能。在图 4-26 中，选中“Options”选项卡，在“Autopan options”区中的“Style”下拉列表框中选中“Disable”即可关闭自动滚屏功能。

4．设置光标形状

在图 4-26 中，选中“Options”选项卡，在“Other”区中的“Cursor Type”下拉列表框中设置光标显示的形状。通常为了准确定位，选择大十字（Large 90）。

5．设置显示焊盘和过孔的网络名

在图 4-26 中，选中“Display”选项卡，其中“Pad Nets”用于设置显示焊盘的网络名，“Pad Numbers”用于设置显示焊盘号，“Via Nets”用于设置显示过孔的网络名，一般上述 3 项要选中。设置显示网络名的 PCB 如图 4-27 所示。

6．设置显示原点标记

在图 4-26 中，选中“Display”选项卡，选中“Origin Marker”前的复选框将原点标记设置为显示状态，这样便于规划 PCB 时进行定位。

设置显示原点标记的 PCB 如图 4-27 所示。

7．显示模式设置

在图 4-26 中，选中“Show/Hide”选项卡，设置各种对象的显示模式，其中共有 10 个对象：Arcs（圆弧线）、Fills（矩形填充块）、Pads（焊盘）、Polygons（多边形铺铜）、Dimensions（尺寸标示）、Strings（字符串）、Tracks（铜膜线）、Vias（过孔）、Coordinates（坐标标示）和 Rooms（限制元器件的区域）。这 10 种对象均有 3 种显示模式：Final（精细显示）、Draft（草图显示）和 Hidden（不显示），一般设置为“Final”。

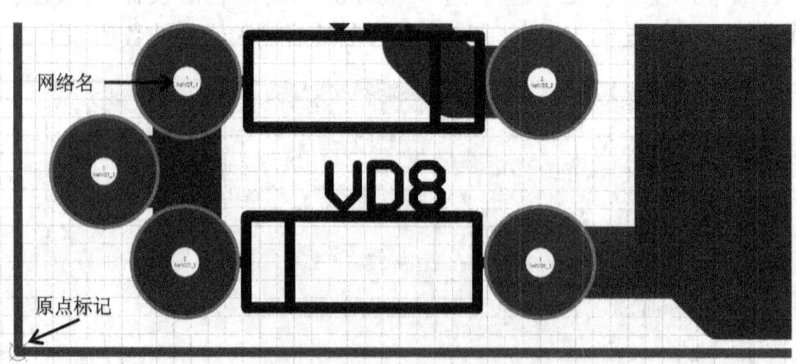

图 4-27　显示网络名和原点标记的某 PCB 局部图

4.3.2　规划 PCB 尺寸

在进行 PCB 设计前首先需要规划 PCB 的外观形状和尺寸，大多数情况下 PCB 为规则形状，如矩形，也可以有其他形状。规划 PCB 实际上就是定义印制电路板的机械轮廓和电气轮廓。

印制电路板的机械轮廓是指电路板的物理外形和尺寸，机械轮廓定义在机械层上，比较合理的规划机械层的方法是在一个机械层上绘制电路板的物理轮廓，而在其他的机械层上放置物理尺寸、队列标记和标题信息等。

印制电路板的电气轮廓是指在电路板上放置元器件和进行布线的范围，电气轮廓一般定义在禁止布线层（Keep-out Layer）上，是一个封闭的区域，一般的 PCB 设计中仅规划电气轮廓。

新建项目文件“单管放大.DDB”，在其中新建原理图“AMP.Sch”，并根据图 4-23 绘制原理图，设置好元器件封装，注意 R1 不设置封装，R2 封装设置为“AXIAL”，以便说明加载出错的处理方法。

打开设计项目“单管放大.DDB”，执行菜单“File”→“New”，新建 PCB 文件并将其另存为“单管放大电路.PCB”。

执行菜单“Design”→“Options”，打开文档选项菜单，选中“Layers”选项卡，在要设置为打开状态的工作层中的复选框内单击打勾选中该层。

本例中采用单面布线，元器件采用通孔式元器件，故选中 Bottom Layer（底层）、Top Overlay（顶层丝网层）、Keep Out Layer（禁止布线层）和 Multi Layer（焊盘多层）。

本例中采用公制规划尺寸，具体步骤如下所述。

（1）执行菜单“View”→“Toggle Units”，设置单位制为“Metric”（公制）。

（2）执行菜单“Design”→“Options”，在“Layers”选项卡中，设置“Visible Grid 1”为 1mm，设置“Visible Grid 2”为 10mm。选中“Options”选项卡，设置捕获栅格“Snap X”和“Snap Y”为 0.5mm；设置元器件移动栅格“Component X”和“Component Y”为 0.5mm。

（3）用鼠标左键单击工作区下方工作层选项卡栏中的KeepOutLayer，将当前工作层设置为“Keep Out Layer”。

（4）执行菜单“Tools”→“Preferences”，屏幕弹出图 4-26 所示的“优先设定”对话框，选中“Display”选项，选中“Origin Marker”前的复选框，显示坐标原点。

（5）执行菜单“Edit”→“Origin”→“Set”，在工作区左下角附近定义相对坐标原点，设定后，沿原点往右为+x 轴，往上为+y 轴。

（6）执行菜单“Place”→“Line”放置连线，进行边框绘制，一般规划印制电路板从坐标原点开始，将光标移到坐标原点（0，0），单击鼠标左键，确定第一条边的起点，按键盘上的〈J〉键，屏幕弹出一个菜单，选择“New Location”（新位置）子菜单，屏幕弹出图 4-28 所示的“跳转到某位置”对话框，在其中输入坐标（50，0），光标自动跳转到坐标（50，0），双击鼠标左键，定下连线终点，从而定下第一条边线。

（7）采用同样方法继续画线，坐标依次为（50，40）、（40，0）和（0，0），绘制一个尺寸为 50mm×40mm 的闭合边框，以此边框作为电路板的尺寸，如图 4-29 所示。此后放置元器件和布线都要在此边框内部进行。

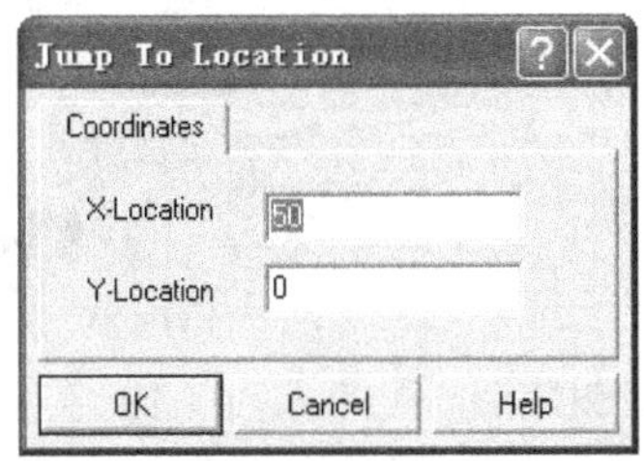

图 4-28 “跳转到某位置”对话框

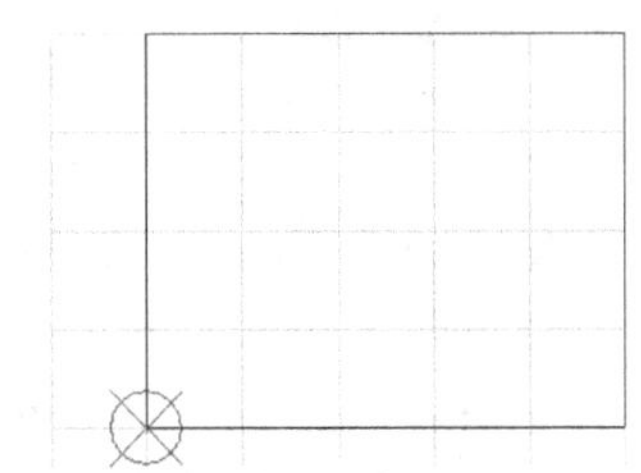

图 4-29 规划 50mm×40mm 的印制电路板

4.3.3 设置 PCB 元器件库

在进行 PCB 设计前，首先要知道使用的元器件封装在哪一个 PCB 元器件库中，有些特殊的元器件可能在系统的元器件库中没有提供，用户还必须使用 PCB 元器件库编辑器设计该元器件封装，最后将这些封装所在的库一一添加进当前库（Libraries）中，只有这样，这些元器件封装才能被调用。

在 PCB 99 SE 中，印制电路板库文件位于 Design Explorer 99 SE\Library\Pcb 目录下，常用的印制电路板库文件是 Generic Footprint 文件夹中的 Advpcb.ddb，本例中的元器件均在该库中，设计前需将该库设置为当前库。

1. 设置元器件封装库

在设计管理器中选中“Browse PCB”选项，在“Browse”下拉列表框中选择“Libraries”，将其设置为元器件库浏览器。单击“Libraries”栏下方的“Add/Remove”按钮，屏幕弹出“添加/删除库”对话框，如图 4-30 所示。

在“查找范围”中选中软件安装路径 Design Explorer 99 SE\Library\Pcb，选中 Generic Footprint 文件夹中的 Advpcb.ddb，单击“Add”按钮装载库文件，单击“OK”按钮完成操作。这时，元器件库浏览器中将出现已加载的元器件封装库文件，如图 4-31 所示中的 PCB Footprints.lib。

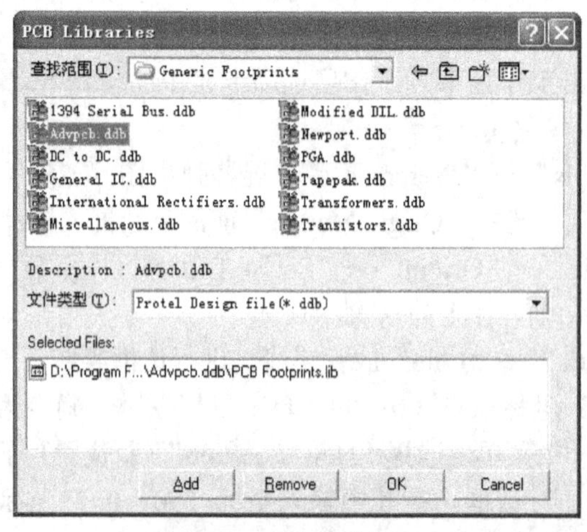

图 4-30 “添加/删除库”对话框

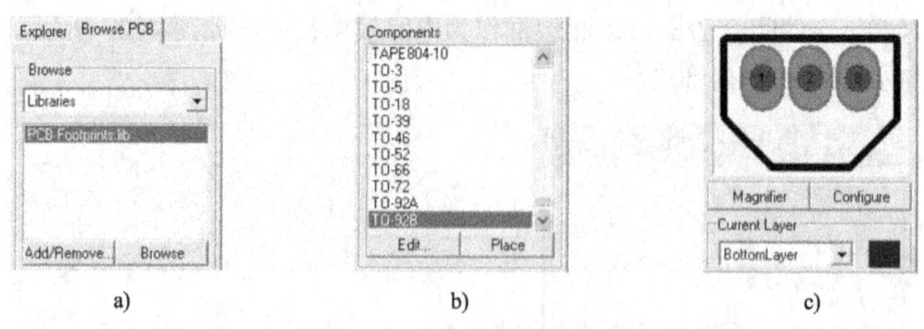

图 4-31 浏览元器件封装

a) 元器件库浏览器 b) 浏览元器件封装名 c) 监视器上显示的元器件封装图

2. 浏览元器件图形

打开了某个元器件封装库文件后，元器件库浏览器的“Library”栏内将出现当前库中的元器件库名，在“Components”栏中显示此元器件库中所有元器件封装的名称，选中某个封装，下方的监视器中将出现此元器件封装的图形，如图 4-31c 所示。

如果觉得监视器太小，可以单击图 4-31a 中元器件库浏览器右下角的“Browse”按钮，屏幕弹出“浏览元器件封装”对话框，如图 4-32 所示，在其中可以进行元器件封装浏览，获得元器件的封装图信息，便于选择封装。

该窗口右下角的三个按钮可用来调节图形显示的大小。

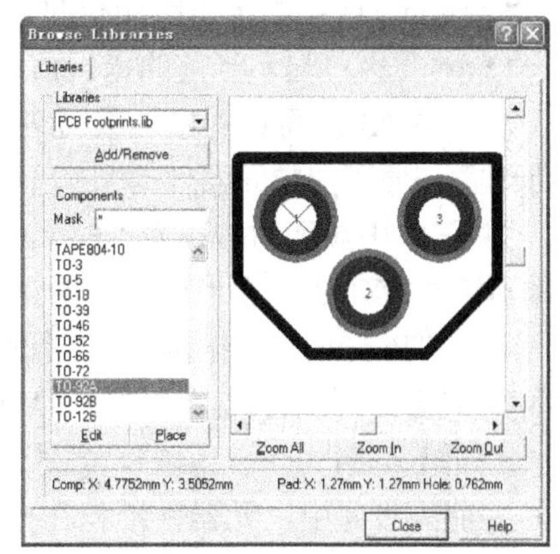

图 4-32 “浏览元器件”对话框

4.3.4 从原理图加载网络表和元器件封装到 PCB

在加载网络表前必须在原理图编辑器中执行菜单“Tools”→“ERC”对原理图进行检查，在检查无原则错误的情况下执行菜单“Design”→“Create Netlist”生成 Protel 格式的网络表。

在 PCB 编辑器中规划好 PCB 后，执行菜单“Design”→“Load Nets”载入网络表，屏幕弹出一个对话框，单击“Browse”按钮选择网络表文件（*.net），载入网络表，如图 4-33 所示，图中各部分的含义如下所述。

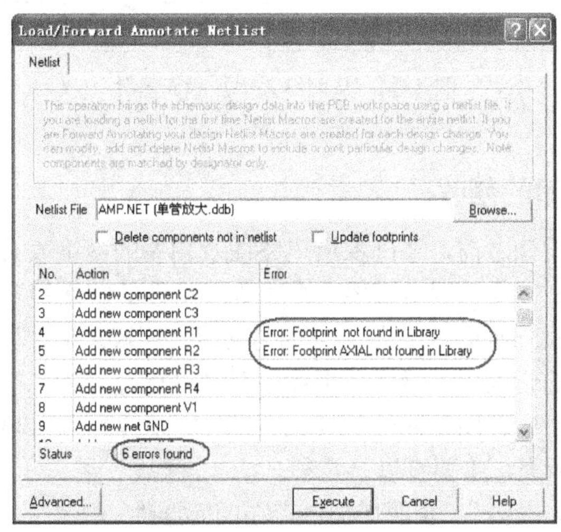

图 4-33 加载网络表

“Netlist File”：此栏用于设置要装载的网络表文件，单击“Browse”按钮，在弹出的对话框中选定所需的网络表文件。

“Delete components not in netlist”复选框：选中该项，删除网络表中不存在的元器件。

“Update footprints”复选框：选中该项，在更新网络连接时将更新元器件封装。

"Action" 区：显示当前加载的元器件和网络信息。

"Error" 区：显示当前的错误信息。

从图 4-33 中可以看出加载网络表时出现了 6 个错误，一般为元器件封装设置不对或元器件焊盘与原理图中元器件的引脚不对应等。

图 4-33 中显示的错误为"Footprint not found in Library"，原因在于 R1 未设封装，R2 设置的封装"AXIAL"在当前库中不存在。

单击"Execute"按钮执行加载网络表，由于丢失元器件封装，屏幕弹出对话框提示"不能加载所有网络，是否继续"，单击"Yes"按钮将网络表文件中的元器件封装调到当前印制电路板中，如图 4-34 所示。图中，载入的元器件都散开排列在禁止布线边框之外（Protel 99 SE SP6 之前的版本中，元器件堆积在光标处），元器件引脚间通过网络飞线连接，但图中少了 R1 和 R2。

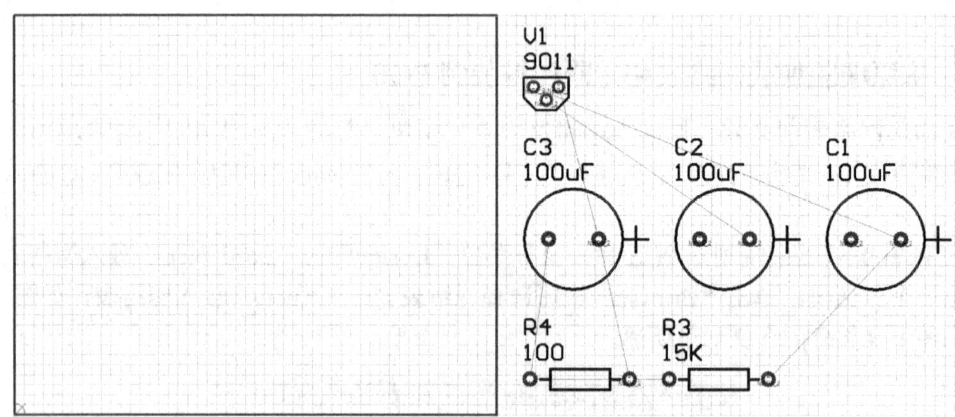

图 4-34　从网络表中加载元器件

4.3.5　加载网络表出错的修改

一般在进行电路板设计之前，要确保所电路图及相关的网络表必须正确，为此要先检查网络表上是否存在错误。装载的网络表要完全正确，牵涉的因素很多，最主要的是元器件封装是否存在、网络表是否正确及 PCB 封装之间与元器件引脚之间的匹配。

装入网络表后发现的错误，由于在原理图中已经进行过 ERC 检验，因此错误不是电气连接上的问题，而是在于原理图元器件与 PCB 封装的不匹配所引起，这种错误称为网络宏错误，分为警告和错误两类，主要有以下几种。

"Component Already exists"：企图增加已存在的元器件。

"Component not found"：元器件不存在。

"Footprint not found in Library"：封装在元器件库中不存在。

"Net Already exists"：企图增加已存在的网络。

"Net not found"：网络不存在。

"Node not found"：节点不存在。

"Alternative footprint used instead（warning）"：程序自动使用了可能是不合适的元器件封装（警告）。

在图 4-34 中，存在的错误主要有 3 类，原因如下。

"Error：Footprint not found in Library"：由于未设置封装，故出错。

"Error：Footprint AXIAL not found in Library"：由于设置的封装 AXIAL 在当前库中部存在，故出错。

"Error：Component not found"。由于没有定义正确的封装，故提示该元器件不存在。

发现错误后，找到错误原因，回到电路原理图中重新将元器件 R1、R2 的封装设置为 AXIAL0.4，再次生成网络表并加载网络表文件，此时错误消失，丢失的 R1、R2 封装均调用到 PCB 中，如图 4-35 所示。

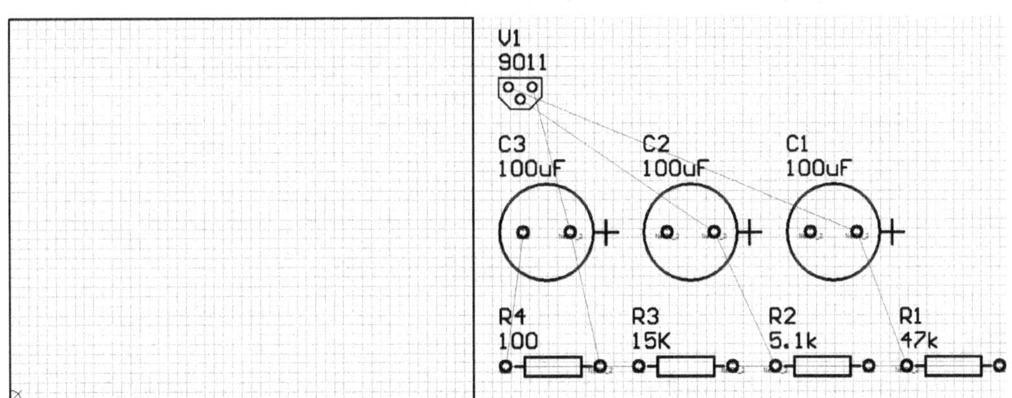

图 4-35　重新加载后的 PCB

经验之谈

设计中如果原理图已经修改，必须重新生成网络表，以保证修改的信息体现在新的网络表中，然后返回到 PCB 设计中再次载入网络表更新元器件封装和网络信息。

4.3.6　放置元器件封装

前面 PCB 中丢失的封装也可以通过直接放置元器件封装，设置对应的标号并重新加载网络表来解决。

1．从元器件封装库中直接放置元器件封装

在元器件浏览器中选中元器件后（如本例中放置电阻 R1，选中 AXIAL0.4），单击右下角的"Place"按钮，光标跳到工作区中，同时光标上黏附着该元器件封装，按键盘上的〈Tab〉键，屏幕弹出图 4-36 所示的"元器件封装属性"对话框，可以设置元器件属性。

2．元器件封装属性设置

图 4-36 所示的对话框共有"Properties""Designator""Comment" 3 个选项卡，用于设置元器件的标号、注释文字（标称值或型号）、元器件封装所在层、元器件封装是否锁

定，注释文字的字体、大小、所在层等。若单击“Global>>”按钮，可以进行全局修改，方法与 SCH 99 SE 中的全局修改相同。设计时一般只需对“Properties”选项卡进行设置。

本例中“Designator”（标号）栏设置为“R1”，“Comment”（标称值或型号）栏设置为“47k”，“Footprint”（封装）栏设置为“AXIAL0.4”，其他默认。

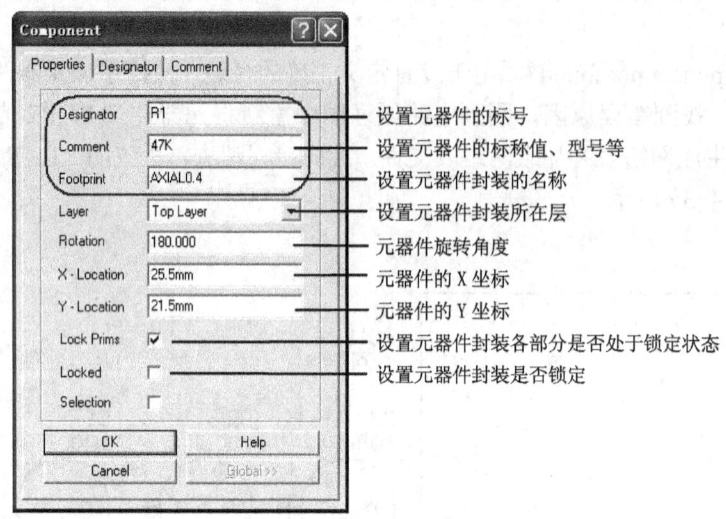

图 4-36 “元器件封装属性”对话框

经验之谈

在单面板设计中元器件放置在顶层（Top Layer），图 4-36 中“Layer”栏系统默认设置为“Top Layer”；而对于双面以上的板，有时需将元器件放置在底层，此时放置元器件后，必须将要放置在底层的元器件的“Layer”栏设置为“Bottom Layer”。

3. 通过菜单或相应按钮放置元器件

执行菜单“Place”→“Component”或单击放置工具栏上按钮，屏幕弹出“放置元器件”对话框，如图 4-37 所示，在“Footprint”栏中输入元器件封装名，如图中的“AXIAL0.4”（若不知道封装名，可以单击“Browse”按钮进行浏览）；在“Designator”栏中输入元器件标号，如图中的“R1”；在“Comment”栏中输入元器件的标称值或型号，如图中的“47k”，参数设置完毕，单击“OK”按钮放置元器件。

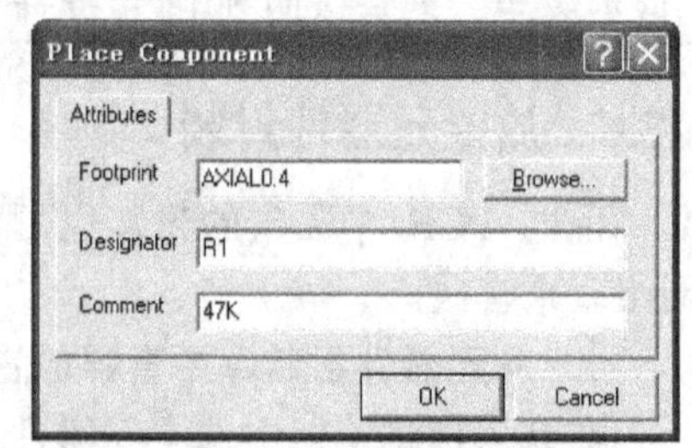

图 4-37 “放置元器件”对话框

放置元器件后，系统提示继续放置同一元器件，元器件标号将自动加 1（如 R2），此时可以继续放置元器件，单击“Cancel”按钮退出放置状态。

本例放置电阻封装 AXIAL0.4，标号分别为 R1 和 R2，放置元件封装后重新加载网络表，加载网络表后的效果如图 4-38 所示，图中 R1 和 R2 的引脚上均出现相应的网络飞线。

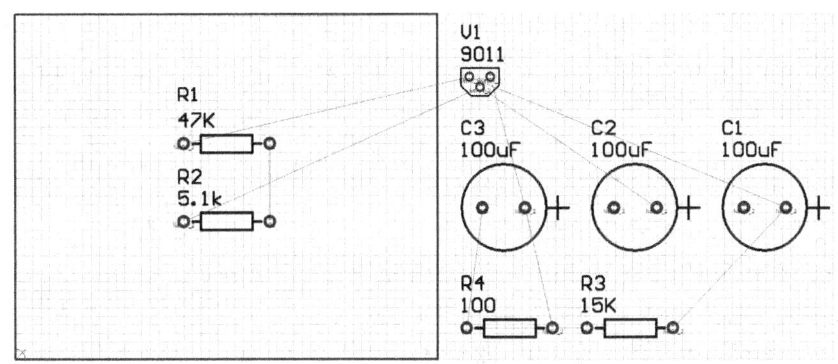

图 4-38　放置并加载网络后的元器件 R1 和 R2

4.3.7　PCB 手工布局

元器件放置完毕，应当从机械结构、散热、电磁干扰及布线的方便性等方面综合考虑元器件布局，可以通过移动、旋转等方式调整元器件的位置，并尽量减少网络飞线的交叉。

在布局时除了要考虑元器件的位置外，还必须调整好丝网层上元器件标注文字的位置。

1. 手工移动元器件

（1）用鼠标拖动。元器件移动有多种方法，比较快捷的方法是直接使用鼠标进行移动，即将光标移到元器件上，按住鼠标左键不放，将元器件拖动到目标位置。

（2）使用“Move”菜单下的命令移动元器件。执行菜单“Edit”→“Move”→“Component”，光标变为十字，移动光标到需要移动的元器件处，单击该元器件，即可进行元器件移动，移动到所需位置后单击鼠标左键放置元器件。

（3）设置移动元器件时同时拖动连线。对于已连接好印制导线的元器件，希望移动元器件时，印制导线也跟着一起移动，则在进行移动前，必须进行拖动连线的参数设置，设置方法如下所述。

执行菜单“Tools”→“Preferences”，屏幕弹出图 4-26 所示的“优先设定”对话框，选择“Options”选项卡，在“Component Drag”区的“Mode”下拉列表框中，选中“Connected Tracks”设定拖动连线。

此时执行菜单“Edit”→“Move”→“Drag”，可以实现元器件和连线的同步拖动。

（4）在 PCB 中快速定位元器件。在 PCB 比较大时，查找元器件比较困难，可以采用“Jump”命令进行元器件跳转。

执行菜单“Edit”→“Jump”→“Component”，屏幕弹出一个对话框，在对话框中填入要查找的元器件标号，单击“OK”按钮，光标跳转到指定元器件上。

2. 旋转元器件

用鼠标单击选中元器件，按住鼠标左键不放，按下键盘上的〈X〉键进行水平翻转；按〈Y〉键进行垂直翻转；按〈Space〉键进行指定角度旋转，旋转的角度可以通过执行菜单“Tools”→“Preferences”进行设置，在“Options”选项卡“Other”区中“Rotation Step”栏中设置旋转角度，系统默认为 90°。

3．将元器件移动到栅格上

元器件布局调整完毕，由于栅格设置的问题，可能出现元器件的焊盘不在栅格上，这样不利于线路连接。一般布局完毕，执行菜单“Tools”→“Interactive Placement”→“Move To Grid”将元器件移动到栅格上。图 4-39 所示为布局调整后的印制电路板图。

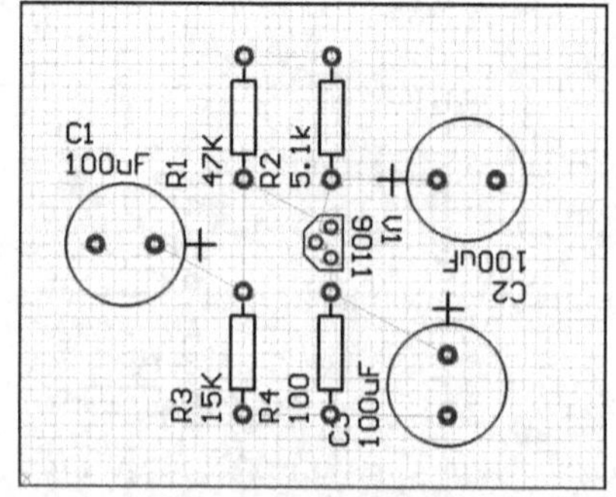

图 4-39　元器件布局图

4．修改元器件焊盘编号及设置焊盘网络

本例中，晶体管的管型为 EBC，而原理图设计中，系统库中的元器件 NPN 的引脚为 1B、2C、3E，而对应 TO-92A 的封装中焊盘顺序为 321，即 ECB，如图 4-40 所示。由于封装的焊盘顺序与元器件的实物不符，需对焊盘编号及对应的网络进行修改。

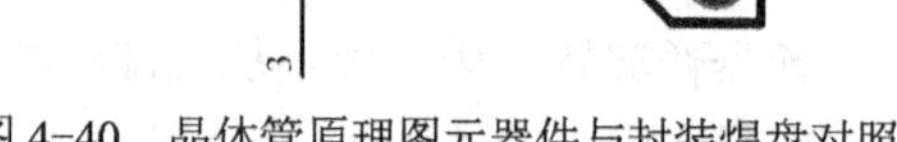

图 4-40　晶体管原理图元器件与封装焊盘对照

双击晶体管 V1 的焊盘 1，屏幕弹出“焊盘属性”对话框，如图 4-41 所示，在“Designator”（焊盘编号）栏中将“1”改为“2”，即将封装中的焊盘编号 1 修改为编号 2。

焊盘编号修改完毕，还必须修改其连接的网络，鼠标单击图 4-41 中的“Advanced”选项卡，屏幕弹出图 4-42 所示的“焊盘高级设置”对话框，本例中 V1 的 1 脚连接的网络为“NetR3_2”，2 脚连接的网络为“NetV1_2”，单击“Net”（网络）栏后的▾，在下拉列表中选中“NetV1_2”将其网络设置为“NetV1_2”。

采用同样的方法，将原焊盘 2 改为焊盘 1，网络改为“NetR3_2”。

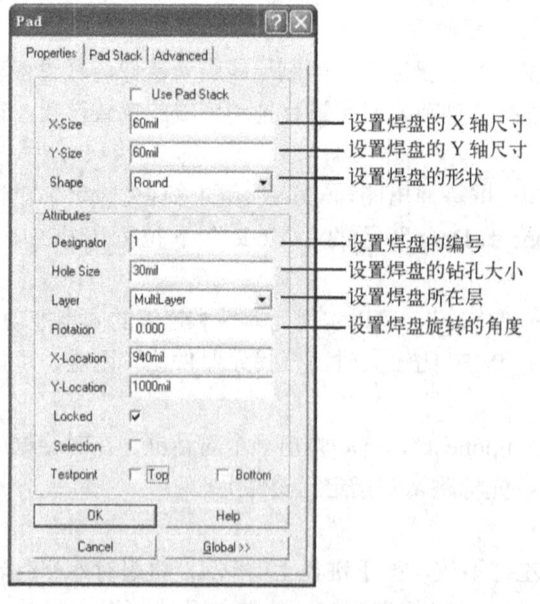

图 4-41　“焊盘属性设置”对话框

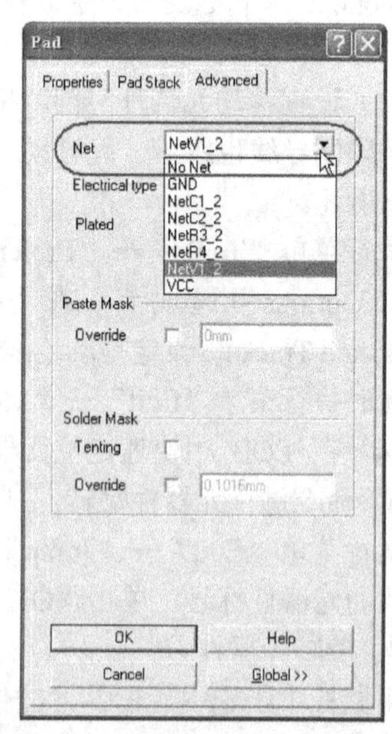

图 4-42　“焊盘高级设置”对话框

5. 调整元器件标注文字

在图 4-39 中，元器件布局调整后，元器件标注的位置过于杂乱，尽管并不影响电路的正确性，但电路的可读性差，在电路装配或维修时不易识别，所以布局结束还必须对元器件标注进行调整。

元器件标注的调整采用移动和旋转的方式进行，与元器件的操作相似。

元器件标注文字一般要求排列整齐，文字方向一致，不能将元器件的标注文字放在元器件的框内，否则焊接元器件后它们将被元器件体覆盖，这样在调试、维修时无法准确查找元器件。元器件的标注文字也不允许压在焊盘或过孔上。调整标注后的电路布局图如图 4-43 所示，从图中可以看出元器件标注信息排列整齐，显示完整。

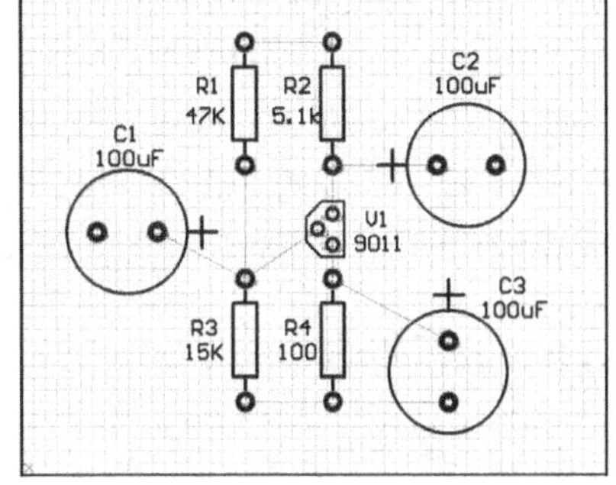

图 4-43　调整后的 PCB 布局图

经验之谈

在电路比较复杂时，一般将元器件的标称值隐藏，便于布局操作。隐藏全部元器件标称值的方法为：双击某个元器件的标称值，屏幕弹出“Comment”对话框，选中“Hide”复选框，单击“Global>>”按钮，单击“OK”按钮，屏幕弹出“Confirm”对话框，单击“YES”按钮确认全部隐藏。

若要修改标号或标称值的尺寸，可以双击该文字，在弹出的对话框中减小“Height”（高）和“Width”（宽）的值即可。

4.3.8　3D 预览

Protel 99 SE 提供有 3D 预览功能，可以在计算机上直接预览电路板的效果，根据预览的情况重新调整元器件布局。

执行菜单“View”→“Board in 3D”，或单击按钮，对电路板进行 3D 预览，系统自动产生 3D 预览文件，如图 4-44 所示。

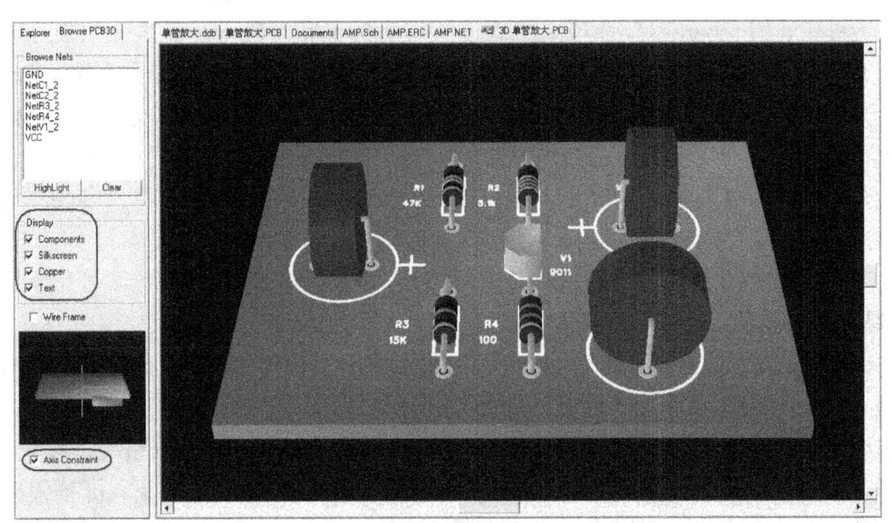

图 4-44　3D 预览

在图 4-44 左边的设计管理器中的“Display”区中用于设置 3D 显示的内容，选中“Components”显示元器件，选中“Silkscreen”显示丝网层，选中“Copper”显示敷铜层，选中“Text”显示标注文字。

“Display”区下方的视图小窗口用于控制 3D 图形的旋转方向，拖动其中的坐标轴可以任意旋转 PCB 的 3D 视图。一般在旋转 3D 视图前选中“Axis Constraint”（轴约束）复选框，让其按轴约束的方式进行旋转。

选中“Wire Frame”复选框将显示草图。

4.3.9 放置焊盘

1. 放置焊盘

焊盘有通孔式的，也有仅放置在某一层面上的贴片式（主要用于表面封装元器件），外形有圆形（Round）、正方形（Rectangle）和正八边形（Octagonal）等，如图 4-45 所示。

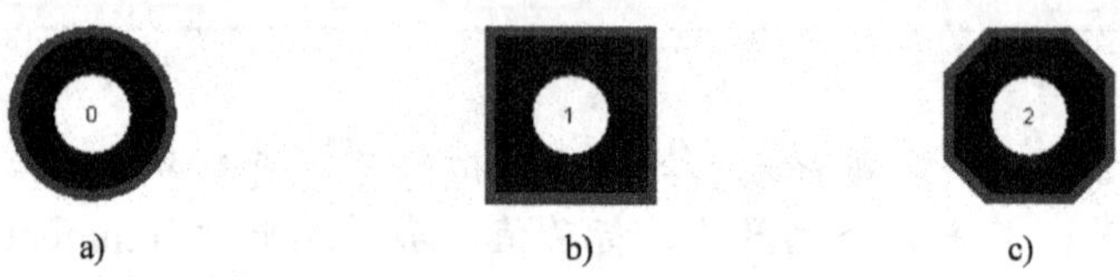

a)　　b)　　c)

图 4-45　焊盘的 3 种基本形状

a) 圆形　b) 正方形　c) 正八边形

执行菜单“Place”→“Pad”或单击放置工具栏上按钮，进入放置焊盘状态，移动光标到合适位置后，单击鼠标左键，放下一个焊盘，此时仍处于放置状态，可继续放置焊盘，单击鼠标右键，退出放置状态。

2. 焊盘属性设置

在焊盘处于悬浮状态时，按〈Tab〉键，调出“焊盘属性设置”对话框，如图 4-41 所示。

对于已经放置好的焊盘，双击焊盘也可以调出“属性”对话框。

该对话框中，“Properties”选项卡主要设置焊盘的形状（Shape）、大小（Size）、所在层（Layer）、编号（Designator）、孔径（Hole Size）等，一般自由焊盘的编号设置为 0。

焊盘所在层（Layer）系统默认为“Multi Layer”（多层），即通孔式焊盘，在双面以上的板中放置焊盘后顶层和底层都存在该焊盘。

若要设置焊盘为表面封装的焊盘，则将其“Hole Size”设置为 0，将“Layer”设置为所需的工作层，如顶层，选择 Top Layer；底层，选择 Bottom Layer。

用鼠标单击选中的焊盘，用鼠标左键点住控点，可以移动焊盘。

3. 焊盘网络设置

“Advanced”选项卡主要设置焊盘所在的网络、焊盘的电气类型及焊盘的钻孔壁是否要镀铜。

在交互式布线中，必须对独立的焊盘进行网络设置，这样便于完成布线。设置网络的方法为：在图 4-41 所示的“焊盘属性”对话框中选中“Advanced”选项卡，屏幕弹出图 4-42 所示对话框，在“Net”下拉列表框中选定所需的网络。

本例中，必须在输入端、输出端、电源端及接地端添加焊盘，并根据原理图设置好对应的网络，以便与外部连接。

图 4-46 所示为设置网络后的独立焊盘示意图。

经验之谈

在实际设计中，有时需要将焊盘设置为椭圆形，可双击该焊盘，在弹出的对话框中，将其“X-Size”和“Y-Size”设置为不同值即可。

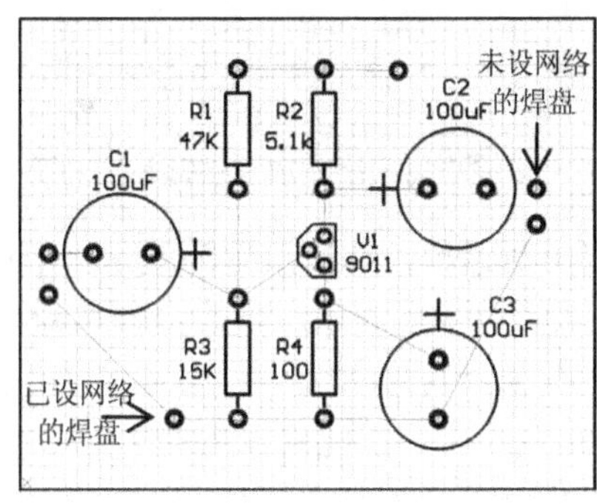

图 4-46 设置独立焊盘网络的 PCB 布局

4.3.10 放置过孔

过孔也称为金属化孔，用于连接不同层上的印制导线，过孔有 3 种类型，分别是穿透式（Thru hole）、隐藏式（Buried）和半隐藏式（Blind）。穿透式过孔导通底层和顶层，隐藏式导通相邻内部层，半隐藏式导通表面层与相邻的内部层。

执行菜单“Place”→“Via”或用单击放置工具栏上按钮，进入放置过孔状态，移动光标到合适位置后，单击鼠标左键，放下一个过孔，此时仍处于放置过孔状态，可继续放置过孔。

在放置过孔状态下，按〈Tab〉键，调出“属性”对话框。对话框中包括两个选项卡，其中“Properties”选项卡设置过孔直径、过孔钻孔直径、过孔所导通的层、过孔所在的网络等。

本例中由于是单面板设计，无须使用过孔。

4.3.11 制作螺钉孔等定位孔

在电路板中，经常要用到螺钉孔来固定散热片，或者打定位孔，它们与焊盘或过孔不同，一般不需要有导电部分。在 Protel 99 SE 中，可以利用放置焊盘或过孔的方法来制作螺钉孔，以下以放置焊盘的方法为例介绍螺钉孔的制作过程。

本例中在 PCB 的四角放置 4 个 2.5mm 的螺钉孔，如图 4-47 所示。具体设计步骤如下所述。

（1）执行菜单“Place”→“Pad”，进入放置焊盘状态，按下〈Tab〉键，弹出“焊盘属性”对话框，如图 4-41 所示，选择圆形焊盘（Round），并设置“X-Size”“Y-Size”和“Hole Size”均为 2.5mm，目的是不要表层铜箔。

（2）在“焊盘属性”对话框的“Advanced”选项卡中，取消“Plated”复选框的选取状态，目的是取消孔壁上的铜。

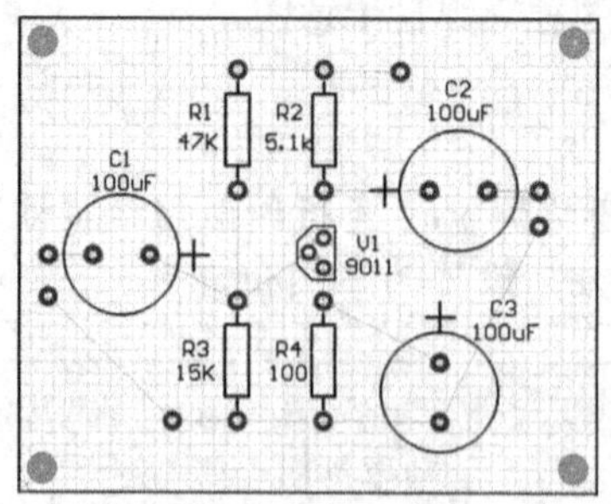

图 4-47　设置焊盘网络和放置螺钉孔的 PCB 布局

（3）单击“OK”按钮，退出对话框，这时放置的就是一个螺钉孔。

螺钉孔也可以通过放置过孔的方法来制作，具体步骤与利用焊盘方法相似，只要在过孔的属性对话框中设置“Diameter”和“Hole Size”栏中直径和孔径为相同值即可。

图 4-47 中除在板的四角放置了 4 个 2.5mm 的螺钉孔外，图中还放置了输入、输出等连接用的焊盘并已设置好焊盘网络。

4.3.12　PCB 布线

1. 选择布线层

本例中采用单面布线，故布线层选择 Bottom Layer。单击工作区下方工作层选项栏上的“Bottom Layer”标签，将当前工作层设置为 Bottom Layer。

2. 为手工布线设置栅格

在进行手工布线时，如果栅格设置不合理，布线可能出现锐角，或者印制导线无法连接到焊盘上，因此必须合理地设置捕获栅格尺寸。

设置捕获栅格尺寸可以在电路工作区中单击鼠标右键，在弹出的菜单中选择“Snap Grid”子菜单，屏幕弹出图 4-48 所示的“栅格设置”对话框，从中选择捕获栅格尺寸，本例中选择 0.500mm。

3. 通过“Place”→“Line”（放置直线）方式布线

在 Protel 99 SE 的 PCB 设计中，有“Place”→“Line”（放置直线）和“Place”→“Interactive Routing”（交互式布线）两种放置印制导线的方式，它们的适用场合和操作方式不同，前者适用于没有网络的信号层布线和非信号层布线，后者适用于带网络的信号层布线。

通过“Place”→“Line”方式放置的导线可以放置在 PCB 的信号层和非信号层上，当放置在信号层上时，就具有电气特性，称为印制导线；当放置在其他层时，代表无电气特性的绘图标志线，在规划印制电路板尺寸时就是采用这种方式放置导线。

执行菜单“Place”→“Line”或单击放置工具栏上按钮，进入放置导线状态，系统默认放置线宽为 10mil 的连线，若在放置连线的初始状态时，单击键盘上的〈Tab〉键，屏幕弹出图 4-49 所示的“线约束”对话框，在其中可以修改线宽和线的所在层。修改线宽后，其后均按此线宽放置导线。

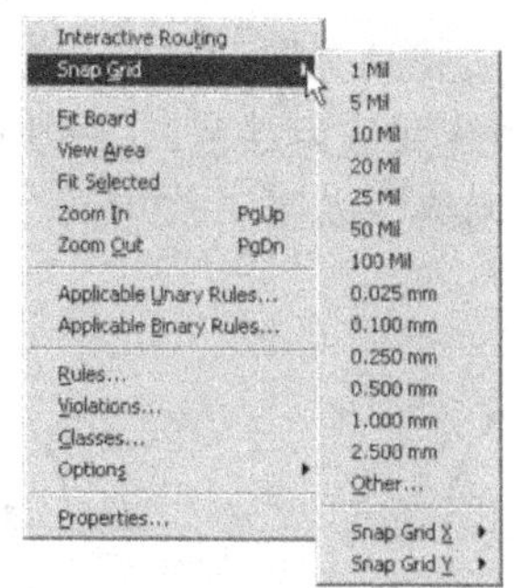

图 4-48　设置捕获栅格尺寸

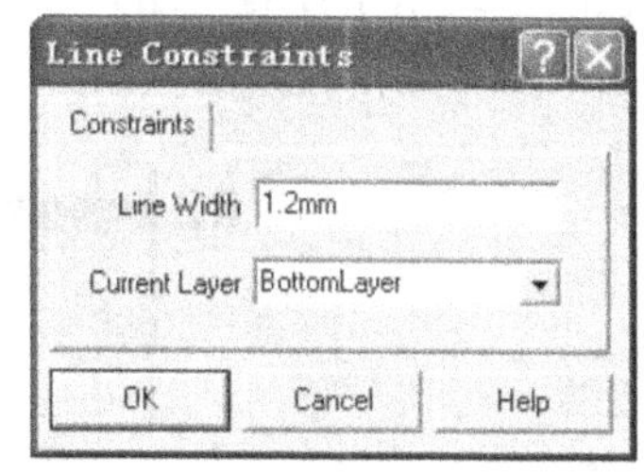

图 4-49　线宽设置

线宽设置完毕，单击鼠标左键定下导线起点，移动光标，拉出一条线，到需要的位置后再次单击鼠标左键，即可定下一条导线，若要结束连线，单击鼠标右键，此时光标上还呈现“十”字形，表示依然处于连线状态，还可以再决定另一个线条的起点，如果不再需要连线，再次单击鼠标右键，结束连线操作，如图 4-50 所示。

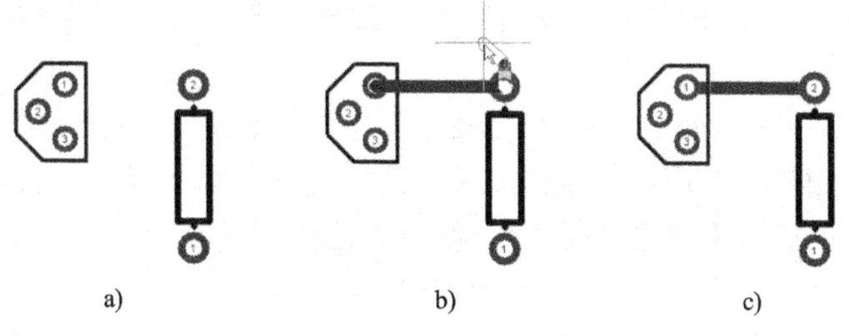

图 4-50　连线示意图

a) 连线前　b) 连线后，光标上继续连着线条　c) 完成连线的线条

在放置导线过程中，同时按下〈Shift〉+〈空格〉键，可以切换印制导线的转折方式，共有 6 种，分别是任意角度、90°、圆弧角、1/4 圆弧、135°和弧线转折，如图 4-51 所示。

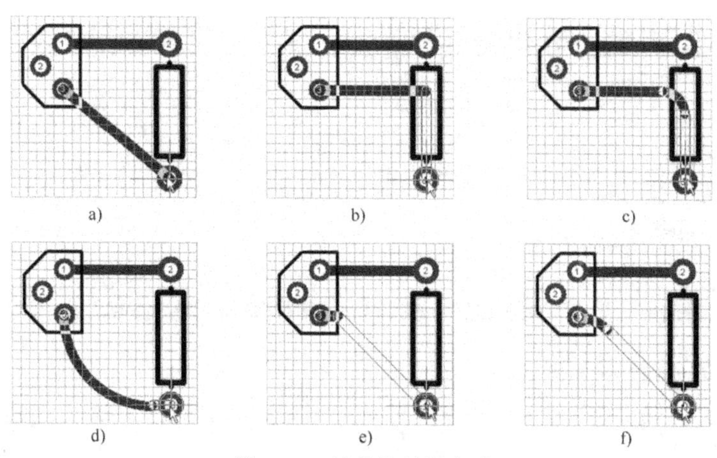

图 4-51　连线的转折方式

a) 任意角度转折　b) 90° 转折　c) 圆弧角转折　d) 1/4 圆弧转折　e) 45° 转折　f) 弧线转折

由于系统默认带有 DRC 检查，对于没有网络的连线将高亮提示错误，故采用“Place”→“Line”放置的连线由于没有网络，会高亮显示（系统默认为绿色）。解决的方法是双击该连线，在弹出的对话框中将该连线的网络设置为当前网络，如图 4-52 所示。

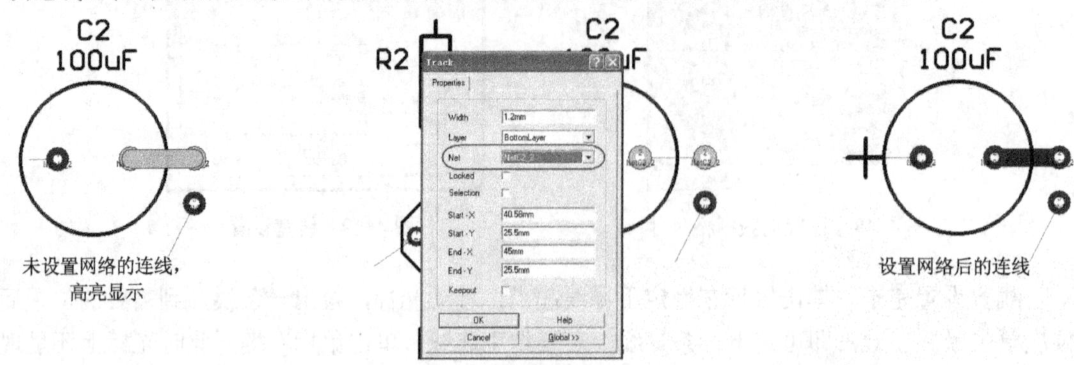

图 4-52　设置连线的网络

本例中采用加载网络的方式调用的元器件封装，焊盘上存在网络，采用“Place”→“Line”方式布线，必须逐条设置连线的网络，操作烦琐，故不采用放置直线的方式进行布线。

4．通过“Place”→“Interactive Routing”（交互式布线）形式布线

交互式布线常用于带有网络飞线的线路中进行连线，执行菜单“Place”→“Interactive Routing”或单击放置工具栏上的按钮，可以进行交互式放置印制导线，该方式下的印制导线只能放置在 PCB 的信号层上，在布线过程中，单击小键盘的〈*〉键可以切换信号层，系统将自动添加过孔，以满足不同层间的布线。采用放置直线的方式虽然也可以切换工作层，但它不会自动添加过孔。

本例中采用交互式布线的方式进行布线，在布线前需设置线宽限制规则。执行菜单“Design”→“Rules”，屏幕弹出“布线规则设置”对话框，如图 4-53 所示，选中“Routing”选项卡，在“Rules Classes”栏下移动滚动条至最下方，选中“Width Constraint”（线宽限制），其下方显示当前的线条宽度。

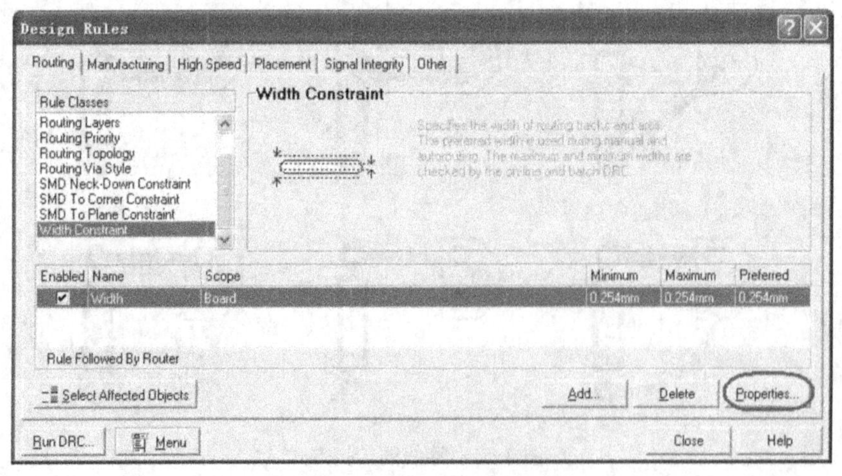

图 4-53　“布线规则设置”对话框

单击图中的“Properties”按钮，屏幕弹出“线条宽度设置”对话框，如图 4-54 所示，可以在其中设置线条的最大、最小和优选的线条宽度。

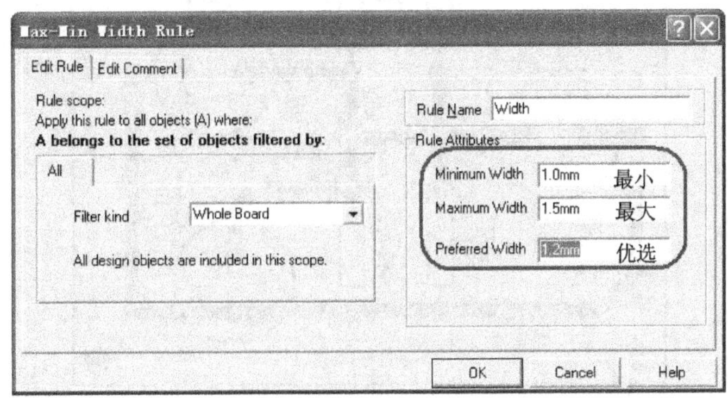

图 4-54 “线宽度设置”对话框

本例中设置的布线规则为：“Minimum Width”（最小线宽）为 1.0mm，“Maximum Width”（最大线宽）为 1.5mm，“Preferred Width”（优选线宽）为 1.2mm。即交互式布线时采用 1.2mm 的线宽进行布线，布线线宽可以在 1.0mm～1.5mm 之间设置。

在交互式过程中单击键盘上的〈Tab〉键，屏幕弹出“交互式布线设置”对话框，在其中可以改变线宽、线所在层及布线过孔的直径和孔径等，如图 4-55 所示。

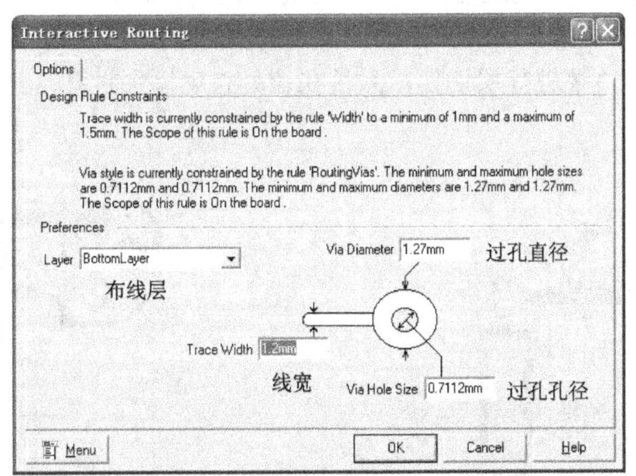

图 4-55 “交互式布线设置”对话框

图中的“Trace Width”（线宽）栏可以设置连线的宽度，但该连线宽度受“Width Constraint”（线宽限制）的限制，设置的线宽必须在该规则的范围之内。

本例设计的是单面板，布线层为 Bottom Layer（底层），交互式布线后的电路如图 4-56 所示，其中印制导线的线宽设置为 1.2mm，图中采用了直角、圆弧角和 45° 角转折方式。

本例主要用于说明布线的操作方法，实际设计时应根据产品的尺寸要求规划 PCB，在空间允许的情况下可以加大焊盘尺寸和线宽，一般要求焊盘尺寸要比线宽大，地线和电源线适当加粗。

图中除晶体管 V1 外的焊盘直径均设置为 2.0mm，采用全局修改方式设置；晶体管 V1 的焊盘采用椭圆焊盘，其“X-Size”为 1.3mm，“Y-Size”为 1.6mm。

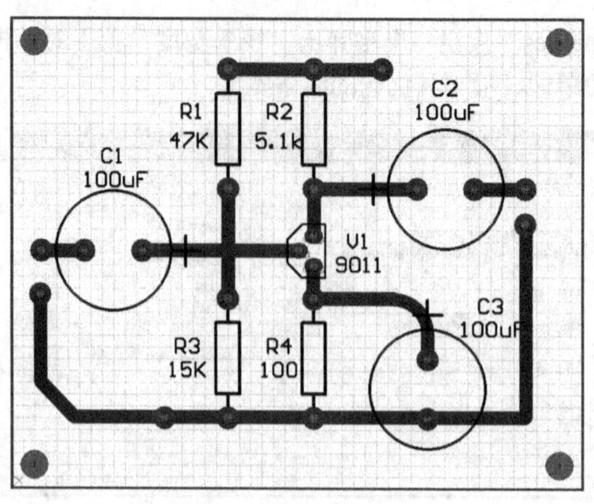

图 4-56　手工布线后的 PCB

在双面以上的板中，在不同板层上的布线应采用垂直布线法，即一层采用水平布线，则相邻的另一层应采用垂直布线。在绘制电路板时，不同层之间铜膜线的连接依靠过孔（金属化孔）实现。

对于双面板或多层板的连线，如果线条在走线时被同一层的另一个线条所阻挡，如图 4-57 所示，在被阻挡前可通过过孔连接，通过其孔壁的金属转到另一层来继续走线。

执行菜单“Place”→“Interactive Routing”，先画图中底层的线，到要转换到顶层的位置，单击小键盘的〈*〉键进行层切换，系统在该处自动添加过孔，继续单击鼠标完成剩余的连线，如图 4-58 所示。

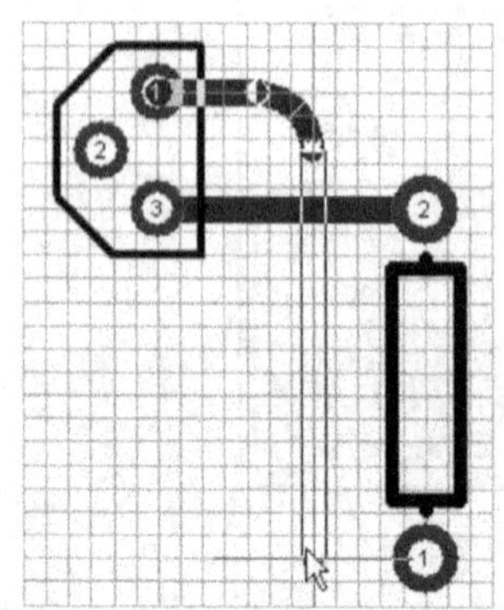
图 4-57　连线被同层线条阻挡

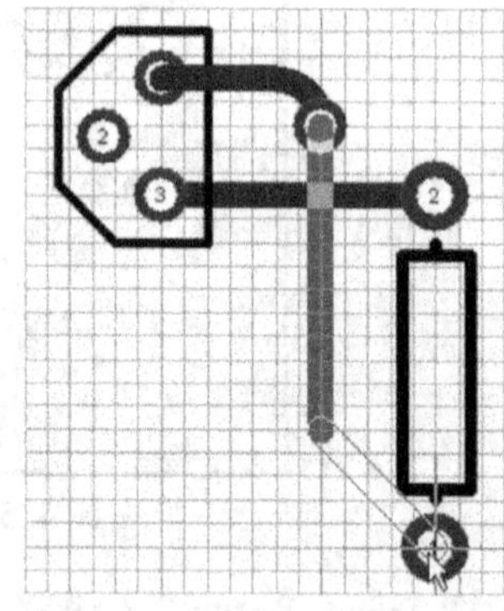
图 4-58　通过过孔在不同层交叉连线

在跨层连线时，也可以采用下列方法进行：决定连线起点后，先放置从起点开始的一部分线条，当想越过同层线条时，单击按钮 ，放置一个过孔，使上、下板层之间通过过孔实现连接，然后将工作层切换到另一层继续绘制余下的连线。

5．编辑印制导线属性

双击 PCB 中的印制导线，屏幕弹出图 4-59 所示的“印制导线属性”对话框，可以修改印制导线的属性。

其中：“Width”设置印制导线的线宽；“Layer”设置印制导线所在层，可在其中进行选择；“Net”用于选择印制导线所属的网络，由于加载了网络，可以在其中选择具体的网络名；“Locked”用于设置铜膜是否锁定。

单击“Global>>”按钮可以进行全局修改。

所有设置修改完毕，单击“OK”按钮结束。

6．放置填充区加宽地线

在印制电路板设计中，为提高系统的抗干扰性，通常需要设置大面积的电源/地线区域，这可以用填充区来实现。填充方式有矩形和多边形两种，它们都可以设置连接到指定的网络上。

填充区可以放置于任何层上，若放置在信号层上，它代表一块铜箔，具有电气特性，经常在地线中使用；若放置在非信号层上，代表不具有电气特性的标志块。

执行菜单“Place”→“Fill”或单击放置工具栏上按钮▨，进入放置矩形填充区状态，移动光标到合适位置后，单击鼠标左键，定下矩形块的起点，移动鼠标拖出一个矩形块，大小合适后，再次单击鼠标左键，放下一个矩形块。将地线改为使用填充区布设的电路如图 4-60 所示。

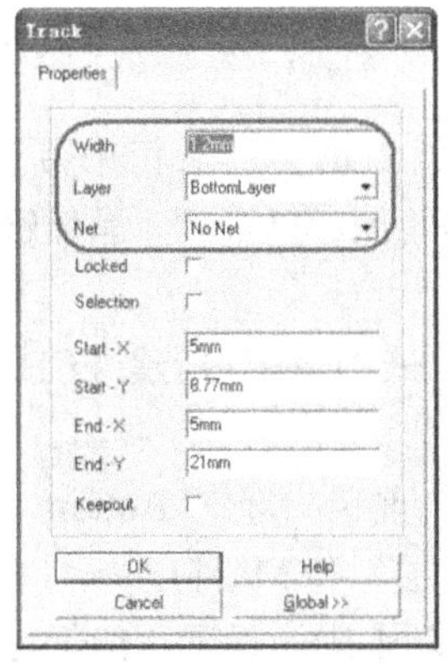

图 4-59 “印制导线属性”对话框

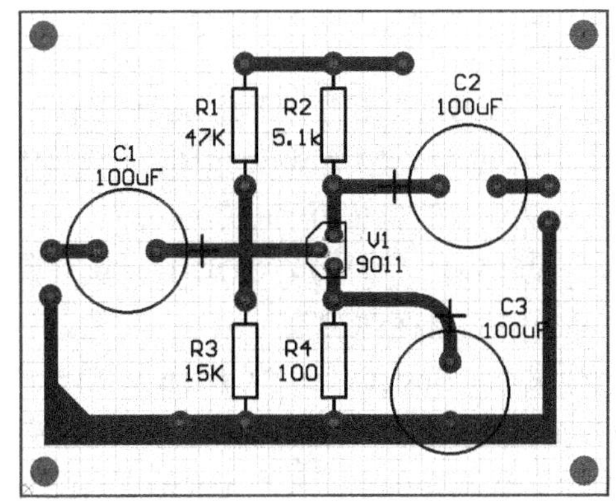

图 4-60 加宽地线后的 PCB

7．删除印制导线

在布线过程中，如果发现某段印制导线放置错误，可以用鼠标单击该印制导线，然后按下键盘上的〈Delete〉键删除印制导线。

如果想连续删除多个对象，可以执行菜单“Edit”→“Delete”，屏幕出现十字光标，将光标移动到要删除的对象上，单击鼠标左键删除当前对象，单击鼠标右键退出删除状态。

至此，单管放大电路 PCB 设计完毕，执行菜单“File”→“Save”保存文件。

4.3.13 采用贴片元器件实现 PCB 小型化

前面的 PCB 设计中采用通孔式元器件，板子尺寸为 50mm×40mm，从图 4-60 所示的设计结果看，元器件之间存在较大的间距，而在实际 PCB 设计中通常为降低成本，元器件的布局一般比较紧凑。

本例中如果要大幅度减小 PCB 的尺寸，可采用贴片元器件来减小元器件的占用空间，具体元器件封装选择：晶体管采用“SOT-23”、电阻采用“0603”、电解电容采用“3216”。

由于选用的是贴片元件，所以工作层设置在顶层（Top Layer），所有的连线均在 Top Layer 连接，连线宽为 0.6mm，标注文字尺寸高为 0.6mm，宽为 0.15mm，布线后的 PCB 如图 4-61 所示，板的尺寸为 16mm×12.5mm。

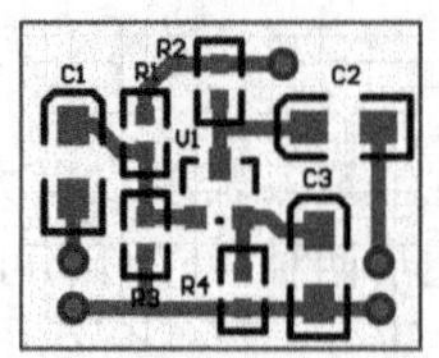

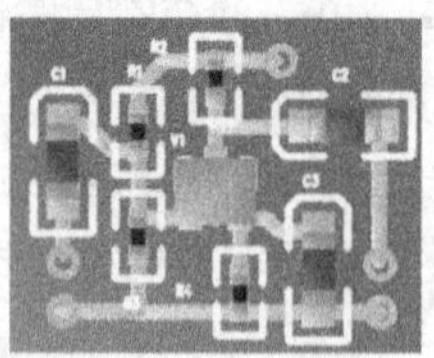

图 4-61　采用贴片元器件设计的单管放大电路 PCB

技能实训 6　单管放大电路 PCB 设计

1．实训目的

（1）掌握 PCB 设计的基本操作。

（2）初步掌握电路板布线的基本方法。

2．实训内容

（1）进入 PCB 99 SE，新建项目文件“单管放大.DDB”，在其中新建原理图“AMP.Sch”，并根据图 4-23 绘制原理图，设置电阻的封装为“AXIAL0.4”，晶体管的封装为“TO-92A”，电解电容的封装为“RB.2/.4”。

（2）打开设计项目“单管放大.DDB”，执行菜单“File”→“New”新建 PCB 文件并将其另存为“单管放大电路.PCB”。

（3）执行菜单“Design”→“Option”，单击“Layers”选项卡，选中 Bottom Layer（底层）、Top Overlay（顶层丝网层）、Keep Out Layer（禁止布线层）和 Multi Layer（多层）。

（4）执行菜单“Design”→“Options”，在“Layers”选项卡中，设置“Visible Grid 1”为 1mm，“Visible Grid 2”为 10mm。选中“Options”选项卡，设置捕获栅格“Snap X”和“Snap Y”为 0.5mm；设置元器件移动栅格“Component X”和“Component Y”为 0.5mm。

（5）执行菜单“Tools”→“Preferences”，单击“Display”选项，选中“Origin Marker”前的复选框，显示坐标原点。执行菜单“Edit”→“Origin”→“Set”，在工作区左下角附近定义相对坐标原点。

（6）将工作层切换到 Keep Out Layer，执行菜单“Place”→“Line”放置连线，参考图 4-29 进行边框绘制，边框的尺寸为 50mm×40mm，边框线的宽度选择为 0.254mm。

（7）设置元器件封装库为 Advpcb.ddb。

（8）在原理图编辑器中执行菜单“Tools”→“ERC”对原理图进行编译检查，在检查无原则错误的情况下执行菜单“Design”→“Create Netlist”生成 Protel 格式的网络表。

（9）在 PCB 编辑器中执行菜单“Design”→“Load Nets”载入网络表，单击“Browse”按钮选择网络表文件（AMP.net）载入网络表。若提示错误，则返回原理图解决错误后重新加载网络表。

（10）参考图 4-39 进行元器件布局。

（11）修改晶体管 V1 的焊盘编号以满足元器件管型要求。双击晶体管 V1 的焊盘 1，在弹出对话框中的“Designator”（焊盘编号）栏中将“1”改为“2”。采用同样的方法，将原焊盘 2 改为焊盘 1。焊盘编号修改后重新加载网络表，系统自动调整网络飞线。

（12）参考图 4-43 进行元器件标注文字调整。

（13）执行菜单“View”→“Board in 3D”，对电路板进行 3D 预览，查看布局情况。

（14）参考图 4-47 放置输入、输出及电源的连接焊盘并设置相应的网络。

（15）参考图 4-47 在 PCB 的四周放置 4 个 2.5mm 的螺钉孔。

（16）执行菜单“Design”→“Rules”，单击“Routing”选项卡，在“Rules Classes”栏下移动滚动条至最下方，选中“Width Constraint”进行线宽限制规则设置，最小线宽为 1.0mm，最大线宽为 1.5mm，优选线宽为 1.2mm。

（17）修改焊盘尺寸。采用全局修改功能将除晶体管 V1 外的焊盘直径均设置为 2.0mm；晶体管 V1 的焊盘采用椭圆焊盘，其“X-Size”为 1.3mm，“Y-Size”为 1.6mm。

（18）执行菜单“Place”→“Interactive Routing”，参考图 4-56 进行交互式布线。

（19）参考图 4-60 设置接地的矩形铜。

（20）保存文件完成设计并退出。

3．思考题

（1）设计单面板时应如何设置板层？

（2）过孔与焊盘有何区别？

（3）采用“Place”→“Interactive Routing”方式进行布线与采用“Place”→“Line”方式进行布线有何区别？如何解决布线中存在的问题？

思考与练习

1．如何进行印制电路板规划？

2．如何使用快捷键切换各工作层？

3．印制电路板的电气边界是在哪一层设置的？有何作用？

4．如何加粗印制电路板的底层上的所有印制导线？

5．根据图 4-23 所示的单管放大电路原理图制作单面 PCB。

6．根据图 2-48 所示的接口电路设计单面 PCB。

7．根据图 4-62 所示电路设计单面印制电路板。

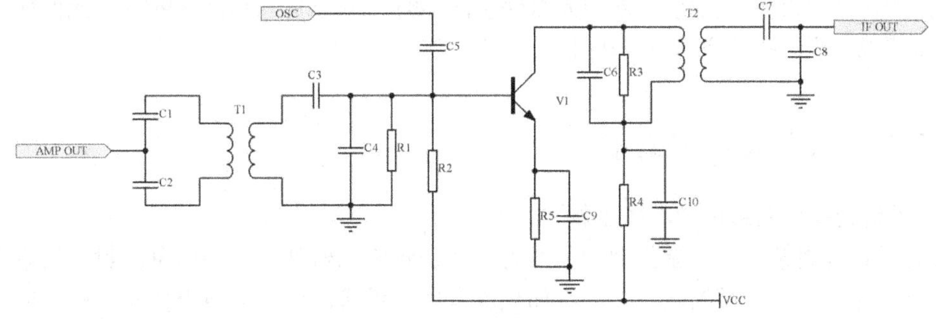

图 4-62　混频电路

项目 5　元器件封装设计

知识与能力目标

1）认识元器件封装。

2）掌握元器件封装设计向导的使用。

3）掌握手工设计元器件封装的方法。

4）学会排除封装设计中的错误。

PCB元器件封装通常习惯称为封装形式（Footprint），简称为封装。PCB封装实际上就是由元器件外观和元器件引脚组成的图形，它们大都由两部分组成：外形轮廓和元器件引脚，仅仅是空间的概念。外形轮廓在PCB上是以丝网的形式体现，元器件引脚在PCB上是以焊盘的形式体现。因此，各引脚的间距就决定了该元器件相应焊盘的间距，这与原理图元器件图形的引脚是不同的。例如：一个1/8W的电阻与一个1W的电阻在原理图中的元器件图形是没有区别的，而其在PCB中元器件却有外形轮廓的大小和焊盘间距的大小之分。

设计印制电路板需要用到元器件的封装，Protel 99 SE 中提供有部分元器件封装库，如表 5-1 所示。

表 5-1　Protel 99 SE 提供的元器件封装库

库文件目录	主 要 封 装
\Librayly\Pcb\Connectors	接插件的 PCB 封装，如并口、串口类接口元器件，各种插头元器件
\Librayly\Pcb\Generic Footprints	普通元器件的 PCB 封装，如 CFP、DIP、JEDECA、LCC、DFP、ILEAD、SOCKET 及 PLCC 系列封装；表面贴装电阻、电容封装；整流桥、二极管等常用元器件封装；电阻、电容、二极管等常用元器件封装；变压器元器件的封装；晶体管元器件的封装
\Librayly\Pcb\IPC Footprints	绝大部分的表面贴装的 PCB 封装

随着电子技术的迅速发展，新型元器件层出不穷，不可能由 Protel 99 SE 元器件库全部包容，这就需要用户自己设计元器件封装。

任务 5.1　认识元器件封装

1．设计元器件封装前的准备工作

在开始设计封装之前，首先要做的准备工作是收集元器件的封装信息。封装信息主要来源于元器件生产厂家提供的用户手册，如果没有用户手册，可以上网查找元器件信息，一般通过访问该元器件的厂商或供应商网站可以获得相应信息，也可以通过搜索引擎进行查找。

如果有些元器件找不到相关资料，则只能依靠实际测量，一般要配备游标卡尺，测量时要准确，特别是引脚间距。标准的元器件封装的轮廓设计和引脚焊盘间的位置关系必须严格按照实际的元器件尺寸进行设计，否则在装配电路板时可能因焊盘间距不正确而导致元器件不能安装到电路板上，或者因为外形尺寸不正确，而使元器件之间发生相互干涉。若元器件的外形轮廓画得太大，浪费了 PCB 的空间；若画得太小，元器件则可能无法安装。

相同的元器件封装只代表元器件的外观和焊盘数目是相同的，但并不意味着可以简单互换。如晶体管 2N3904，它有通孔式的，也有贴片式的，元器件引脚排列有 ECB 和 EBC 两种，显然在 PCB 设计时，必须根据使用元器件的管型选择所用的封装类型，如图 5-1 所示。在必要时需编辑对应的焊盘编号，以配合管型，否则会出现引脚错误问题，如图中 TO-92A 的两种通孔式封装。

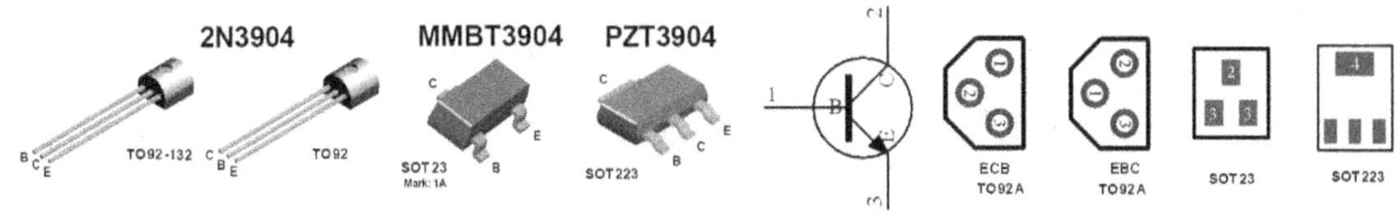

图 5-1　2N3904 的封装使用

一般如果对元器件封装不熟悉，可以先上网查找元器件的封装资料，然后根据实际元器件再确定具体的封装使用。

虽然 Protel 99 SE 中提供了大量的封装，但是封装的选用不能局限于系统提供的库，实际应用时经常根据 PCB 的具体要求自行设计元器件封装。如电阻的封装，库中提供的 AXIAL0.3～AXIAL1.0 都是卧式封装，有些 PCB 中为节省空间，可以采用立式封装，则需自行设计，一般间距为 100mil，可命名为 AXIAL0.1。

2．常用元器件及其封装形式

电子元器件种类繁多，对应的封装形式复杂多样。对于同种元器件可以有多种不同的封装形式，不同的元器件也可以采用相同的封装形式，因此在选用封装时要根据 PCB 的要求和元器件的实际情况进行选择。

（1）固定电阻。固定电阻的封装尺寸主要决定于其额定功率及工作电压等级，这两项指标的数值越大，电阻的体积就越大，电阻常见的封装有通孔式和贴片式两类，如图 5-2 所示。

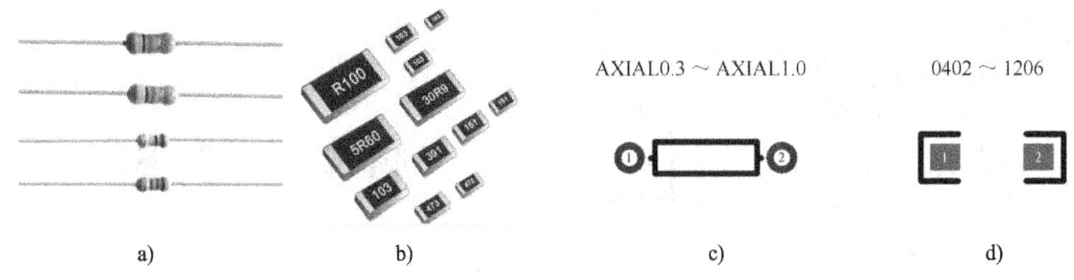

图 5-2　固定电阻元器件的外观与封装

a) 通孔式电阻　b) 贴片电阻　c) 通孔式封装　d) 贴片式封装

通孔式的电阻封装常用 AXIAL0.3～AXIAL1.0，贴片式电阻封装常用 0402～1206。

贴片电阻的封装尺寸通常与功率有关，即 0402 为 1/16W、0603 为 1/10W、0805 为 1/8W、1206 为 1/4W。

（2）二极管。常见的二极管的尺寸大小主要取决于额定电流和额定电压，从微小的贴片式、玻璃封装、塑料封装到大功率的金属封装，尺寸相差很大，如图 5-3 所示。

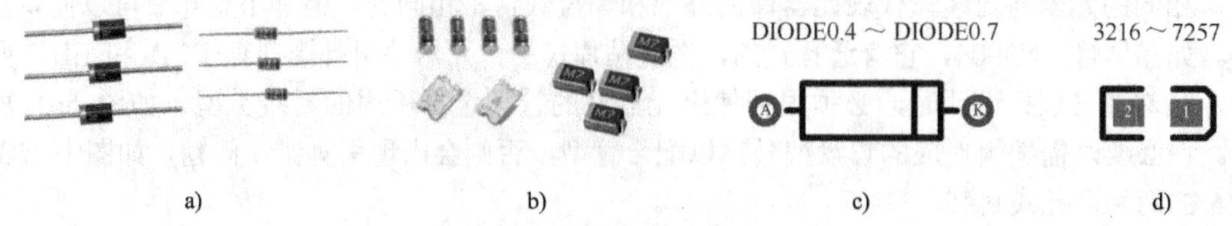

图 5-3　二极管的外观与封装

a) 通孔式二极管　b) 贴片式二极管电阻　c) 通孔式封装　d) 贴片式封装

通孔式的二极管封装常用 DIODE0.4、DIODE0.7，贴片式二极管封装常用 3216～7257。

（3）电容。电容主要参数为容量和耐压，对于同类电容而言，体积随着容量和耐压的增大而增大，常见的外观为圆柱形、扁平形和方形，通常分为无极性电容和有极性电容两种。

电容常用的封装有通孔式和贴片式，其外观如图 5-4 所示。

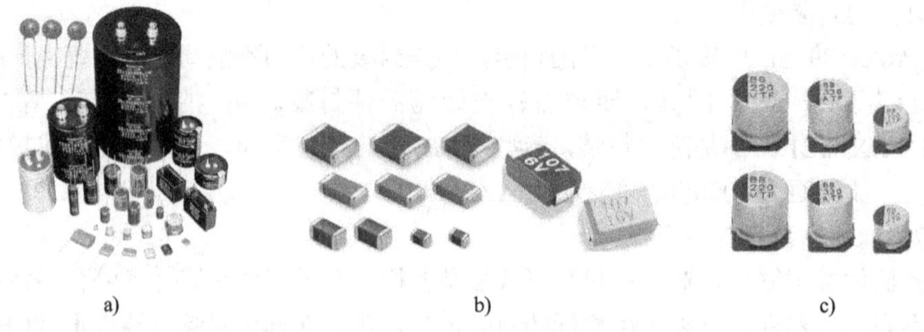

图 5-4　电容的外观

a) 通孔式电容　b) 贴片式钽电容和无极性电容　c) 贴片式电解电容

通孔式的圆柱形极性电容封装常用 RB.2/.4～RB.5/1.0，无极性电容封装常用 RAD0.1～RAD0.4；无极性贴片式电容封装常用 0402～1206，有极性贴片式电容封装常用 3216～7257 等，如图 5-5 所示。

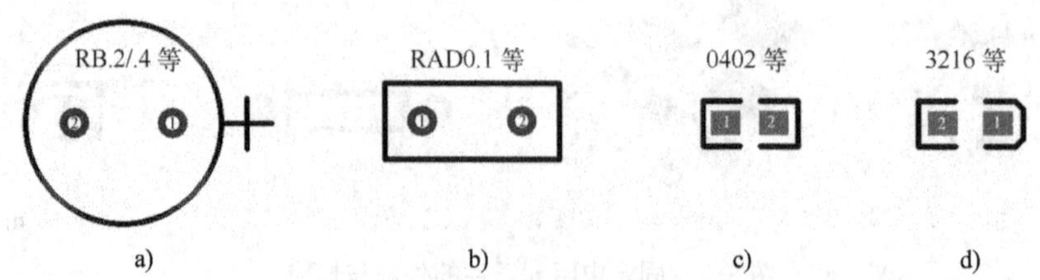

图 5-5　电容常用封装

a) 有极性通孔式　b) 无极性通孔式　c) 无极性贴片式　d) 有极性贴片式

（4）发光二极管与 LED 七段数码管。发光二极管与 LED 数码管主要用于状态显示和数码显示，其封装差别较大，Protel 99 SE 中未提供它们的封装，需要自行设计，常见外观如图 5-6 所示。

图 5-6　发光二极管和 LED 数码管的外观

a) 通孔式发光二极管　b) 贴片式发光二极管　c) LED 数码

发光二极管、贴片式发光二极管及数码管的常用封装如图 5-7 所示。

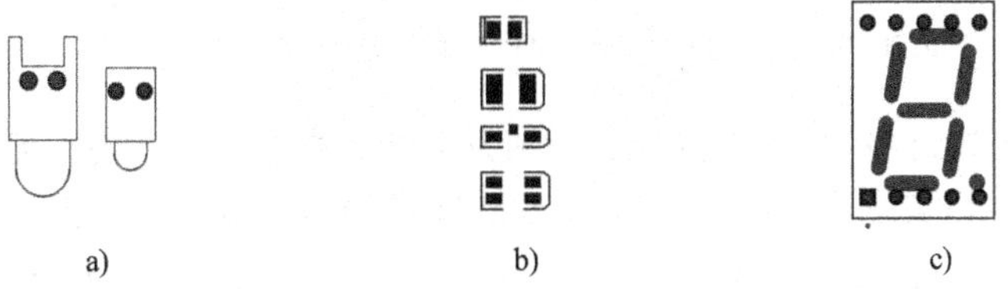

图 5-7　发光二极管和 LED 数码管的常用封装

a) 通孔式发光二极管　b) 贴片式发光二极管　c) LED 数码

（5）晶体管/场效应晶体管/三端稳压块。晶体管/场效应晶体管/三端稳压块同属于三引脚晶体管，外形尺寸与元器件的额定功率、耐压等级及工作电流有关，常用的封装有通孔式和贴片式，常见外观如图 5-8 所示。

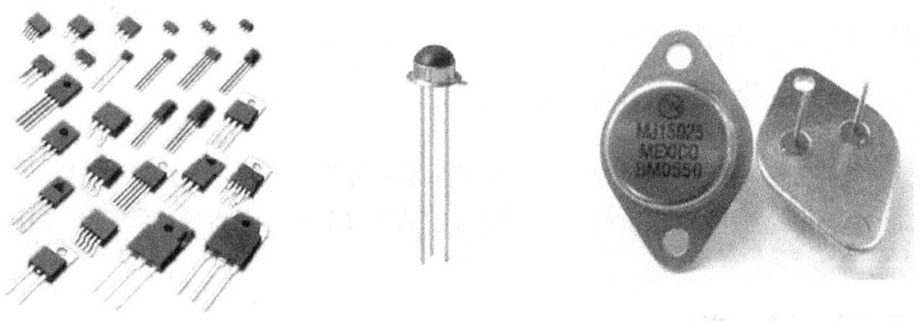

图 5-8　晶体管/场效应晶体管/三端稳压块的外观

通孔式的晶体管封装主要看它的外形和功率，大功率的晶体管常用 TO-3；中功率的晶体管，扁平带散热片的用 TO-220、TO-126，金属壳的用 TO-66；小功率的晶体管用 TO-92A、TO-92B、TO-5、TO-18、TO-39、TO-46、TO-52 等。

贴片式晶体管封装在 Discrete IPC.ddb 元器件库中，常用的有 SOT23、SOT89、SOT143、SOT223、TO-252 等。

晶体管常用封装如图 5-9 所示。

（6）集成电路。集成电路是线路设计中常用的一类元器件，品种丰富、封装形式也多种多样。在 Protel 99 SE 的集成库中包含了大部分集成电路的封装，以下介绍几种常用的封装。

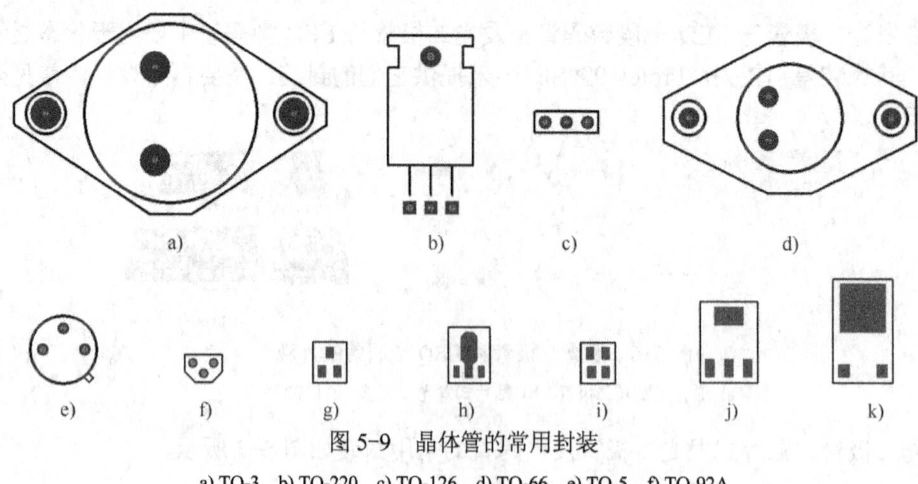

图 5-9　晶体管的常用封装

a) TO-3　b) TO-220　c) TO-126　d) TO-66　e) TO-5　f) TO-92A

g) SOT23　h) SOT89　i) SOT143　j) SOT223　k) TO-252

① DIP（双列直插式封装）。DIP 封装的引脚从封装两侧引出，贯穿 PCB，在底层进行焊接，封装材料有塑料和陶瓷两种。一般引脚中心间距为 100mils，封装宽度有 300mils、400mils 和 600mils 3 种，引脚数为 4～64，封装名一般为 DIP*，其中*代表引脚数。制作时应注意引脚数、同一列引脚的间距及两排引脚间的间距等，图 5-10 所示为 DIP 元器件外观和封装图。

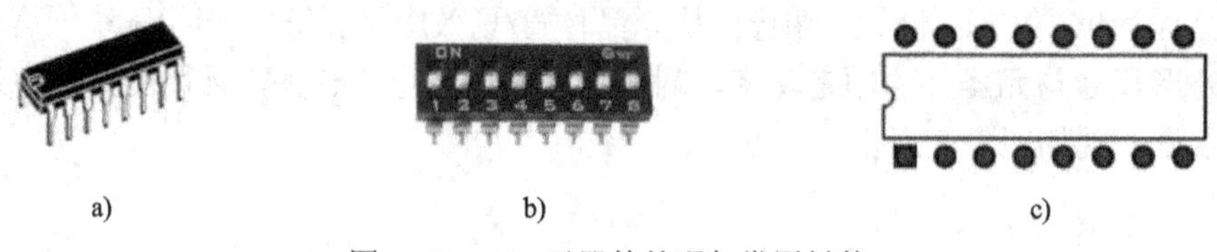

图 5-10　DIP 元器件外观与常用封装

a) DIP 元器件　b) DIP 开关　c) DIP 封装

② SIP（单列直插式封装）。SIP 封装的引脚从封装的一侧引出，排列成一条直线，一般引脚中心间距 100mils，引脚数 2～23，封装名一般为 SIP*，图 5-11 所示为 SIP 元器件外观和封装图。

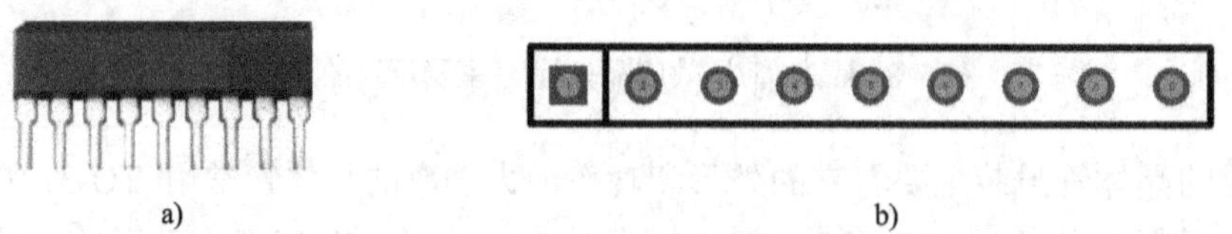

图 5-11　SIP 元器件外观与常用封装

a) SIP 元器件　b) SIP 封装

③ SOP（双列小贴片封装，也称为 SOIC）。SOP 是一种贴片的双列封装形式，引脚从封装的两侧引出，呈 L 字形，封装名一般为 SO-*、SOJ-*、SOL-*，三者之间的区别在两排焊盘之间的间距不同。几乎每一种 DIP 封装的芯片均有对应的 SOP 封装，与 DIP 封装相比，SOP 封装的芯片体积大大减少，图 5-12 所示为 SOP 元器件外观与封装图。

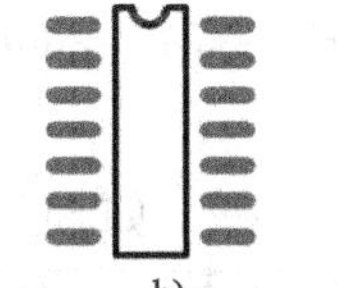
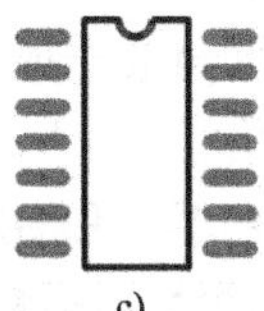
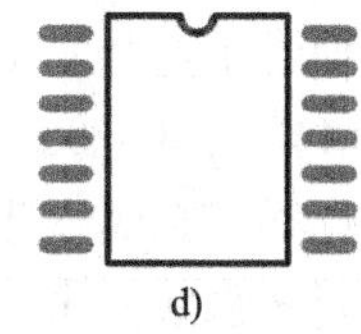

a)　b)　c)　d)

图 5-12　SOP 元器件外观与常用封装

a) SOP 元器件　b) SO-14　c) SOJ-14　d) SOL-14

④ PGA（引脚栅格阵列封装）和 SPGA（错列引脚栅格阵列封装）。PGA 是一种传统的封装形式，其引脚从芯片底部垂直引出，且整齐地分布在芯片四周，早期的 80X86CPU 均是这种封装形式。SPGA 与 PGA 封装相似，区别在于其引脚排列方式为错开排列，利于引脚出线，封装名一般为 PGA*，图 5-13 所示为 PGA 元器件外观及 PGA、SPGA 封装图。

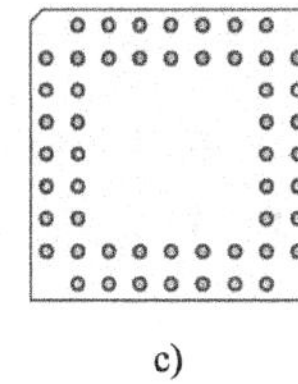
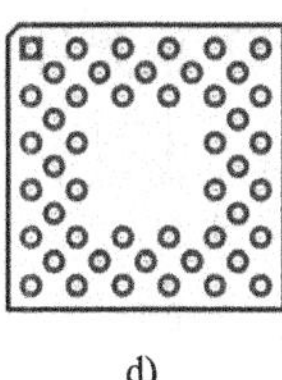

a)　b)　c)　d)

图 5-13　PGA 元器件外观与常用封装

a) PGA 元器件　b) PGA 底座　c) PGA 封装　d) SPGA 封装

⑤ PLCC（无引出脚芯片封装）。PLCC 是一种贴片式封装，这种封装的芯片的引脚在芯片的底部向内弯曲，紧贴于芯片体，从芯片顶部看下去，几乎看不到引脚，如图 5-14 所示，封装名一般为 LCC*。

这种封装方式节省了制板空间，但焊接困难，需要采用回流焊工艺，要使用专用设备。

⑥ QUAD（方形贴片封装）。QUAD 为方形贴片封装，与 LCC 封装类似，但其引脚没有向内弯曲，而是向外伸展，焊接比较方便。封装主要包括 QFP*等，如图 5-15 所示。

a)　b)

图 5-14　PLCC 元器件外观与常用封装

a) PLCC 元器件　b) PLCC 封装

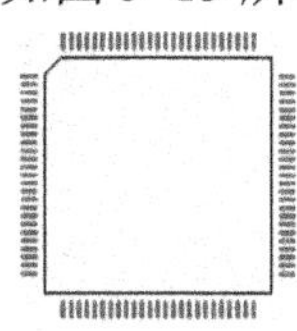

a)　b)

图 5-15　QUAD 元器件外观与常用封装

a) QUAD 元器件　b) QFP 封装

⑦ BGA（球形栅格阵列封装）。BGA 为球形栅格阵列封装，与 PGA 类似，主要区别在于这种封装中的引脚只是一个焊锡球状，焊接时熔化在焊盘上，无须打孔，如图 5-16 所示。同类型封装还有 SBGA，与 BGA 的区别在于其引脚排列方式为错开排列，利于引脚出线。BGA 封装主要包括 BGA*、FBGA*、E-BGA*、S-BGA*及 R-BGA*等。

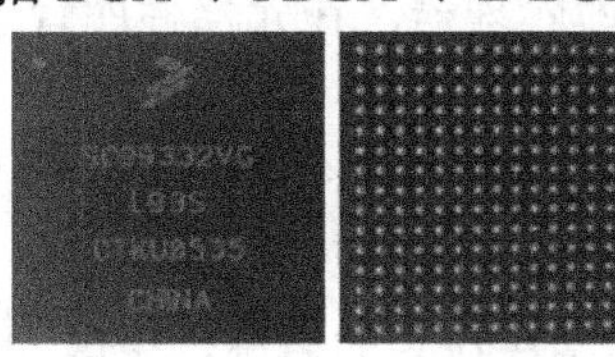
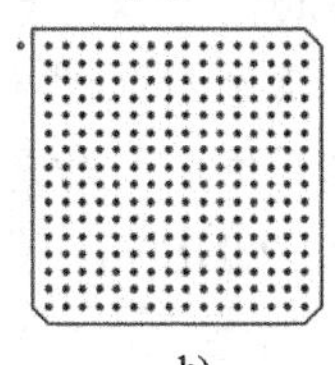

a)　b)

图 5-16　BGA 元器件外观与常用封装

a) BGA 元器件　b) BGA 封装

（7）其他常用封装。整流桥堆封装一般采用 International Rectifiers.ddb 库中的 D 系列，如 D-37、D-44、D-46 等。

单排多针插座封装一般用 SIP 系列和 HDR 系列，如 SIP3、HDR1X3、HDR1X3HA 等。

电位器封装系统提供 VR1～VR5，但通常不适用，一般需要自行设计。

任务 5.2 PCB 元器件封装设计

元器件封装有标准封装和非标准封装之分，标准封装可以采用设计向导进行设计，非标准封装则通过手工测量进行设计。

5.2.1 创建 PCB 元器件库

在 PCB 设计主窗口中，执行菜单“File”→“New”，系统弹出“New Document”对话框，在其中单击 PCB Library Document 图标，进入 PCB 元器件库编辑器，系统自动新建一个 PCB 元器件库“PCBLIB1.LIB”，如图 5-17 所示。

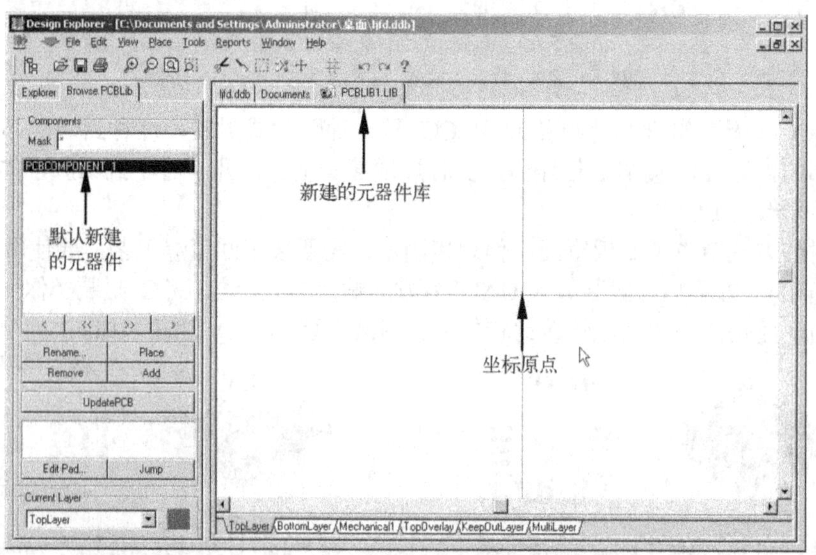

图 5-17 PCB 元器件设计窗口

进入 PCB 元器件库编辑器后，系统自动新建一个元器件库，该元器件库的默认文件名为“PCBLIB1”，库文件名可以在另存文件时进行修改。

PCB 元器件库编辑器中的元器件库管理器与原理图库元器件管理器类似，在设计管理器中选中“Browse PCBLib”可以打开元器件库管理器，在元器件库管理器中可以对元器件进行编辑操作，元器件库管理器如图 5-18 所示。

在图 5-17 的元器件库中，程序已经默认新建了一个名为“PCBCOMPONENT_1”的元器件，选中“PCBCOMPONENT_1”，执行菜单“Tools”→“Rename Component”，屏幕弹出“元器件封装更名”对话框，可以修改元器件封装的名称，更改元器件封装名如图 5-19 所示。

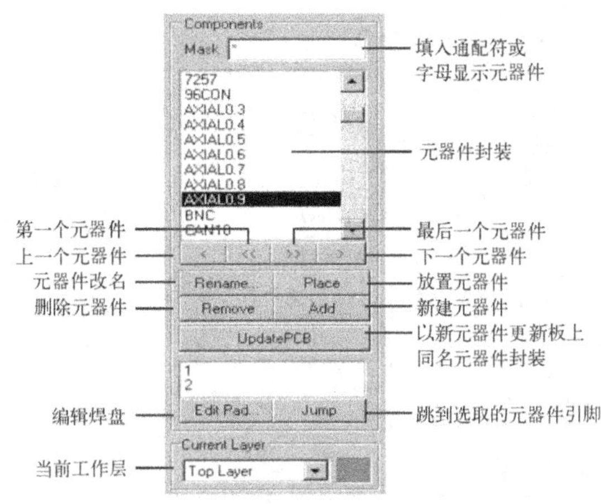

图 5-18　元器件库管理器

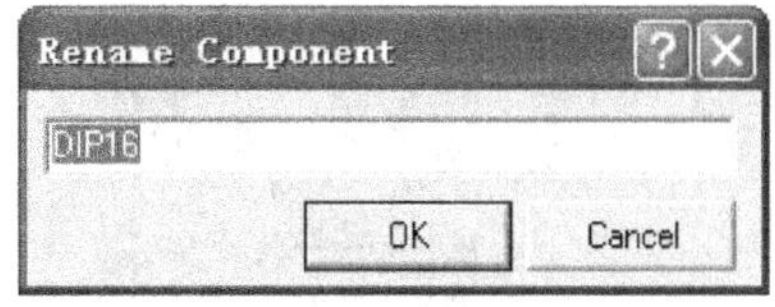

图 5-19　更改元器件封装名

5.2.2　采用封装设计向导设计元器件封装

在元器件封装设计中，外形轮廓一般用绘图工具在顶层丝印层（TopOverlay）绘制，元器件引脚焊盘则与元器件的装配方法有关，对于贴片式元器件（又称为表面贴装元器件），焊盘应在顶层（Top Layer）放置，对于通孔式元器件，焊盘则应在多层（Multi Layer）放置。

Protel 99 SE 中提供了封装设计向导，常见的标准封装都可以通过这个工具来设计。下面以设计集成电路 DM74LS138 的封装为例，介绍封装设计向导的使用方式。

1. 查找 DM74LS138 的封装信息

元器件封装信息可以通过手册查找，也可以通过互联网进行搜索，本例中输入关键词“74LS138 PDF”。搜索到元器件信息后，打开文档从中可以看到该元器件有两种封装，如图 5-20 所示的双列小贴片式（SOP）16 脚和图 5-21 所示的双列直插式（DIP）16 脚。

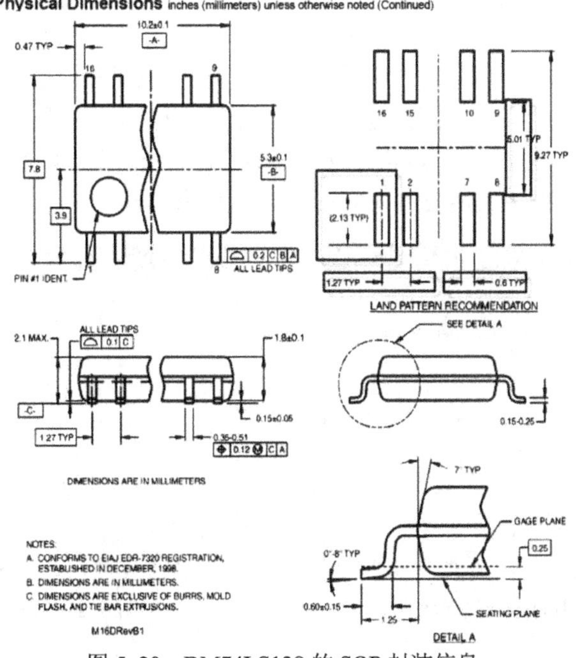

图 5-20　DM74LS138 的 SOP 封装信息

Physical Dimensions inches (millimeters) unless otherwise noted (Continued)

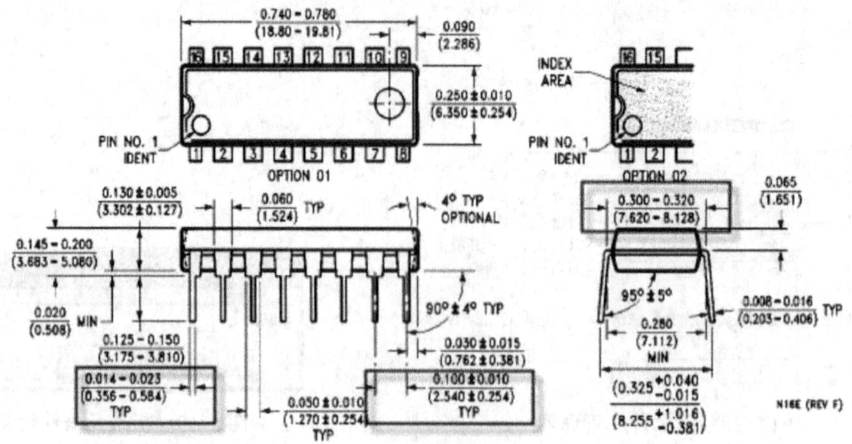

16-Lead Plastic Dual-In-Line Package (PDIP), JEDEC MS-001, 0.300 Wide
Package Number N16E

图 5-21　DM74LS138 的 DIP 封装信息

从图 5-20 中可以看出，双列贴片封装的焊盘形状为矩形，焊盘尺寸为 2.13mm×0.6mm，相邻焊盘间距为 1.27mm，两排焊盘边缘间距为 5.01mm，两排焊盘中心间距为 5.01mm+2.13mm=7.14mm。

从图 5-21 中可以看出，双列直插式封装相邻焊盘间距为 100mils，两排焊盘间距为 300mils，焊盘孔径为 14～23mils，实际设计时可选择孔径 25mils。

2. 使用封装设计向导设计双列小贴片式封装 SOP16

（1）进入 PCB 元器件库编辑器后，执行菜单“Tools”→“New Component”新建元器件，屏幕弹出封装设计向导，如图 5-22 所示，选择“Next”按钮进入设计向导（若单击“Cancel”按钮则进入手工设计状态，并自动生成一个新元器件封装）。

（2）单击“Next”按钮，进入封装设计向导，屏幕弹出图 5-23 所示的对话框，用于设定元器件的基本封装，共有 12 种供选择，包括电阻、电容、二极管、连接器及常用的集成电路封装等，图中选中的为贴片式元器件封装 SOP，对话框下方的“Select a unit”下拉列表框用于设置单位制，本例中采用公制（Metric），单位为 mm。

图 5-22　利用向导创建元器件

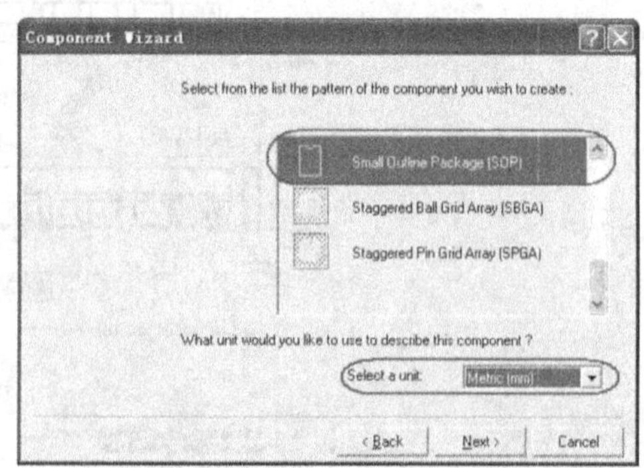

图 5-23　设定元器件基本封装

（3）选中元器件的基本封装后，单击“Next”按钮，屏幕弹出图 5-24 所示的对话框，用于设置焊盘的尺寸，修改焊盘尺寸为 2.13mm×0.6mm。

（4）定义好焊盘的尺寸后，单击“Next”按钮，屏幕弹出图 5-25 所示的对话框，用于设置相邻焊盘的间距和两排焊盘之间的距离，图中分别设置为 1.27mm 和 7.14mm。

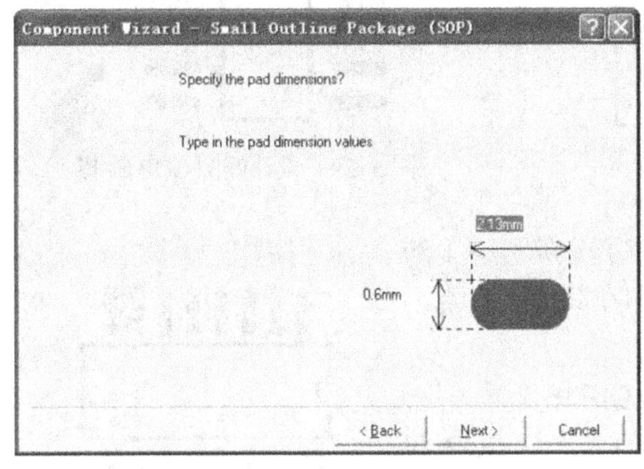

图 5-24　设置焊盘尺寸

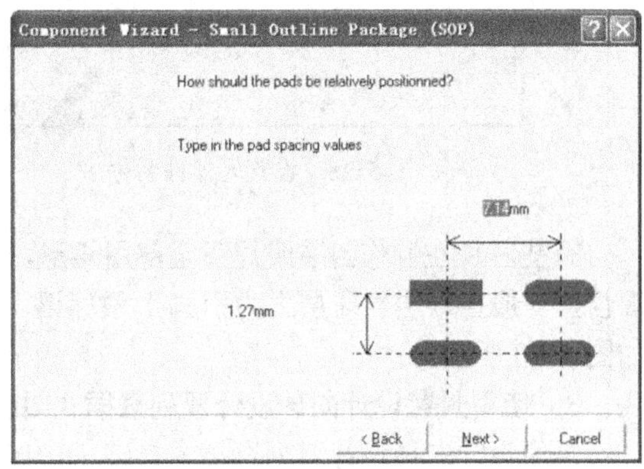

图 5-25　设置焊盘间距

（5）定义好焊盘间距后，单击“Next”按钮，屏幕弹出图 5-26 所示的对话框，用于设置元器件轮廓线的宽度，图中设置为 0.2mm。

（6）定义好轮廓线的宽度后，单击“Next”按钮，屏幕弹出图 5-27 所示的对话框，用于设置元器件的引脚数，图中设置为 16。

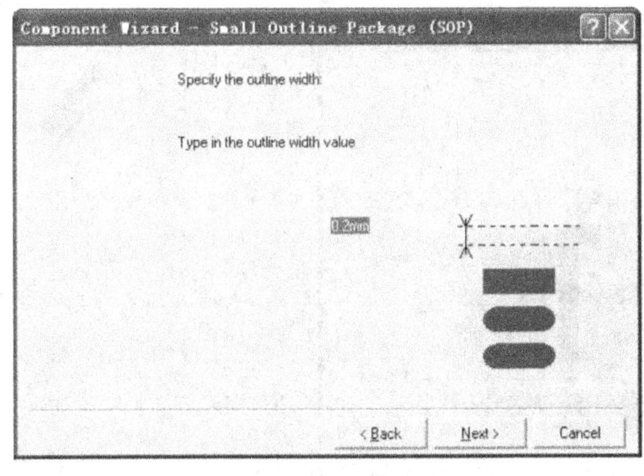

图 5-26　设置边框的线宽

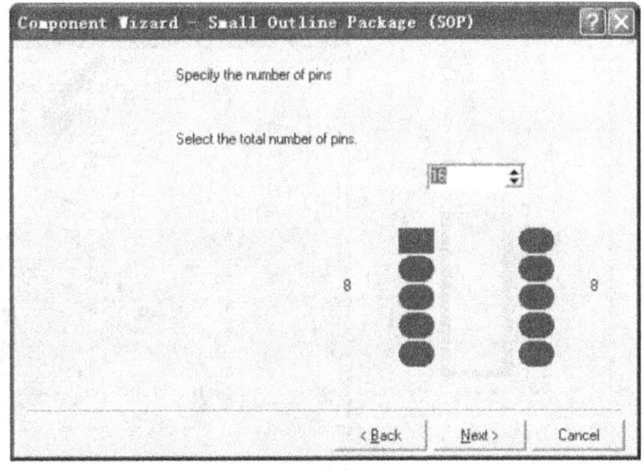

图 5-27　设置元器件的引脚数

（7）定义引脚数后，单击“Next”按钮，屏幕弹出图 5-28 所示的对话框，用于设置元器件封装名，图中设置为“SOP16”。名称设置完毕，单击“Next”按钮，屏幕弹出“设计结束”对话框，单击“Finish”按钮完成元器件封装设计，此时屏幕将显示设计好的元器件封装，如图 5-29 所示。

图 5-29 中的引脚 1 的焊盘为矩形，其他焊盘为圆矩形，便于装配时把握贴装的方向。

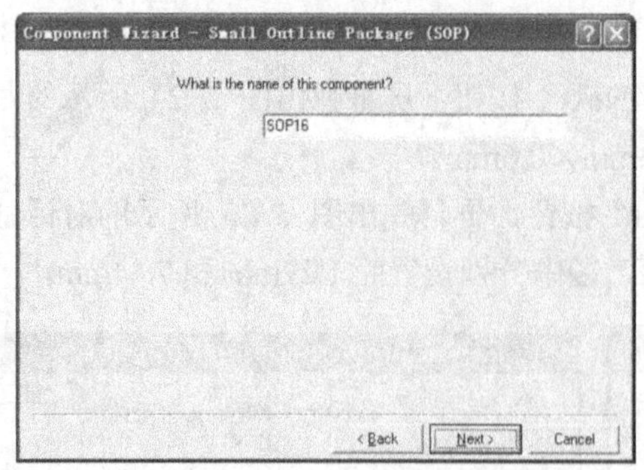

图 5-28　设置元器件名称

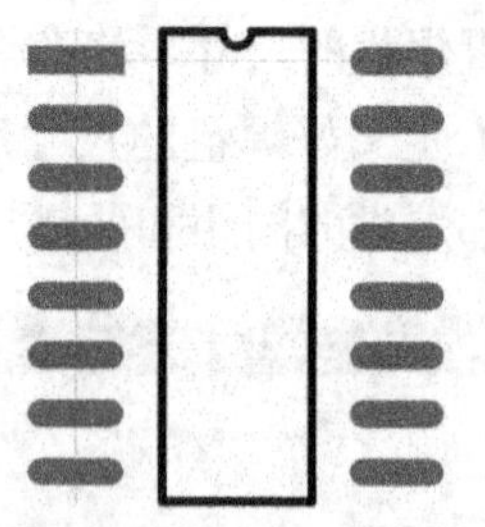

图 5-29　设计好的 SOP 封装

有些芯片在制作封装时焊盘全部用矩形，为了分辨引脚 1 的焊盘，一般在顶层丝印层上为引脚 1 做标记，即在其边上打点，如图 5-30 所示。

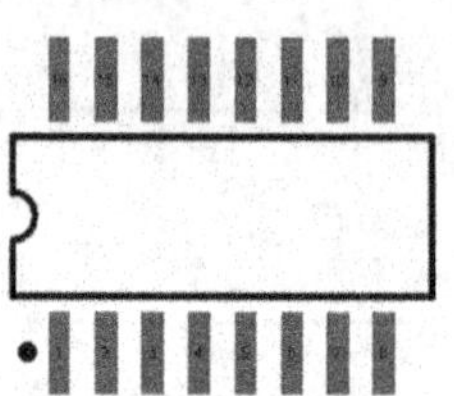

图 5-30　封装 SOP16

3．使用封装设计向导设计双列直插式封装 DIP16

采用设计向导设计双列直插式封装 DIP16 的方法与 SOP 封装基本相似。

（1）进入设计向导后，在图 5-23 所示的封装类型选择中选择"Dual in-Line Package（DIP）"基本封装。在"Select a unit"下拉列表框中设置单位制为 Imperial（英制，单位 mil）。

（2）选中元器件封装类型后，单击"Next"按钮，屏幕弹出图 5-31 所示的对话框，用于设定焊盘的尺寸和孔径，设置焊盘尺寸为 100mil×50mil，孔径为 25mil。

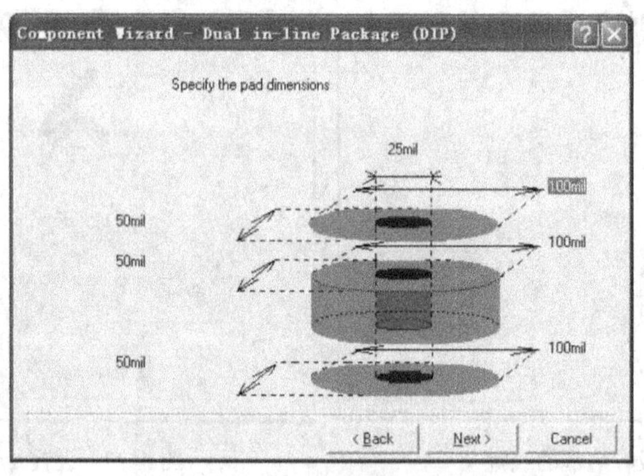

图 5-31　设置焊盘尺寸

（3）定义好焊盘的尺寸后，单击"Next"按钮，屏幕弹出与图 5-25 相似的"焊盘间距设置"对话框，用于设置相邻焊盘的间距和两排焊盘中心之间的距离，分别设置为 100mil 和 300mil；设置完毕单击"Next"按钮，屏幕弹出图 5-26 所示的"轮廓线宽度值设置"对话框，设置轮廓线宽度为 10mil；定义好轮廓线宽度值后，单击"Next"按钮，屏幕弹出图 5-27 所示的"元器件的引脚数设置"对话框，设置引脚数为 16。

（4）定义引脚数后，单击“Next”按钮，屏幕弹出图 5-28 所示的“元器件封装名设置”对话框，设置元器件封装名为 DIP16，名称设置完毕，单击“Next”按钮，屏幕弹出设计结束对话框，单击“Finish”按钮完成设计，屏幕显示刚设计好的元器件封装，如图 5-32 所示。

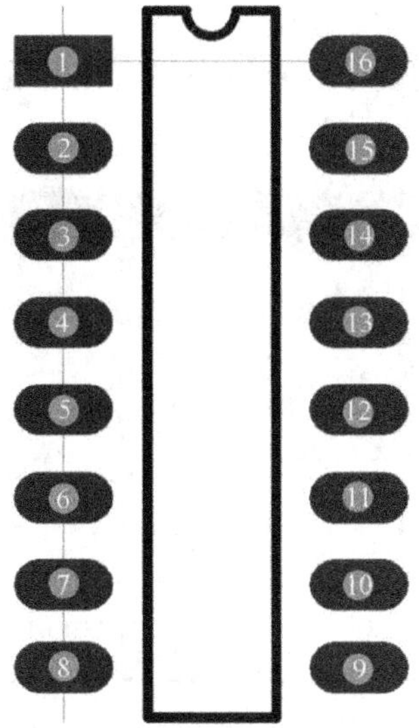

图 5-32　设计好的 DIP 封装

经验之谈

采用设计向导可以快速设计元器件的封装，设计前一般要先了解元器件的外形尺寸，并合理选用基本封装。对于集成块应特别注意元器件的引脚间距和相邻两排引脚的间距，并根据引脚大小设置好焊盘的尺寸及孔径。

5.2.3　采用手工绘制方式设计元器件封装

手工绘制封装方式一般用于不规则的或不通用的元器件封装设计，如果设计的元器件是通用的，符合通用标准，大都通过设计向导快速设计。

手工设计元器件封装，实际就是利用 PCB 元器件库编辑器的放置工具，在工作区按照元器件的实际尺寸放置焊盘、连线等各种图件。下面以立式电阻和行输出变压器为例介绍手工设计元器件封装的具体方法。

1. 立式电阻设计

设计要求：采用通孔式设计，封装名称 AXIAL0.1，焊盘间距 160mil，焊盘形状与尺寸为圆形 60mil，焊盘孔径 30mil，元器件封装设计过程如图 5-33 所示。

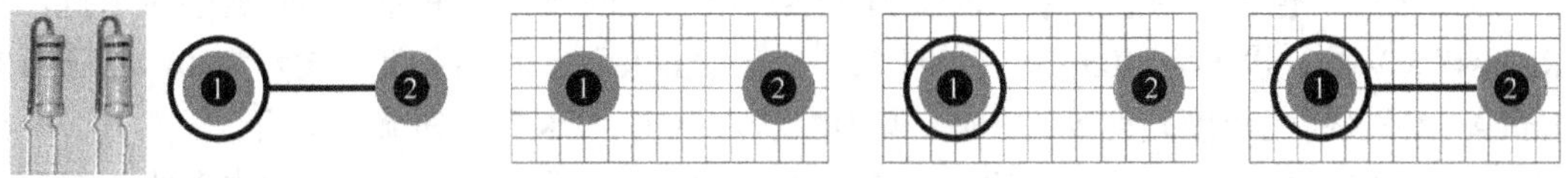

图 5-33　立式电阻设计过程

（1）创建新元器件 AXIAL0.1。在当前元器件库下，执行菜单“Tools”→“New Component”，屏幕弹出图 5-22 所示的元器件设计向导，单击“Cancel”按钮进入手工设计状态，系统自动创建一个名为 PCBCOMPONENT_1 的新元器件。

执行菜单“Tools”→“Rename Component”，进行元器件更名，在弹出的对话框中将元器件名修改为 AXIAL0.1。

（2）设置栅格。执行菜单“Tools”→“Library Options”，屏幕弹出图 5-34 所示的“文档参数”设置对话框。

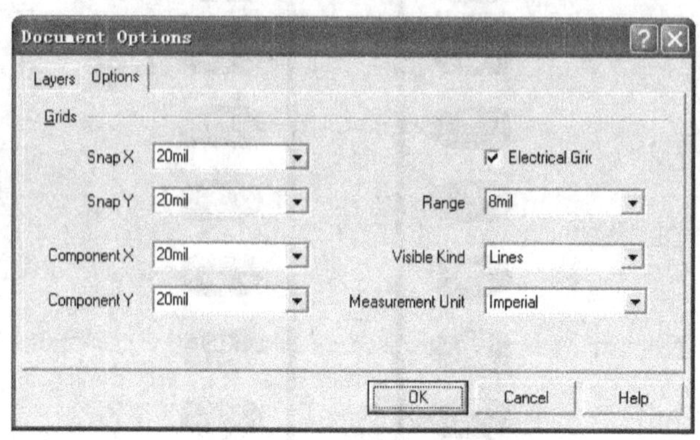

图 5-34 “文档参数”设置对话框

在“Options”选项卡中将“Measurement Unit”（单位制）设置为 Imperial（英制），Snap X 和 Snap Y（捕获栅格）均设置为 10mil；在“Layer”选项卡中将 Visible Grid 1（可视栅格 1）设置为 10mil，Visible Grid 2（可视栅格 2）设置为 20mil。

（3）设置坐标原点标记为显示状态。执行菜单“Tools”→“Preferences”，在弹出的对话框中选择“Display”选项卡，选中“Origin Marker”复选框。

（4）执行菜单“Edit”→“Jump”→“Reference”，将光标跳回坐标原点（0，0）。

（5）放置焊盘。执行菜单“Place”→“Pad”放置焊盘，按下〈Tab〉键，屏幕弹出“焊盘属性”对话框，设置参数如下。

“X-Size”：60mil；“Y-Size”：60mil；“Shape”：Round；“Designator”：1；“Hole Size”：30mil；“Layer”：Multi Layer；其他默认。单击“OK”按钮完成设置，将光标移动到原点，单击鼠标左键，将焊盘 1 放下，同样以 160mil 为间距放置焊盘 2，如图 5-33 所示。

（6）绘制元器件轮廓。将工作层切换到 Top Overlay，执行菜单“Place”→“Arc (Center)”放置中心圆，将光标移到焊盘 1 的中心，单击鼠标左键确定圆心，移动鼠标确认半径 40mil 并单击鼠标确定，再次单击鼠标确定圆的起点，移动鼠标并单击确定圆的终点，完成圆的放置。

放置圆时，也可以随意放置一段圆弧，然后双击该圆弧，屏幕弹出圆弧属性对话框，将“Radius”（半径）设置为 40mil，将圆弧的“Start Angle”（ 起始角度）设置为 0，将圆弧的“End Angle”（终止角度）设置为 360，其他默认，单击“OK”按钮确认即可。

执行菜单“Place”→“Track”，参考图 5-33 所示放置直线，放置后双击直线，在弹出的对话框中将 “Width”（线宽）设置为 10mil，至此元器件轮廓设计完毕。

（7）设置参考点为焊盘 1。封装的参考点即在 PCB 设计中放置元器件时光标停留的位置，执行菜单“Edit”→“Set Reference”→“Pin1”，将元器件参考点设置在焊盘 1。

（8）保存元器件。执行菜单“File”→“Save”保存当前元器件。

2．行输出变压器封装设计

行输出变压器是 CRT 电视中的重要部件，它的外形参数各不相同，元器件封装设计时采用游标卡尺进行测量。

图 5-35 所示为 CRT 黑白小电视中的行输出变压器。该变压器共 10 个引脚，处于同一个圆弧上，圆弧的直径为 24mm，相邻引脚之间的角度为 30° 引脚焊盘直径为 2mm，孔径为 1.2mm，焊盘编号逆时针依次为 1～10，另有固定用焊盘一个，焊盘直径为 2.5mm、孔径为 1.8mm、焊盘编号 0。

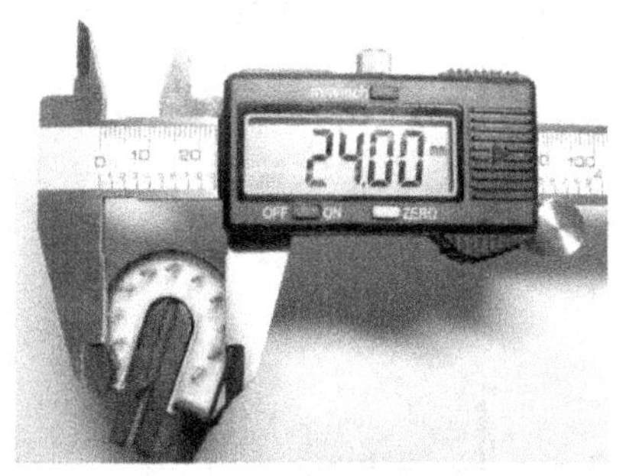

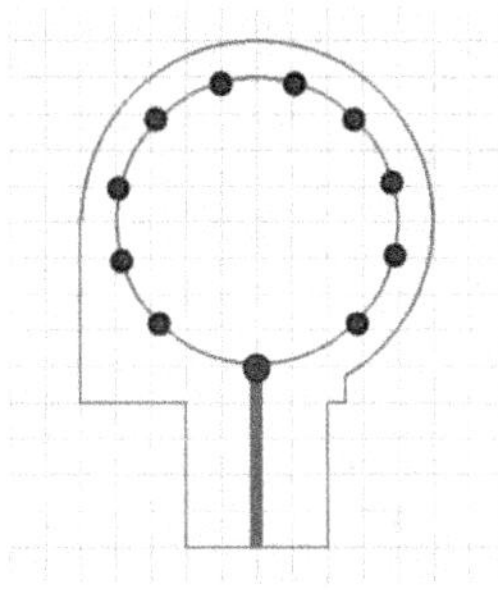
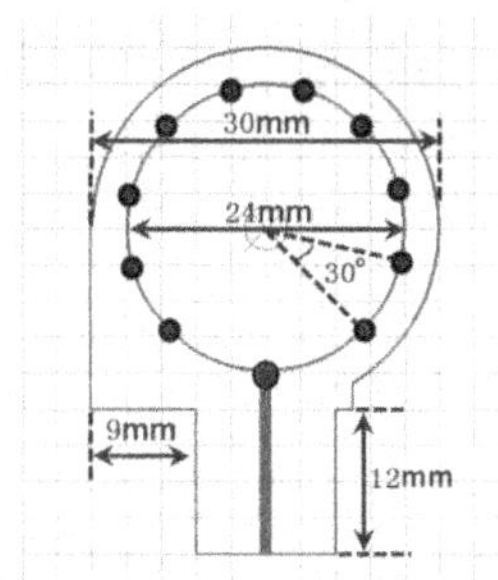

图 5-35　行输出变压器外观与封装尺寸

（1）采用与前面相同的方法创建新元器件 FBT。

（2）执行菜单“Tools”→“Library Options”设置文档参数，将单位设置为 metric（公制），将可视网格的栅格 1 设置为 1mm、栅格 2 设置为 3mm，将捕获栅格的 X、Y 均设置为 0.25mm。

（3）设置坐标原点标记为显示状态。

（4）执行菜单“Edit”→“Jump”→“Reference”，将光标跳回坐标原点（0，0）。

（5）绘制元器件轮廓。

① 绘制焊盘所在的圆。将工作层切换到 Top Overlay，执行菜单“Place”→“Arc（Center）”，将光标移到原点，单击鼠标左键确定圆心，任意一个放置中心圆。用鼠标双击该圆，屏幕弹出“圆弧属性”对话框，将半径“Radius”设置为 12mm，线宽“Width”设置为 0.2mm，其他默认，单击“OK”按钮完成设置。

② 绘制元器件轮廓的圆弧。执行菜单“Place”→“Arc（Center）”，将光标移到原点，单击鼠标左键确定圆心，移动鼠标任意确定圆的大小，单击鼠标左键放置圆，单击鼠标右键退出放置状态。双击该圆弧，屏幕弹出“圆弧属性”对话框，设置半径“Radius”为 15mm，起始角度“Start Angle”为-60，终止角度“End Angle”为 180，如图 5-36 所示，设置完毕，单击“确认”按钮退出，修改后的元器件轮廓如图 5-37 所示。

③ 执行菜单“Place”→“Track”，单击鼠标左键定义直线起点，按下〈Tab〉键，弹出“导线属性”对话框，将线宽设置为 0.2mm，根据图 5-35 所示放置直线，放置后的效果如图 5-38 所示。

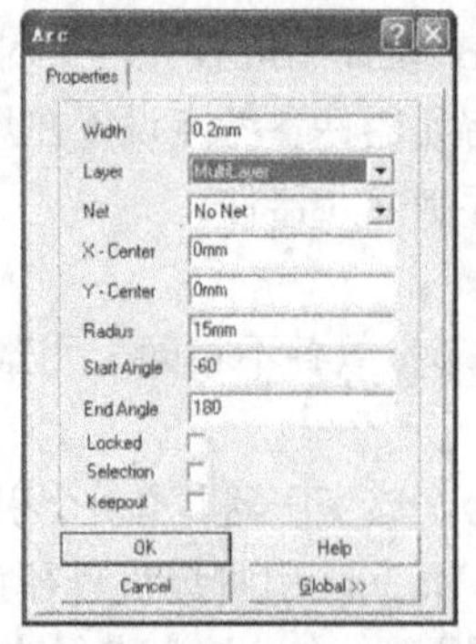

图 5-36　圆弧设置

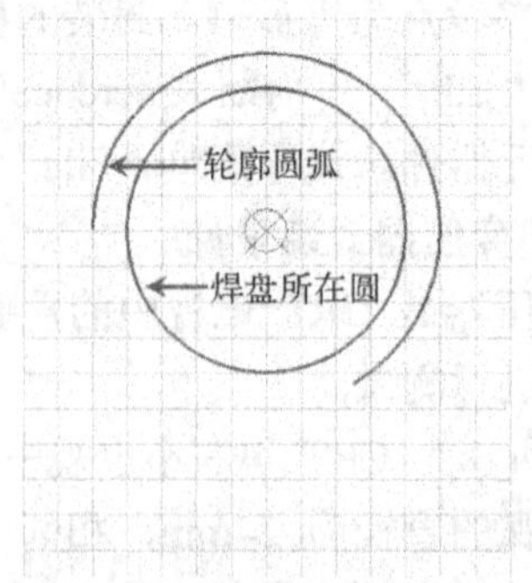

图 5-37　封装 FBT 的轮廓

④ 执行菜单“Place”→“Fill”，根据图 5-35 所示放置填充区，放置后的效果如图 5-38 所示，至此元器件轮廓设计完毕。

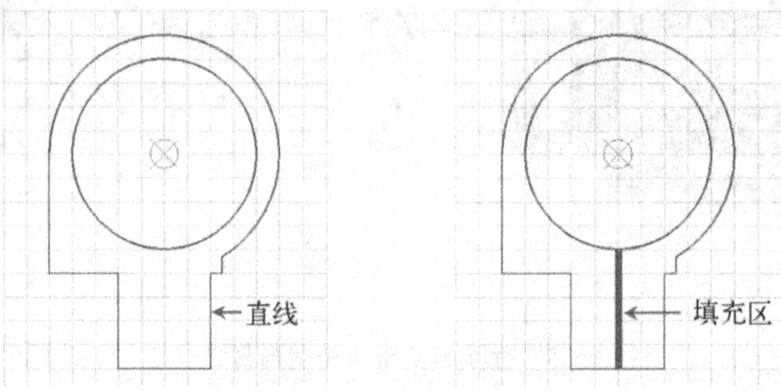

图 5-38　轮廓绘制后的效果

（6）放置焊盘。本例中的焊盘是以 30°为间距进行放置的，可以采用“特殊粘贴”方式一次性完成。焊盘放置的过程图如图 5-39 所示。

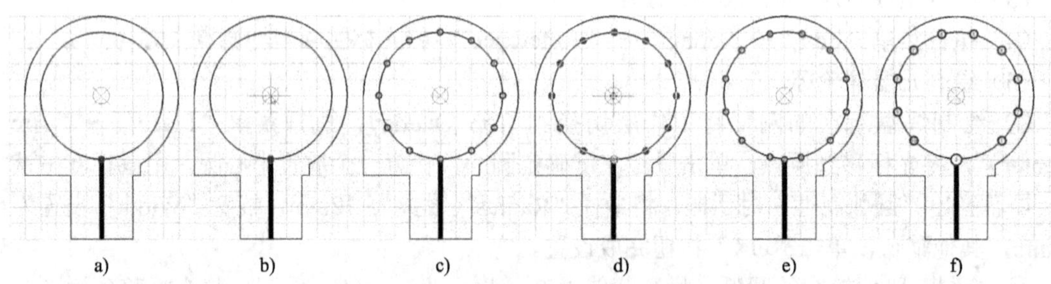

图 5-39　行输出变压器焊盘放置过程图

a) 放置焊盘 0　b) 以原点为参考点选中并剪切焊盘 0　c) 阵列粘贴焊盘　d) 以原点为中心选中所有焊盘　e) 焊盘旋转 15°　f) 删除多余焊盘并编辑焊盘属性

① 如图 5-39a 所示在填充区上放置焊盘 0。

② 用鼠标拉框选中焊盘 0，执行菜单“Edit”→“Cut”，移动光标到图 5-39b 中的原点（即圆心位置）单击鼠标设定剪切的参考点为圆心，并剪切焊盘 0。

③ 执行菜单“Edit”→“Paste Special”，屏幕弹出“特殊粘贴”对话框，单击“Paste Array”按钮进行特殊粘贴，屏幕弹出图 5-40 所示的“设定粘贴队列”对话框。

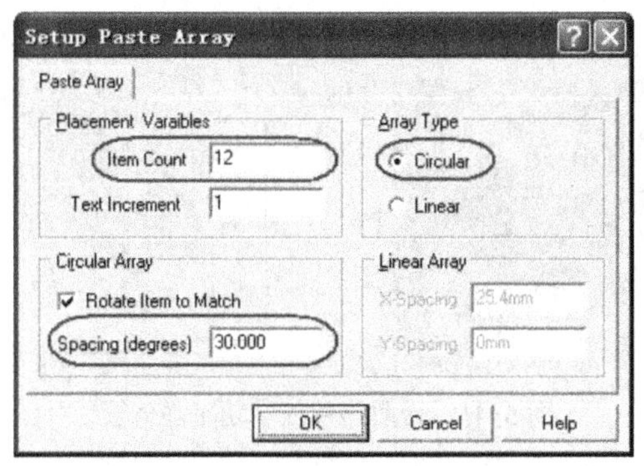

图 5-40 “设定粘贴队列”对话框

图中设置如下：“Item Count”（项目数）设置为 12，表示放置 12 个焊盘；“Text Increment”（文本增量）设置为 1，表示焊盘编号依次增加 1；“Array Type”（队列类型）选择“Circular”，表示圆形排列；“Spacing(degrees)”（间距（角度））设置为 30，表示相邻焊盘之间旋转 30°。

参数设置完毕单击“OK”按钮，移动光标到图 5-39c 中的坐标原点，单击鼠标左键确定圆心，再次在圆心单击鼠标左键确认放置 12 个焊盘，此时从图中可以看出在圆弧上以 30° 为间隔放置了 12 个焊盘。

④ 设置旋转角度为 15°。执行菜单“Tools”→“Preferences”，屏幕弹出“优先设定”对话框，选择“Options”选项卡，将“Rotation Step”（旋转角度）设置为 15。

⑤ 将所有焊盘旋转 15°。用鼠标拉框选中所有焊盘和焊盘所在的圆，用鼠标点住选中的任意焊盘，单击〈空格〉键，将焊盘旋转 15°，若旋转后圆心有所偏移，应将圆心移回原点。单击按钮取消图件的选中状态。

⑥ 删除多余的焊盘 0 和焊盘 11，将焊盘 1～10 的尺寸“X-Size”和“Y-Size”设置为 2mm，孔径“Hole Size”设置为 1.2mm。

⑦ 放置固定用的焊盘 0，尺寸设置为 2.5mm，孔径设置为 1.8mm。

至此元器件封装图形设计完毕，如图 5-39f 所示。

（7）设置参考点为焊盘 1。

（8）保存元器件完成设计。

经验之谈

（1）在封装设计中要保证封装的焊盘编号与原理图元器件中的引脚对应。

（2）封装设计完毕，必须设置封装的参考点，通常设置在焊盘 1。封装的参考点是在 PCB 中放置元器件封装时光标停留的位置，若未设置参考点，可能放置元器件封装后在光标所在的位置找不到封装。

5.2.4 带散热片的元器件封装设计

某些元器件在使用时需要用到散热片，如大、中功率晶体管，在进行 PCB 设计时需要预留散热片的空间，为准确进行定位，可以在设计元器件封装时，直接在丝网层上确定散热片的占用范围，这样在 PCB 中放置元器件封装后，丝网层上自动为散热片预留位置。

本例中采用图 5-41 所示的中功率晶体管为例，介绍带散热片的元器件封装设计。

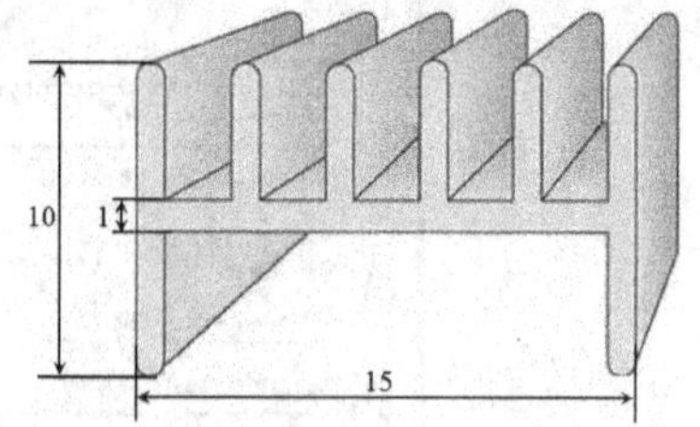

图 5-41　带散热片的中功率晶体管

设计过程如图 5-42 所示。

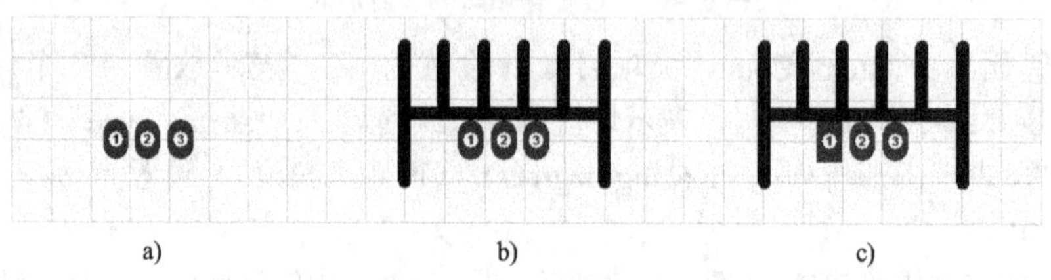

a)　b)　c)

图 5-42　带散热片的中功率管封装设计过程图

a) 以 2.5mm 为间距放置椭圆焊盘　b) 绘制散热片外框　c) 修改焊盘 1 为矩形

（1）采用与前面相同的方法创建新元器件 TO-220V。

（2）执行菜单“Tools”→“Library Options”设置文档参数，将单位设置为 metric（公制），将可视网格的栅格 1 设置为 1mm、栅格 2 设置为 3mm，将捕获栅格的 X、Y 均设置为 0.5mm。

（3）设置坐标原点标记为显示状态。

（4）将光标跳回坐标原点（0，0）。

（5）放置焊盘。执行菜单“Place”→“Pad”放置焊盘，按下〈Tab〉键，屏幕弹出“焊盘属性”对话框，设置参数如下。

“X-Size”：2mm；“Y-Size”：3mm；“Designator”：1；“Hole Size”：1.2mm；其他默认。单击“OK”按钮完成设置，将光标移动到坐标原点，单击鼠标左键，将焊盘 1 放下，同样以水平 2.5mm 为间距放置焊盘 2 和焊盘 3，如图 5-42a 所示。

（6）绘制散热片轮廓。将工作层切换到 TopOverlay，执行菜单“Place”→“Track”放置直线，单击鼠标左键定义直线起点，按下〈Tab〉键，弹出“导线属性”对话框，将线宽设置为 1mm，根据图 5-41 所示的尺寸，参考图 5-42b 放置直线，图中相邻直线间距 3mm。

（7）设置焊盘 1 的形状为矩形，以便识别。双击焊盘 1，屏幕弹出焊盘属性对话框，单击“Shape”（焊盘形状）后的下拉列表框，将其设置为“Rectangle”（矩形）。

（8）设置参考点为焊盘 1。

（9）保存元器件完成设计。

5.2.5　元器件封装编辑

元器件封装编辑，就是对已有元器件封装的属性进行修改，使之符合实际应用要求。

1. 底层元器件的修改

在双面以上的 PCB 设计中，有时需要在底层放置贴片元器件，而在元器件封装库中贴片元器件默认的焊盘层为 Top Layer，丝印层为 Top overlay，显然与底层放置的不符，此时可以通过编辑元器件封装，将元器件所在层设置为 Bottom Layer 即可，其丝印层会自动设置为 Bottom Overlay。

在 PCB 设计窗口中双击要编辑的元器件封装，屏幕弹出图 5-43 所示的“封装属性”对话框，在“Layer”下拉列表框中选择“Bottom Layer”，选择完毕，单击“OK”按钮完成设置。

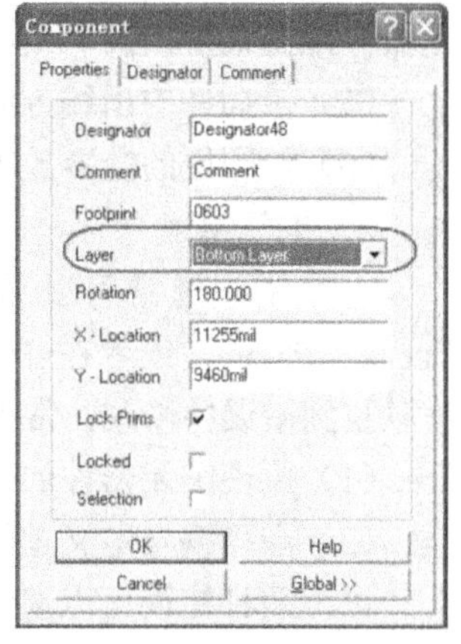

图 5-43 “封装属性”对话框

2．直接在 PCB 图中修改元器件封装的焊盘编号

在 PCB 设计中如果某些元器件的原理图中的引脚号和印制板中的焊盘编号不同，在自动布局时，这些元器件的网络飞线会丢失或出错，此时可以直接编辑元器件的焊盘属性，通过修改焊盘的编号来达到引脚匹配的目的。

编辑元器件封装的焊盘可以直接双击元器件焊盘，在弹出的“焊盘属性”对话框中修改焊盘编号。

3．修改元器件封装库中的元器件封装

修改元器件封装库中的某个封装，先进入元器件库编辑器，选择“File”→“Open”打开要编辑的元器件库，在元器件浏览器中选中要编辑的元器件，窗口就会显示出此元器件的封装图，若要修改元器件封装的焊盘，用鼠标左键双击要修改的焊盘，屏幕弹出“焊盘属性”对话框，在对话框中修改引脚焊盘的编号、形状、直径、钻孔直径等参数；若要修改元器件外形，可以删除原来的轮廓线后重新绘制。元器件修改后，执行菜单“File”→“Save”，将结果保存，这样库中的元器件被永久修改。

需要注意的是，修改元器件封装库的结果不会直接反映在以前绘制的 PCB 中。如果按下 PCB 元器件库编辑器上的“Update PCB”按钮，系统将采用修改后的元器件更新当前 PCB 中的同名元器件。

在绘制 PCB 电路板图中，若发现所采用的某一个元器件封装不符合要求，需要加以修改，这时若退出 PCB 99 SE，再进入 PCB 元器件库编辑器修改元器件封装，就显得比较麻烦，可以直接进行修改。方法是：在设计管理器的元器件浏览器中选中该元器件，单击“Edit”按钮，如图 5-44 所示，系统自动进入元器件库编辑器，在其中对元器件的封装进行修改。

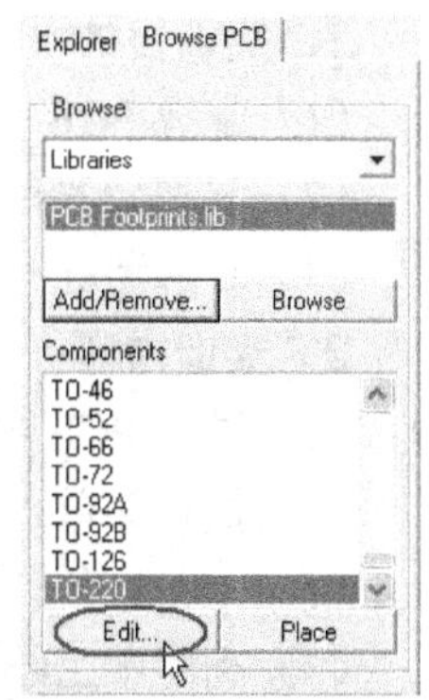

图 5-44 直接编辑封装

5.2.6 元器件封装常见问题

在元器件封装设计中，经常会出现一些错误，这将对 PCB 的设计产生不良影响。

1．机械错误

机械错误在元器件规则检查中是无法显示出来的，因此设计时需要特别小心。

（1）焊盘大小选择不合适，尤其是焊盘的内径选择太小，元器件引脚无法插进焊盘。

（2）焊盘间的间距以及分布与实际元器件不符，导致元器件无法在封装上安装。

（3）带安装定位孔的元器件未在封装中设计定位孔，导致元器件无法固定。

（4）封装的外形轮廓小于实际元器件，可能出现由于布局时元器件安排比较紧密，导致元器件排得太挤，甚至无法安装。

（5）接插件的出线方向与实际元器件的出线方向不一致，造成焊接时无法调整。

（6）丝印层的内容放置在信号所在层上，导致元器件焊盘无法连接或短路。

2．电气错误

电气错误通常可以通过元器件规则检查（执行菜单“Reports”→“Component Rule Check”进行），或者在 PCB 设计中载入网络表文件时由系统自动检查，因此可以根据出错信息找到错误并修改，常见的电气错误如下。

（1）原理图元器件的引脚编号与元器件封装的焊盘编号不一致。

（2）焊盘编号定义过程中出现重复定义。

以上两种错误可以通过编辑焊盘编号的方式解决。图 5-45 所示的二极管中，在原理图中元器件引脚定义为 1、2，而在元器件封装中焊盘定义为 A、K，两者不一致，可以通过编辑元器件焊盘，将焊盘 A、K 的编号修改为 1、2 即可。

焊盘编号修改后需重新加载网络表，以保证网络的正常连接。

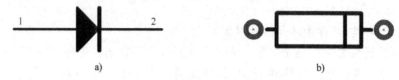

图 5-45　二极管中引脚的编号问题

a) 原理图中的 DIODE　b) PCB 中的 DIODE0.4

技能实训 7　元器件封装设计

1．实训目的

（1）掌握 PCB 元器件库编辑器的基本操作。

（2）掌握元器件封装设计方法。

（3）掌握游标卡尺的使用。

2．实训内容

（1）进入 PCB 99 SE，新建一个 PCB 库文件，将元器件封装库名修改为 Newlib.lib。

（2）执行菜单“View”→“Toggle Units”，将单位制设置为公制；执行菜单“Tools”→“Library Options”，设置捕获栅格为 0.5mm，可视栅格 1 为 1mm，可视栅格 2 为 5mm。

（3）利用手工绘制方法设计图 5-46 所示的双联电位器封装图，封装名为 VR，具体尺寸利用游标卡尺实测量，封装图的边框在顶层丝网层绘制，线宽为 0.254mm，焊盘尺寸设置为 2mm，参考点设置在引脚 1。

图 5-46　双联电位器封装设计

（4）采用设计向导绘制 8 脚贴片 IC 封装 SOP8，如图 5-47 所示。元器件封装的参数为：焊盘大小 100mil×50mil，两个焊盘间的间距为 100mil，两排焊盘间的间距为 300mil，线宽设置为 10mil，封装名设置为 SOP8。

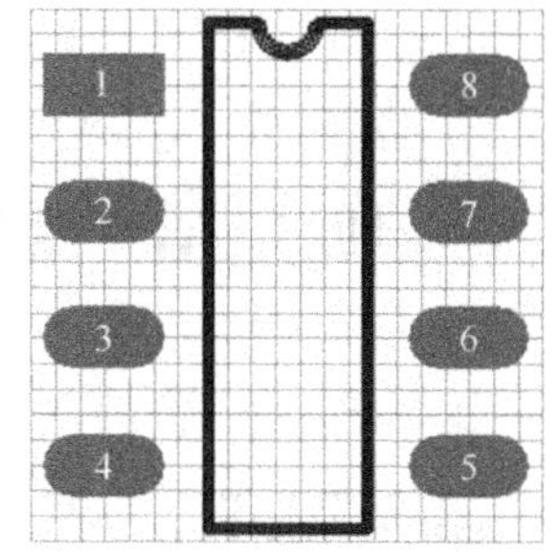

图 5-47　贴片元器件封装 SOP8

（5）根据实物利用游标卡尺测量行输出变压器的尺寸，参考图 5-38 和图 5-39 并结合实际测量结果设计元器件封装，封装名设置为 FBT，参考点设置在引脚 1。

（6）根据图 5-41 和图 5-42 设计带散热片的中功率晶体管封装 TO-220V，元器件封装的参数为：焊盘大小 2mm×3mm，相邻焊盘间距为 2.5mm，焊盘 1 为矩形；散热片轮廓线宽设置为 1mm，相邻直线间距 3mm，其他尺寸如图示，参考点设置在引脚 1。

（7）设计双列直插式封装 DIP14，具体参数为：焊盘尺寸 100mil×50mil，相邻焊盘间距 100mil，两排焊盘间距 300mil，线宽 10mil，引脚数 14。

（8）保存元器件和库文件。

（9）新建一个 PCB 文件，将 Newlib.Lib 设置为当前库，分别放置前面设计的 5 个元器件，观察参考点是否符合设计要求。

3. 思考题

（1）设计 PCB 元器件封装时，封装的外框应放置在哪一层，为什么？

（2）如何设置元器件封装的参考点？

思考与练习

1. PCB 元器件封装有哪两类？它们是由哪两部分组成的？其各部分的体现形式是怎样的？

2. 制作一个小型电磁继电器的封装，尺寸利用游标卡尺实际测量。

3. 利用设计向导设计一个双列直插式 DIP14 的集成电路封装。

4. 利用设计向导设计一个贴片式 SOP14 的集成电路封装。

5. 设计图 5-33 所示的立式电阻封装。

6. 设计图 5-48 所示的元器件封装 PLCC32。

7. 设计图 5-49 所示的元器件封装 DB9RA/F。

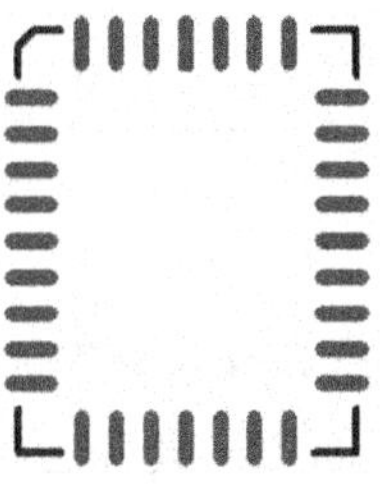

图 5-48　PLCC32

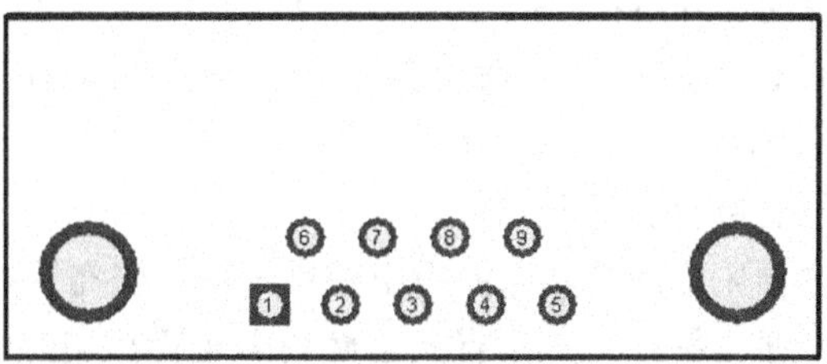

图 5-49　DB9RA/F

项目6　高密度圆形PCB设计——节能灯

知识与能力目标

1）了解PCB布局的一般原则。

2）了解PCB布线的一般原则。

3）掌握圆弧走线的布设方法。

4）掌握覆铜的设计方法。

本项目以节能灯为载体介绍高密度圆形 PCB 的设计方法，该设计中由于元器件采用立式封装，排列紧凑，元器件库中自带的封装多数不能使用，必须自行设计元器件封装。项目设计采用先进行原理图设计，然后调用网络表加载元器件封装和网络到 PCB，最后再进行手工布局和交互式布线。

任务6.1　了解PCB布局、布线的一般原则

项目四中的单管放大电路 PCB 只是从布通导线的思路去完成整个设计，在实际设计中 PCB 布局和布线时还必须遵循一定的规则，以保证设计出的 PCB 符合实际要求。

6.1.1　印制板布局基本原则

元器件布局是将元器件在一定面积的印制电路板上合理地排放，它是设计 PCB 的第一步。布局是印制电路板设计中最耗费精力的工作，往往要经过若干次布局比较，才能得到一个比较满意的布局结果。印制电路板的布局是决定印制电路板设计是否成功和是否满足设计要求的最重要的环节之一。

一个好的布局，首先要满足电路的设计性能，其次要满足安装空间的限制，在没有尺寸限制时，要使布局尽量紧凑，减小 PCB 的尺寸，以减少生产成本。

为了设计出质量好、造价低、加工周期短的印制电路板，印制电路板布局应遵循下列的基本原则。

1．元器件排列规则

（1）遵循先难后易，先大后小的原则，首先布置电路的主要集成块和晶体管的位置。

（2）在通常条件下，所有元器件均应布置在印制电路板的同一面上，只有在顶层元器件过密时，才将一些高度有限并且发热量小的元器件，如贴片电阻、贴片电容、贴片 IC 等放在底层，如图6-1所示。

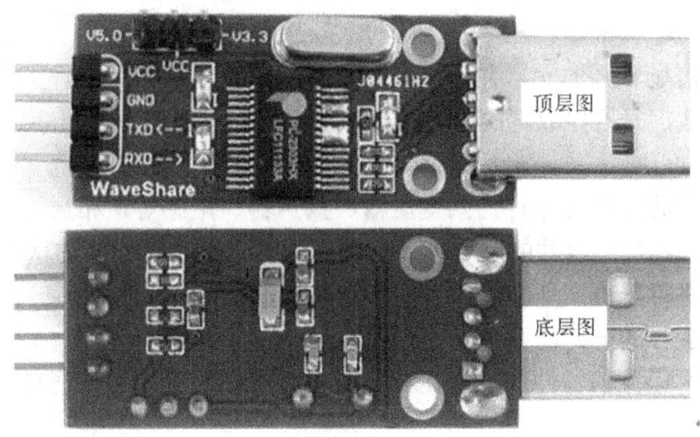

图 6-1　元器件排列图

（3）在保证电气性能的前提下，元器件应放置在栅格上且相互平行或垂直排列，以求整齐、美观，一般情况下不允许元器件重叠，元器件排列要紧凑，输入和输出元器件尽量远离。

（4）同类型的元器件应该在 X 或 Y 方向上一致；同一类型的有极性分立元器件也要力争在 X 或 Y 方向上一致，以便于生产和调试，具有相同结构的电路应尽可能采取对称布局。

（5）集成电路的去耦电容应尽量靠近芯片的电源脚，以高频最靠近为原则，使之与电源和地之间形成回路最短。旁路电容应均匀分布在集成电路周围。

（6）元器件布局时，使用同一种电源的元器件应考虑尽量放在一起，以便于将来的电源分割。

（7）某些元器件或导线之间可能存在较高的电位差，应加大它们之间的距离，以免因放电、击穿引起意外短路。带高压的元器件应尽量布置在调试时手不易触及的地方。

（8）位于板边缘的元器件，一般离板边缘至少两个板厚。

（9）对于 4 个引脚以上的元器件，不可进行翻转操作，否则将导致该元器件安装插件时引脚号不能一一对应。

（10）双列直插式元器件相互的距离要大于 2mm，BGA 与相临元器件距离大于 5mm，阻容等贴片小元器件相互距离大于 0.7mm，贴片元器件焊盘外侧与相临通孔式元器件焊盘外侧要大于 2mm，压接元器件周围 5mm 不可以放置插装元器件，焊接面周围 5mm 内不可以放置贴片元器件。

（11）元器件在整个板面上分布均匀、疏密一致、重心平衡。

2．按照信号走向布局原则

（1）通常按照信号的流程逐个安排各个功能电路单元的位置，以每个功能电路的核心元器件为中心，围绕它进行布局，尽量减小和缩短元器件之间的引线和连接。

（2）元器件的布局应便于信号流通，使信号尽可能保持一致的方向。在多数情况下，信号的流向安排为从左到右或从上到下，与输入、输出端直接相连的元器件应当放在靠近输入、输出接插件或连接器的附近。

3. 防止电磁干扰

（1）对辐射电磁场较强的元器件，以及对电磁感应较灵敏的元器件，应加大它们相互之间的距离或加以屏蔽，元器件放置的方向应与相邻的印制导线交叉。

（2）尽量避免高低电压器件相互混杂、强弱信号的器件交错布局。

（3）对于会产生磁场的元器件，如变压器、扬声器、电感等，布局时应注意减少磁力线对印制导线的切割，相邻元器件的磁场方向应相互垂直，减少彼此间的耦合。

（4）对干扰源进行屏蔽，屏蔽罩应良好接地。

（5）在高频下工作的电路，要考虑元器件之间分布参数的影响。

（6）对于存在大电流的器件，一般在布局时靠近电源的输入端，要与小电流电路分开，并加上去耦电路。

4. 抑制热干扰

（1）对于发热的元器件，应优先安排在利于散热的位置，一般布置在 PCB 的边缘，必要时可以单独设置散热器或小风扇，以降低温度，减少对邻近元器件的影响。

（2）一些功耗大的集成块、大或中功率管、电阻等元器件，要布置在容易散热的地方，并与其他元器件隔开一定距离。

（3）热敏元器件应紧贴被测元器件并远离高温区域，以免受到其他发热元器件影响，引起误动作。

（4）双面放置元器件时，底层一般不放置发热元器件。

5. 可调节元器件、接口电路的布局

对于电位器、可变电容器、可调电感线圈或微动开关等可调元器件的布局应考虑整机的结构要求，若是机外调节，其位置要与调节旋钮在外壳面板上的位置相适应；若是机内调节，则应放置在印制电路板上便于调节的地方。接口电路应置于板的边缘并与外壳面板上的位置对应，主板接口电路布局图如图 6-2 所示。

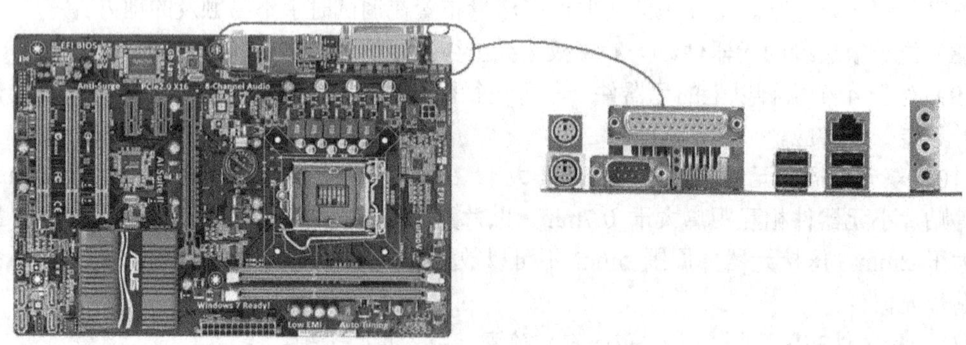

图 6-2 主板接口电路布局图

6. 提高机械强度

（1）要注意整个 PCB 的重心平衡与稳定，重而大的元器件尽量安置在印制电路板上靠近固定端的位置，并降低重心，以提高机械强度和耐振、耐冲击能力，以及减少印制电路板的负荷和变形。

（2）重 15g 以上的元器件，不能只靠焊盘来固定，应当使用支架或卡子加以固定。

（3）为了便于缩小体积或提高机械强度，可设置“辅助底板”，将一些笨重的元器件，

如变压器、继电器等安装在辅助底板上，并利用附件将其固定。

（4）板的最佳形状是矩形，板面尺寸大于 200mm×150mm 时，要考虑板所受的机械强度，可以使用机械边框加固。

（5）要在印制电路板上留出固定支架、定位螺孔和连接插座所用的位置，在布置接插件时，应留有一定的空间使得安装后的插座能方便地与插头连接而不至于影响其他部分。

图 6-3 所示为单片机开发板实物图。

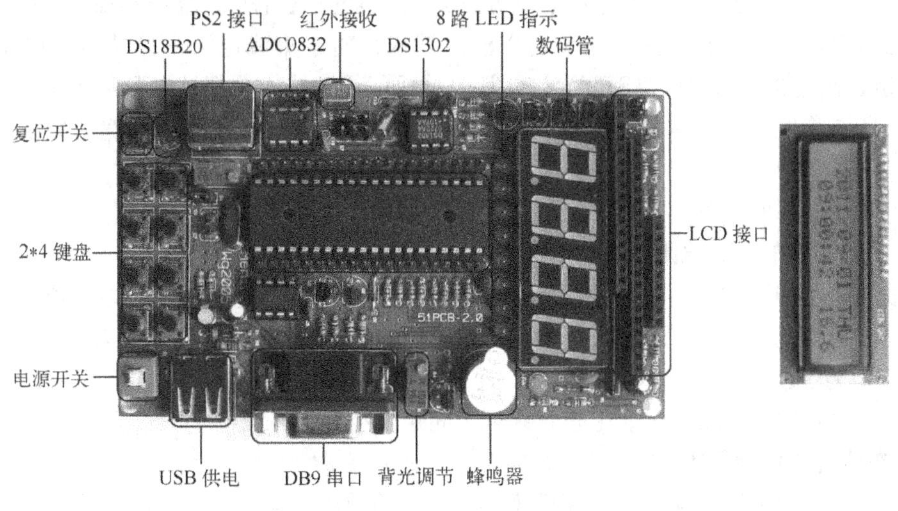

图 6-3 单片机开发板实物图

6.1.2 印制板布线基本原则

布线和布局是密切相关的两项工作，布线受布局、板层、电路结构和电性能要求等多种因素影响，布线结果直接影响电路板性能。进行布线时要综合考虑各种因素，才能设计出高质量的 PCB，目前常用的基本布线方法如下。

（1）直接布线。传统的印制电路板布线方法起源于最早的单面印制电路板。其过程为：先把最关键的一根或几根导线从始点到终点直接布设好，然后把其他次要的导线绕过这些导线布下，通用的技巧是利用元器件跨越导线来提高布线效率，布不通的线可以通过顶层短路线解决，单面板布线处理方法如图 6-4 所示。

（2）X−Y 坐标布线。X−Y 坐标布线指布设在印制电路板一面的所有导线都与印制电路板水平边沿平行，而布设在相邻一面的所有导线都与前一面的导线正交，两面导线的连接通过过孔（金属化孔）实现，双面板布线如图 6-5 所示。

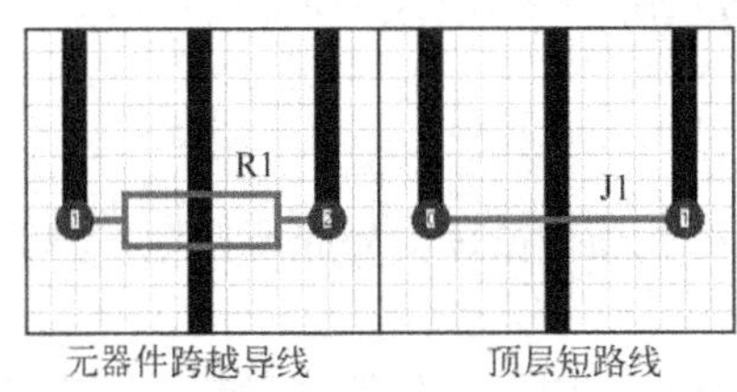

图 6-4 单面板布线处理方法

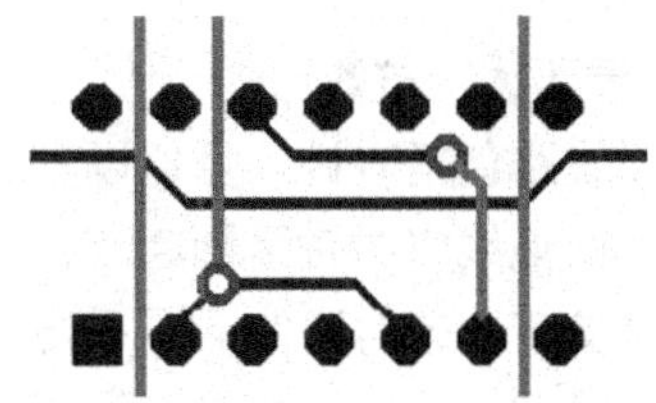

图 6-5 双面板布线

为了获得符合设计要求的 PCB，在进行 PCB 布线时一般要遵循以下基本原则。

1．布线板层选用

印制板布线可以采用单面、双面或多层，一般应首选单面，其次是双面，在仍不能满足设计要求时才考虑选用多层板。

2．印制导线宽度原则

（1）印制导线的最小宽度主要由导线与绝缘基板间的黏附强度和流过它们的电流值决定。当铜箔厚度为 0.05mm、宽度为 1～1.5mm 时，通过 2A 电流，温升不高于 3℃，因此一般选用导线宽度在 1.5mm 左右完全可以满足要求，对于集成电路，尤其数字电路通常选 0.2～0.3mm 就足够。当然只要密度允许，还是尽可能用宽线，尤其是电源和地线。

（2）印制导线的电感量与其长度成正比，与其宽度成反比，因而短而宽的导线对抑制干扰是有利的。

（3）印制导线的线宽一般要小于与之相连焊盘的直径。

3．印制导线的间距原则

导线的最小间距主要由最坏情况下的线间绝缘电阻和击穿电压决定。导线越短、间距越大，绝缘电阻就越大。当导线间距为 1.5mm 时，其绝缘电阻超过 20MΩ，允许电压为 300V；间距为 1mm 时，允许电压 200V，一般选用间距为 1～1.5mm 完全可以满足要求。对集成电路，尤其数字电路，只要工艺允许可使间距很小。

4．布线优先次序原则

（1）密度疏松原则：从印制电路板上连接关系简单的元器件着手布线，从连线最疏松的区域开始布线，以调节个人状态。

（2）核心优先原则：例如 DDR、RAM 等核心部分应优先布线，信号传输线应提供专层、电源、地回路，其他次要信号要顾全整体，不能与关键信号相抵触。

（3）关键信号线优先：电源、模拟小信号、高速信号、时钟信号和同步信号等关键信号优先布线。

5．信号线走线一般原则

（1）输入、输出端的导线应尽量避免相邻平行，平行信号线之间要尽量留有较大的间隔，最好加线间地线，起到屏蔽的作用。

（2）印制电路板两面的导线应互相垂直、斜交或弯曲走线，避免平行，以减少寄生耦合。

（3）信号线高、低电平悬殊时，要加大导线的间距；在布线密度比较低时，可加粗导线，信号线的间距也可以适当加大。

（4）尽量为时钟信号、高频信号、敏感信号等关键信号提供专门的布线层，并保证其最小的回路面积。应采取手工优先布线、屏蔽和加大安全间距等方法，保证信号质量。

6．重要线路布线原则

重要线路包括时钟、复位以及弱信号线等。

（1）用地线将时钟区圈起来，时钟线尽量短；石英晶体振荡器外壳要接地；石英晶体下面以及对噪声敏感的器件下面不要走线。

（2）时钟、总线、片选信号要远离 I/O 线和接插件，时钟发生器尽量靠近使用该时钟的器件。

（3）时钟信号线最容易产生电磁辐射干扰，走线时应与地线回路相靠近，时钟线垂直于I/O 线比平行 I/O 线时的干扰小。

（4）弱信号电路、低频电路周围不要形成电流环路。

（5）模拟电压输入线、参考电压端一定要尽量远离数字电路信号线，特别是时钟信号线。

7．地线布设原则

（1）一般将公共地线布置在印制电路板的边缘，便于印制电路板安装在机架上，也便于与机架地相连接。印制地线与印制电路板的边缘应留有一定的距离（不小于板厚），这不仅便于安装导轨和进行机械加工，而且还提高了绝缘性能。

（2）在印制电路板上应尽可能多地保留铜箔做地线，这样传输特性和屏蔽作用将得到改善，并且起到减少分布电容的作用。地线（公共线）不能设计成闭合回路，在低频电路中一般采用单点接地；在高频电路中应就近接地，而且要采用大面积接地方式。

（3）印制电路板上若装有大电流元器件，如继电器、扬声器等，它们的地线最好要分开独立走，以减少地线上的噪声。

（4）模拟电路与数字电路的电源、地线应分开排布，这样可以减小模拟电路与数字电路之间的相互干扰。为避免数字电路部分电流通过地线对模拟电路产生干扰，通常采用地线割裂法使各自地线自成回路，然后再分别接到公共的一点地上。数地与模地的连接如图 6-6 所示，模拟地平面和数字地平面是两个相互独立的地平面，以保证信号的完整性，只在电源入口处通过一个 0Ω电阻或小电感连接，再与公共地相连。

（5）环路最小规则，即信号线与地线回路构成的环面积要尽可能小，环面积越小，对外的辐射越少，接收外界的干扰也越小，环路最小规则如图 6-7 所示。针对这一规则，在地平面分割时，要考虑到地平面与重要信号走线的分布；在双层板设计中，在为电源留下足够空间的情况下，一般将余下的部分用参考地填充，且增加一些必要的过孔，将双面信号有效地连接起来，对一些关键信号尽量采用地线隔离。

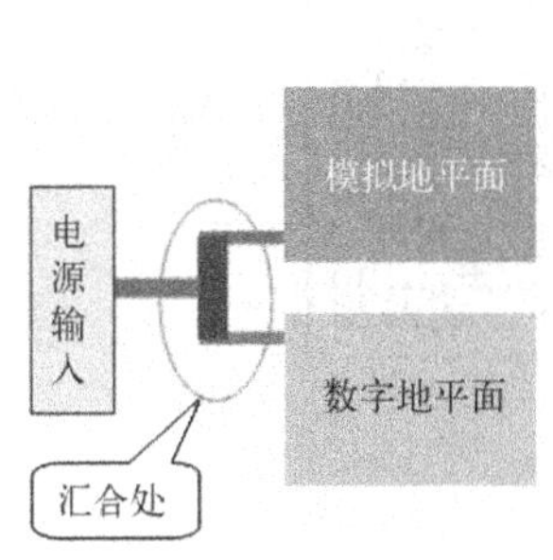

图 6-6　数地与模地的连接

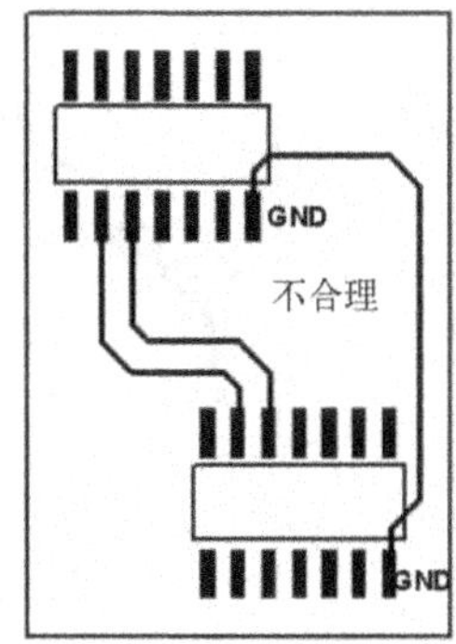

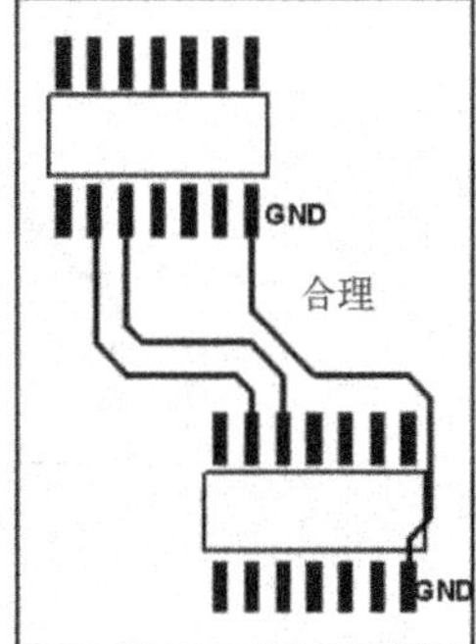

图 6-7　环路最小规则

8．信号屏蔽原则

（1）印制电路板上的元器件若要加屏蔽时，可以在元器件外面套上一个屏蔽罩，在底板的另一面对应于元器件的位置再罩上一个扁形屏蔽罩（或屏蔽金属板），将这两个屏蔽罩在电气上连接起来并接地，这样就构成了一个近似于完整的屏蔽盒，屏蔽罩屏蔽方法如图 6-8 所示。

图 6-8　屏蔽罩屏蔽

（2）印制导线如果需要进行屏蔽，在要求不高时，可采用印制导线屏蔽。对于多层板，一般通过电源层和地线层的使用，既解决电源线和地线的布线问题，又可以对信号线进行屏蔽，印制导线屏蔽方法如图 6-9 所示。

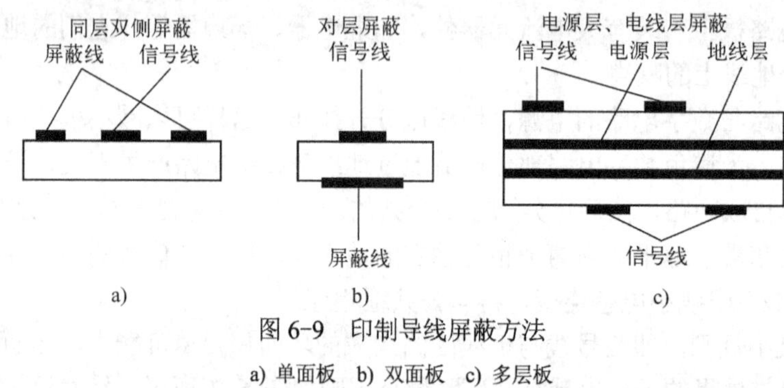

图 6-9　印制导线屏蔽方法

a) 单面板　b) 双面板　c) 多层板

（3）对于一些比较重要的信号，如时钟信号、同步信号，或频率特别高的信号，应该考虑采用包络线或覆铜的屏蔽方式，即将所布的线上下左右用地线隔离，而且还要考虑好如何有效地让屏蔽地与实际地平面有效结合，屏蔽保护如图 6-10 所示。

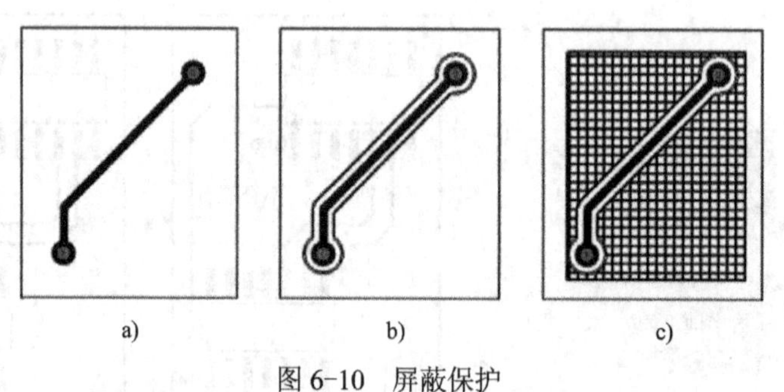

图 6-10　屏蔽保护

a) 无屏蔽　b) 包络线屏蔽　c) 覆铜屏蔽

9. 走线长度控制规则

走线长度控制规则即短线规则，在设计时应该让布线长度尽量短，以减少走线长度带来的干扰问题，走线长度控制规则如图 6-11 所示。

特别是一些重要信号线，如时钟线，务必将其振荡器放在离元器件很近的地方。对驱动多个元器件的情况，应根据具体情况决定采用何种网络拓扑结构。

10. 倒角规则

PCB 设计中应避免产生锐角和直角，产生不必要的辐射，同时工艺性能也不好。所有线与线的夹角一般应≥135°，倒角规则如图 6-12 所示。

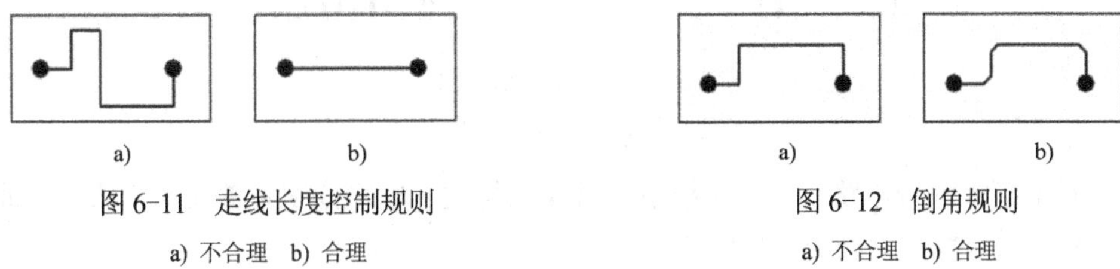

a)　　b)

图 6-11　走线长度控制规则

a) 不合理　b) 合理

a)　　b)

图 6-12　倒角规则

a) 不合理　b) 合理

11. 去耦电容配置原则

配置去耦电容可以抑制因负载变化而产生的噪声，是印制电路板可靠性设计的一种常规做法，配置原则如下所述。

（1）电源输入端跨接一个 10～100μF 的电解电容，如果印制电路板的位置允许，采用 100μF 以上的电解电容的抗干扰效果会更好。

（2）为每个集成电路芯片配置一个 0.01μF 的陶瓷电容。如果遇到印制电路板空间小而装不下时，可每 4～10 个芯片配置一个 1～10μF 钽电解电容。

（3）对于抗噪声能力弱、关断时电流变化大的元器件和 ROM、RAM 等存储型元器件，应在芯片的电源线和地线间直接接入去耦电容。

（4）去耦电容的引线不能过长，特别是高频旁路电容。

去耦电容的布局及电源的布线方式将直接影响到整个系统的稳定性，有时甚至关系到设计的成败，一般要合理配置，去耦电容配置原则如图 6-13 所示。

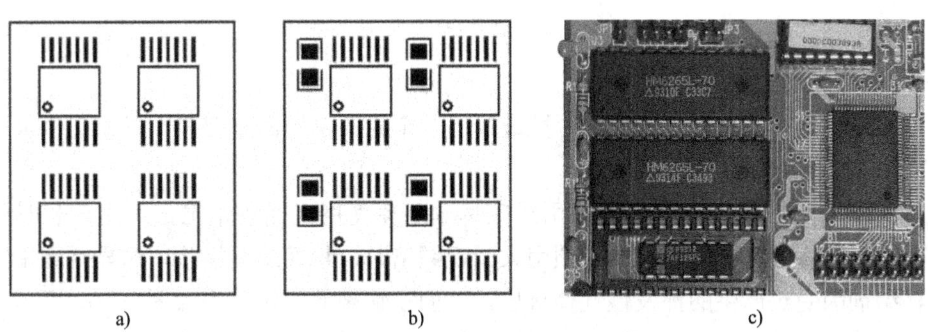

a)　　b)　　c)

图 6-13　去耦电容配置原则

a) 未配置去耦电容　b) 配置去耦电容　c) 配置去耦电容的实物 PCB

12. 元器件布局分区/分层规则

（1）为了防止不同工作频率的模块之间的互相干扰，同时尽量缩短高频部分的布线长度，通常将高频部分布设在接口附近以减少布线长度，元器件分区布局如图 6-14 所示。当然这样的布局也要考虑到低频信号可能受到的干扰，同时还要考虑到高/低频部分地平面的分割问题，通常采用将二者的地分割，再在接口处单点相接。

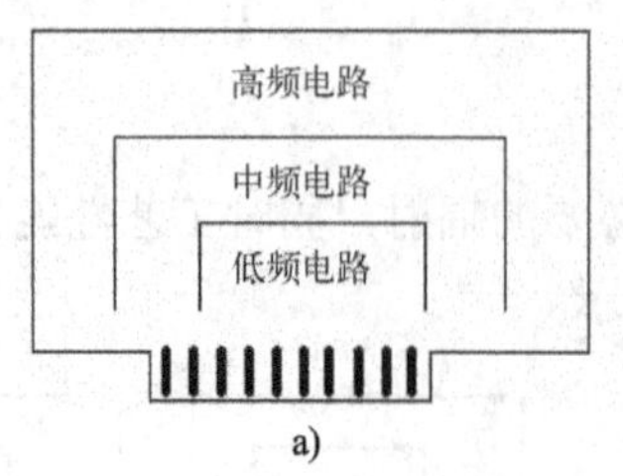

a)

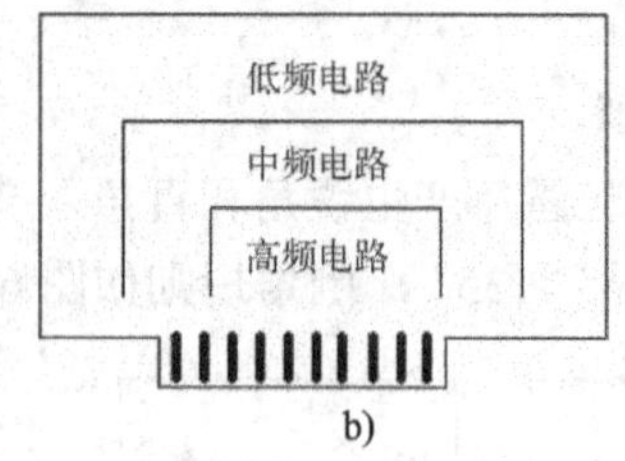

b)

图 6-14　元器件布局分区

a) 不合理　b) 合理

（2）对于模数混合电路，在多层板也有将模拟与数字电路分别布置在印制板的两面，分别使用不同的层布线，中间用地层隔离的方式。

13. 孤立铜区控制规则

孤立铜区也叫作铜岛，它的出现将带来一些不可预知的问题，因此通常将孤立铜区接地或删除，有助于改善信号质量，孤铜处理如图 6-15 所示。在实际的制作中，PCB 厂家将一些板的空置部分增加了一些铜箔，这主要是为了方便印制电路板加工，同时对防止印制电路板翘曲也有一定的作用。

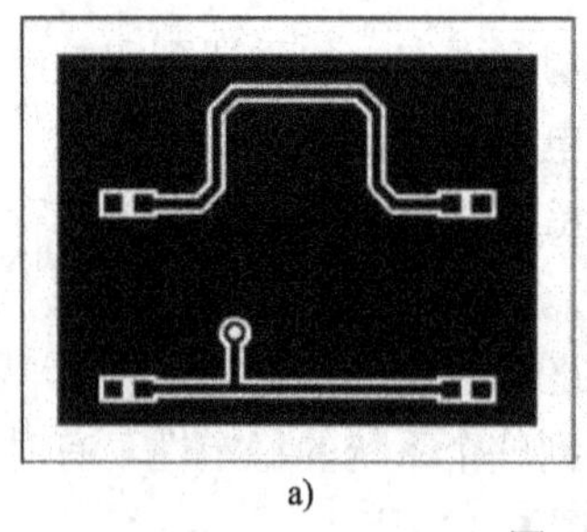
a)

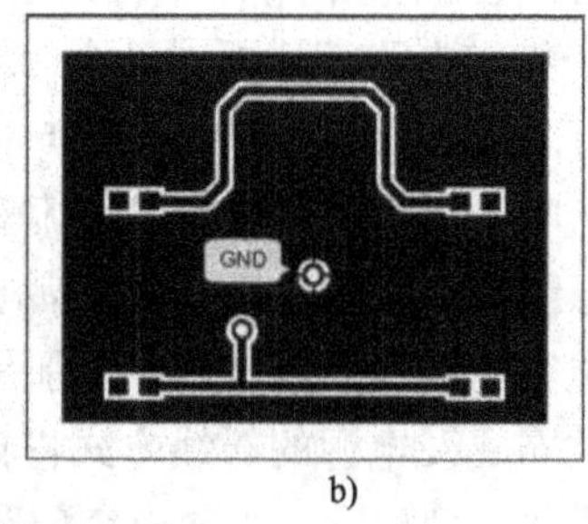

b)

图 6-15　孤铜处理

a) 不合理　b) 合理

14. 大面积铜箔使用原则

在 PCB 设计中，在没有布线的区域最好由一个大的接地面来覆盖，以此提供屏蔽和增加去耦能力。

发热元器件周围或大电流通过的引线应尽量避免使用大面积铜箔，否则，长时间受热时，易发生铜箔膨胀和脱落现象。必须用大面积铜箔时，最好用栅格状，这样有利于铜箔与基板间粘结剂因受热产生的挥发性气体排出，大面积铜箔镂空示意图如图 6-16 所示，大面积铜箔上的焊盘连接如图 6-17 所示，使用大面积铜箔的实物 PCB 如图 6-18 所示。

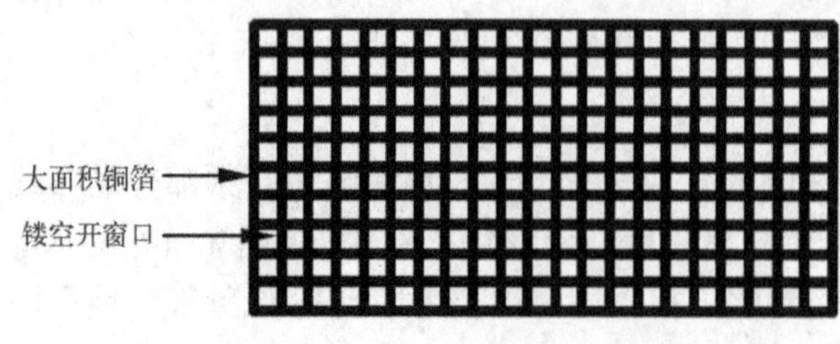

图 6-16　大面积铜箔镂空示意图

图 6-17　大面积铜箔上的焊盘处理

图 6-18 使用大面积铜箔的实物 PCB

15. 高频电路布线一般原则

（1）在高频电路中，集成块应就近安装高频退耦电容，一方面保证电源线不受其他信号干扰，另一方面可将本地产生的干扰就地滤除，防止干扰通过各种途径（空间或电源线）传播。

（2）高频电路布线的引线最好采用直线，如果需要转折，采用 135° 折线或圆弧转折，这样可以减少高频信号对外的辐射和相互间的耦合。引脚间的引线越短越好，引线层间的过孔越少越好。

16. 金手指布线

对外连接用接插形式的印制电路板，为便于安装往往将输入、输出、电源和地线等均平行安排在板子的一边。

金手指布线方法如图 6-19 所示，1、5、11 脚接地；2、10 脚接电源；4 脚输出；6 脚输入。为减小导线间的寄生耦合，布线时应使输入线与输出线远离，并且输入电路的其他引线应与输出电路的其他引线分别布于两边，输入与输出之间用地线隔开。此外，输入线与电源线之间的距离要远一些，间距不应小于 1mm。

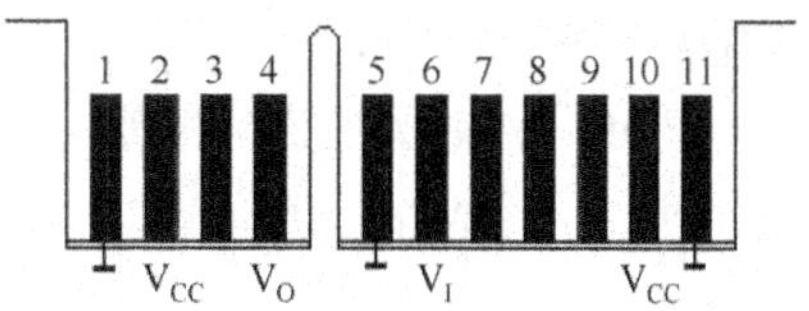

图 6-19 金手指与外部连接的布线方式

17. 印制导线的走向与形状

除地线外，同一块印制电路板上导线的宽度尽量保持一致；印制导线的走线应当平直，不应出现急剧的拐弯或尖角，直角和锐角在高频电路和布线密度高的情况下会影响电气性能，所有导线的转弯与过渡部分一般用半径不小于 2mm 的圆弧或 135° 折线连接；应尽量避免印制导线出现分支，如果必须分支，分支处最好圆滑过渡；从两个焊盘间穿过的导线尽量均匀分布。

图 6-20 所示为印制电路板走线的示例，其中图 6-20a 中 3 条走线间距不均匀；图 6-20b 中走线出现锐角；图 6-20c 和图 6-20d 中走线转弯不合理；图 6-20e 中印制导线尺寸比焊盘直径大。

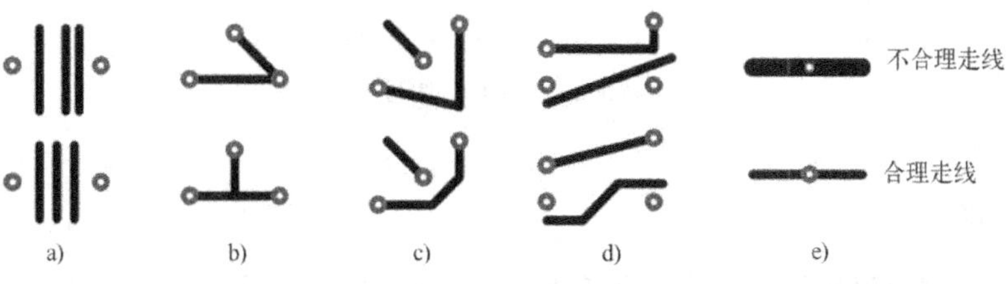

图 6-20 PCB 走线图

任务 6.2　了解节能灯产品及设计前准备

节能灯将电子镇流器与灯管集成在一起，安装在灯头内部，故采用圆形 PCB，由于安装空间小，密度高，排列紧凑，元器件采用立式封装。

6.2.1　产品介绍

节能灯的外观和内部 PCB 图如图 6-21 所示。

图 6-21　节能灯的外观和内部 PCB 图

节能灯工作在较高电压中，一般是交流电压在 100～270V，工作频率一般在 30～100kHz，工作温度在 50℃～80℃。

电路原理图如图 6-22 所示，电路工作原理如下所述。

VD1～VD4、C2 组成桥式整流、滤波电路，完成 AC→DC 转换。

V1、V2、R3、R4、磁心变压器 L1、扼流圈 L2、灯管 L3、C7、C8 组成自激振荡电路，完成 DC→AC 转换，点亮灯管，其中 C7 为起动电容、C8 为谐振电容。

R1、R2、C4 组成启动电路，用于电路初始状态下起振，否则自激振荡无法形成。

电容 C8 用于启动灯管：灯管需要瞬时高压才能起动点亮，在电路加电初始阶段，扼流圈 L2、灯管的灯丝、起动电容 C7、谐振电容 C8 与开关管组成谐振，产生高频高压，将灯管击穿发光。

VD5、VD6 为保护二极管，保护 V1、V2。

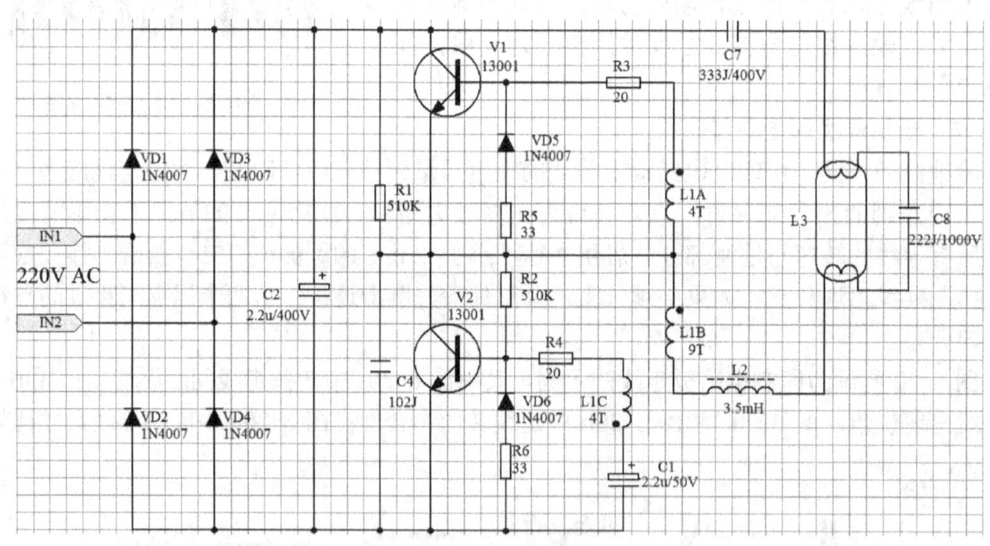

图 6-22　节能灯原理图

6.2.2　设计前准备

节能灯的印制电路板面积很小，且需要装入灯头中，故元器件封装一般要设计为立式，在原理图设计中元器件的封装名要与自行设计 PCB 库中的元器件封装名一致。

由于 Protel 99 SE 中元器件自带的封装基本上不符合本次设计的要求，另外个别元器件在原理图库中不存在，所以必须重新设计个别元器件的原理图图形和元器件封装，并为元器件重新定义封装。

1. 绘制原理图元器件

图 6-22 中的高频振荡线圈 L1、扼流圈 L2 和灯管 L3 在原理图元器件库中找不到，需要自己设计元器件图形。

高频振荡线圈 L1 为 3 个线圈并绕在同一个磁环上，元器件要标示上线圈的同名端，1、3、5 引脚为同名端，该元器件中有 3 套相同的功能单元，其元器件实物、原理图元器件图形及封装如图 6-23 所示，其线圈原理图元器件名为 GPZD3，封装名为 CH3。

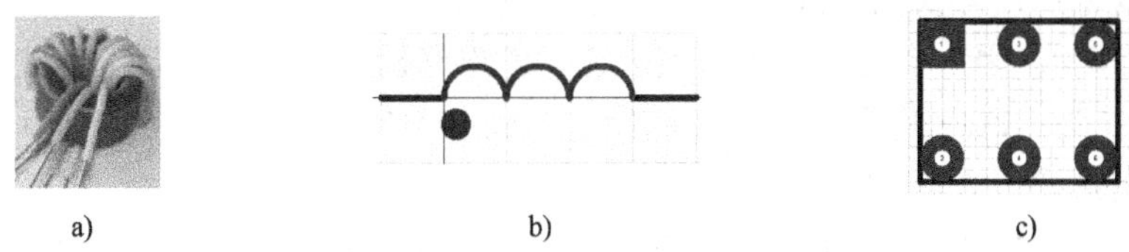

a) b) c)

图 6-23 高频振荡线圈 N1 图形

a) 元器件实物 b) 原理图元器件（3 套功能单元） c) 封装图形

灯管 L3 的原理图元器件图形如图 6-24 所示，该元器件通过 4 条引线连接 PCB，在 PCB 设计中为其预留 4 个焊盘进行连接即可，节能灯管原理图元器件名为 DG，无须设置封装。

图 6-24 灯管原理图元器件图形

扼流圈 L2 元器件实物、原理图元器件图形及封装如图 6-25 所示，扼流圈原理图元器件名为 ELQ，封装名为 ELQ1。

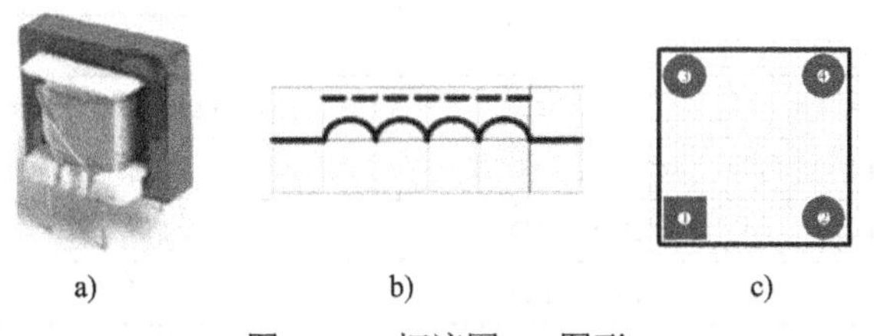

a) b) c)

图 6-25 扼流圈 L3 图形

a) 元器件实物 b) 原理图元器件 c) 封装图形

2. 元器件封装设计

（1）立式电阻的封装，封装名为 AXIAL0.2，封装如图 6-26 所示，焊盘中心间距为 160mil，焊盘直径为 80mil。

（2）立式二极管的封装，封装名为 DIODE0.2，封装如图 6-27 所示，焊盘中心间距为 180mil，焊盘直径为 80mil。

（3）电解电容的封装，封装名 RB.1/.2，封装如图 6-28 所示，外圆直径为 200mil，焊盘中心间距为 100mil，焊盘直径为 80mil，将焊盘 2 作为负极并打上横线做为指示。

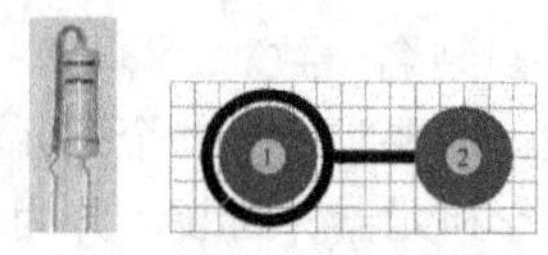
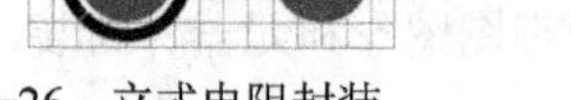

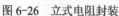

图 6-26　立式电阻封装

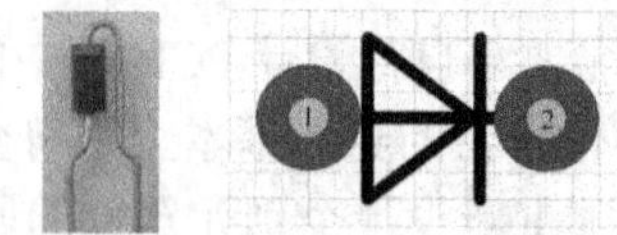

图 6-27　立式二极管封装

图 6-28　电解电容封装

（4）高频振荡线圈的封装，封装名为 CH3，封装如图 6-23 所示，焊盘左右中心间距为 140mil，上下中心间距为 200mil，焊盘直径为 80mil，焊盘 1 为矩形，上排焊盘编号从左到右依次为 1、3、5，下排焊盘编号为 2、4、6，元器件外框为 360mil×280mil。

（5）扼流圈的封装，封装名为 ELQ1，封装如图 6-25 所示，焊盘中心间距为 290mil，焊盘直径为 80mil，焊盘 1 为矩形，元器件外框为 380mil×380mil。扼流圈磁心为 EI 型，其中 1、2 脚接线圈，3、4 脚为空脚，用于固定元器件。

（6）节能灯管：因为节能灯管没有安装在印制电路板上，所以只要定义节能灯管原理图的外形图，不要制作封装图形，在 PCB 制作时，放置 4 个焊盘用于连接灯管。

3. 原理图设计

根据图 6-22 设计电路原理图，依次将原理图中的元器件封装修改为合适的封装形式，并进行编译检查，最后将其文件名另存为“节能灯.Sch”。

图中的元器件的参数如表 6-1 所示。

表 6-1　节能灯元器件参数表

元器件类别	元器件标号	原理图元器件名	原理图元器件库	元器件封装
电解电容	C1	ELECTRO1	Miscellaneous Devices.ddb	RB.1/.2（自制）
电解电容	C2	ELECTRO1	Miscellaneous Devices.ddb	RAD0.4
涤纶电容	C4、C8	CAP	Miscellaneous Devices.ddb	RAD0.1
涤纶电容	C7	CAP	Miscellaneous Devices.ddb	RAD0.2
1/8W 电阻	R1～R6	RES2	Miscellaneous Devices.ddb	AXIAL0.2（自制）
晶体管	V1、V2	NPN	Miscellaneous Devices.ddb	TO-92B
整流二极管	VD1～VD6	DIODE	Miscellaneous Devices.ddb	DIODE0.2（自制）
高频振荡线圈	L1	GPZD3（自制）	自制	CH3（自制）
扼流圈	L2	ELQ（自制）	自制	ELQ1（自制）
节能灯管	L3	DG（自制）	自制	无，用焊盘代

6.2.3　设计 PCB 时考虑的因素

节能灯电路的 PCB 是套在灯头内的，板的尺寸比较小，但有一定的高度，可以通过高度来弥补面积的不足。设计时考虑的主要因素如下所述。

（1）电源接线端和灯管接线端分别布于 PCB 的两侧，并为电源接线端预留两个焊盘，为灯管接线端预留 4 个焊盘，并设置好网络。

（2）整流滤波电路集中布局于电源接线端附近。

（3）刚性器件、不能弯曲的高元器件布设于板的中央，以满足 PCB 的空间要求。

（4）电解电容 C2 因为板小将其封装定义为 RAD0.4，安装该元器件时将元器件抬高，利用空间来补充板的面积不足，注意在引脚上加套管。

（5）电容 C8 安装时将元器件抬高，利用空间来补充板的面积不足，注意在引脚上加套管。

（6）晶体管要注意焊盘的顺序是否正确，本例中的晶体管 13001 的管型为 ECB，在原理图设计中采用元器件“NPN”，其引脚顺序为 1B2C3E，故晶体管 13001 对应封装的焊盘标号顺序应为 321，本例中晶体管封装采用 TO-92B，其焊盘编号 321，与实际元器件相符。

（7）高频振荡线圈 L1 是 3 个线圈并绕，要注意同名端的连接。

（8）扼流圈磁心为 EI 型，有 4 个引脚，其中 1、2 脚接线圈，3、4 脚为空脚，用于固定元器件。

（9）节能灯印制电路板的外形为圆形，半径为 660mil。元器件布局很紧密，要注意 DRC 自动检查提示的警告信息，若无原则性错误，可以忽略警告信息。

（10）布线采用手工布线方式进行，线宽为 40mil。

（11）板的边缘采用圆弧形走线，以匹配圆形 PCB。

（12）整流电路在空间允许的条件下使用覆铜，以提高电流承受能力和稳定性。

任务 6.3　节能灯 PCB 布局

节能灯 PCB 由于尺寸较小，PCB 需塞到灯头中，元器件排列无法做到横平竖直，有些元器件需要倾斜放置。由于元器件排列紧凑，系统会提示 DRC 违规并高亮显示，忽略该提示。

为使工作界面简洁，执行菜单“Design”→“Options”，选中“Layers”选项卡，在“System”区取消“DRC Errors”的选中状态，不进行 DRC 检查。

6.3.1　通过加载网络表方式载入元器件封装和网络

1．规划 PCB

采用英制规划尺寸，板的形状为圆形，半径为 660mil。

（1）新建 PCB 文件“节能灯.PCB”，设置单位制为 Imperial（英制）；设置可视栅格 1、2 分别为 10mil 和 100mil；捕获栅格 X、Y 和元器件网格 X、Y 均为 10mil。

（2）设置显示坐标原点，在工作区的左下角附近定义新坐标原点。

（3）将当前工作层设置为“Keep out Layer”，在坐标原点处任意放置一个圆，双击该圆，将“Radius”（半径）设置为 660mil，最后保存 PCB 文件。

2．通过加载网络表的方式添加元器件封装和网络信息到 PCB

在加载网络表前必须在原理图编辑器中执行菜单“Tools”→“ERC”对原理图进行检查，在检查无原则错误的情况下执行菜单“Design”→“Create Netlist”生成网络表。

在 PCB 编辑器中，将系统自带的 PCB 元器件库 Advpcb.ddb 和自行设计的 PCB 元器件库设置为当前库。

在 PCB 编辑器中规划好 PCB 后，执行菜单“Design”→“Load Nets”载入网络表，屏幕弹出图 6-29 所示的“加载网络表”对话框，单击“Netlist File”栏后的“Browse”按钮选择网络表文件（图中选择“节能灯.NET”），载入网络表。

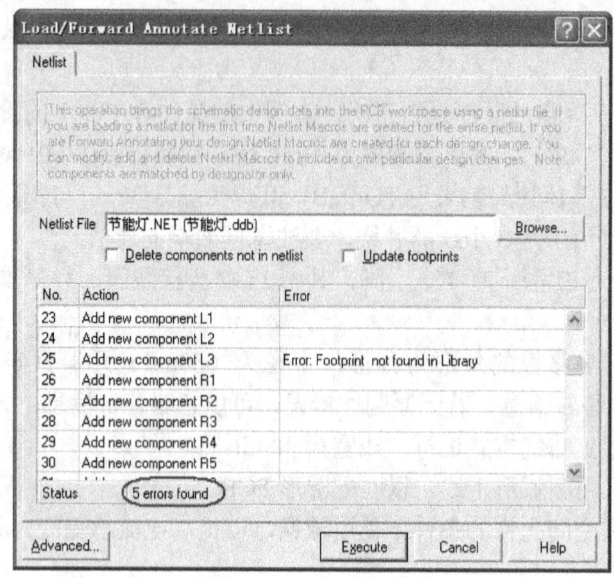

图 6-29　加载网络表

从图 6-29 中可以看出加载网络表时出现了 5 个错误，一般为元器件封装设置不对或元器件焊盘与原理图中元器件的引脚不对应。本例中由于灯管 L3 未设置封装，故 L3 的封装未找到，与之相关有 5 处错误，设计中将以 4 个焊盘代替灯管，故忽略该错误。

单击“Execute”按钮，屏幕弹出一个对话框提示“不能加载所有网络，是否继续加载”，单击“Yes”按钮将网络表文件中的元器件封装和网络加载到当前印制电路板中，如图 6-30 所示。图中，载入的元器件都散开排列在禁止布线边框之外，在布线前还必须进行自动布局和手工布局调整。

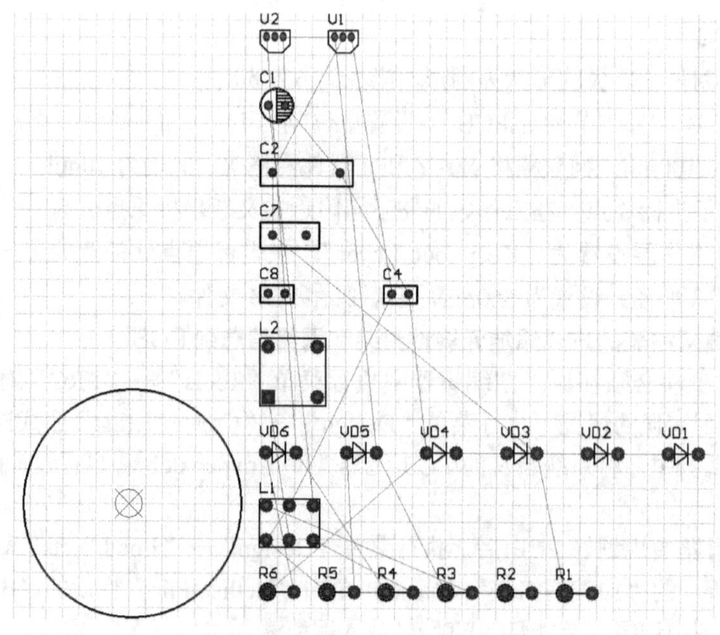

图 6-30　从网络表中加载元器件

6.3.2 节能灯 PCB 布局

在图 6-30 中，元器件是按类别分散在电气轮廓之外的，显然不能满足布局的要求，此时可以通过自动布局方式将元器件移动到规划的印制电路板中，然后通过手工调整的方式将元器件移动到适当的位置。

在 PCB 99 SE 中，系统提供了自动布局功能，但其自动布局的效果一般不能满足要求，实际设计中自动布局一般仅起到将元器件排列到电气轮廓中的作用，布局还需进行手工调整。

1. 元器件自动布局

在进行自动布局前，必须在 Keep out Layer 上先规划印制电路板的电气边界，然后才能载入网络表文件，否则屏幕会提示错误信息。

执行菜单“Tools”→“Auto Placement”→“Auto Placer”，屏幕弹出“自动布局”对话框，如图 6-31 所示，共有 3 个选项。

“Cluster Placer”：组布局方式。这种方式根据连接关系将元器件分组，然后按照几何关系放置元器件组，该方式一般在元器件较少的电路中使用。

“Statistical Placer”：统计布局方式。这种方式根据统计算法放置元器件，以使元器件之间的连线长度最短，该方式一般在元器件较多的电路中使用。

“Quick Component Placement”：快速布局。该选项只有在选中组布局方式时有效。

在自动布局时，若采用统计布局方式（Statistical Placer），屏幕弹出图 6-32 所示的对话框，可以设置元器件组归类、元器件旋转、电源网络、地线网络和布局栅格等，一般根据实际电路的情况进行设置。

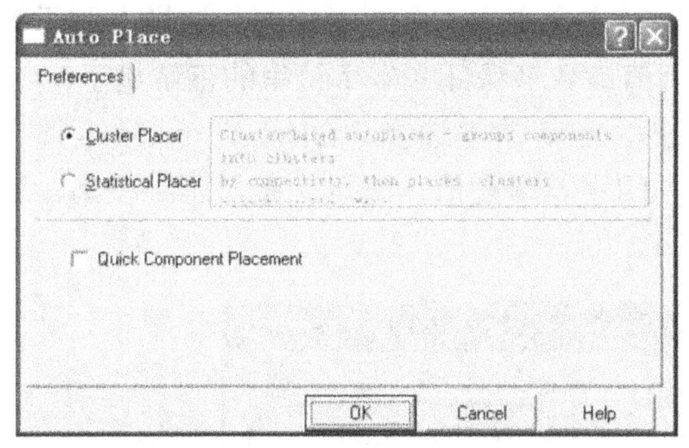

图 6-31 “自动布局”对话框

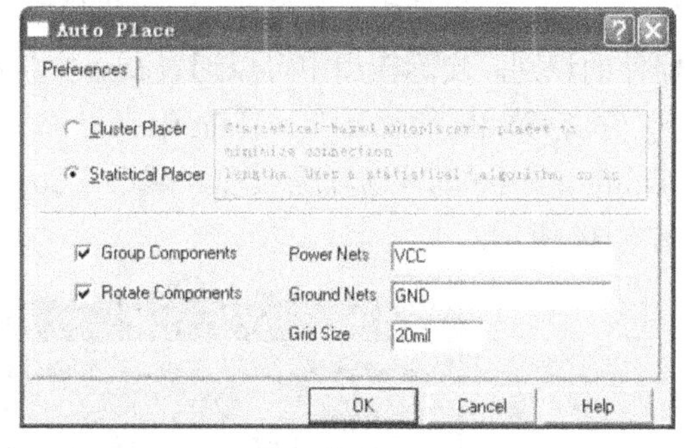

图 6-32 统计布局方式下的自动布局设置

图中主要设置项说明如下所述。

“Group Components”：选中此项，将当前网络相关的元器件归于一组。

“Rotate Components”：选中此项，在元器件布局时，允许旋转元器件。

“Power Nets”：指定电源网络名称，该项必须指定，若有多个电源，可用空格隔开，如 VCC +12 +5。

“Ground Nets”：指定地线网络名称，该项必须指定，如 GND。

“Grid Size”：设置元器件自动布局时的栅格间距。

本例采用“组布局”方式，即选择图 6-31 的“Cluster Placer”，并选中“Quick Component Placer”进行快速布局，设置完毕单击“OK”按钮，系统进行自动布局，布局结果如图 6-33 所示。

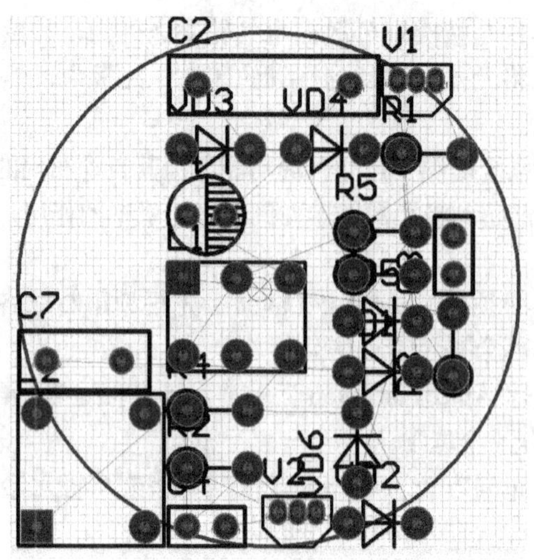

图 6-33　自动布局完成后的窗口

图 6-33 中各元器件之间通过网络飞线连接，但它不是实际连线，布线时要用印制导线来代替。由于板比较小，有些元器件散在板的外面。显然图中的元器件布局不理想，元器件标号的方向也不合理，需要手工调整。

2. 字符串显示设置

在 PCB 设计中，在缩小显示电路时，字符串经常会变为一个矩形轮廓，这样不利于元器件的识别。实际应用中可以通过减小字符串的阈值参数来保证文本字符串的正常显示。

执行菜单“Tools”→“Preferences”，在弹出的对话框中选择“Display”选项卡，在“Draft thresholds”选项区域中，减小“Strings”中的字符串阈值，即可完整显示字符串，如图 6-34 所示。

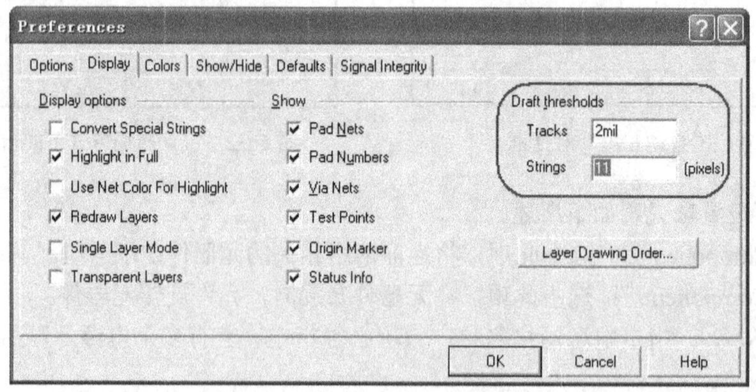

图 6-34　修改字符串的阈值

3. 采用全局修改方式隐藏元器件的注释

双击某个元器件封装的标称值，屏幕弹出“标称值属性”对话框，选中“Hide”后的复选框，表示进行隐藏，单击“Global”按钮进行全局修改，屏幕弹出“全局修改”对话框，单击“OK”按钮完成设置，此时屏幕弹出“是否确认修改”对话框，单击“Yes”按钮确认修改并隐藏全部注释。

隐藏注释有利于元器件的布局调整，设计结束后如果需要显示元器件注释，可以取消元器件的隐藏状态，然后重新调整元器件注释的位置即可。

4．元器件封装旋转角度设置

由于节能灯的印制电路板是圆形，如果元器件布局时采用通用的横平竖直的方式进行，板的空间不够，所以实际布局时需要将一些元器件封装旋转一定角度，然后再放置在圆形的电路板中。

系统默认元器件封装的旋转角度为 90°，为实现指定角度旋转，必须先进行旋转角度设置。执行菜单“Tools”→“Preferences”，屏幕弹出“优先设定”对话框，如图 6-35 所示。选中图中的“Options”选项，在“Other”区的“Rotation Step”栏后设置旋转的角度为 15，即每次旋转 15°。

5．元器件手工布局调整

用鼠标左键点住元器件不放，拖动鼠标可以移动元器件，在移动过程中按下〈Space〉键可以每次 15° 旋转元器件，同时按下〈Shift〉+〈Space〉键可以反方向旋转元器件。

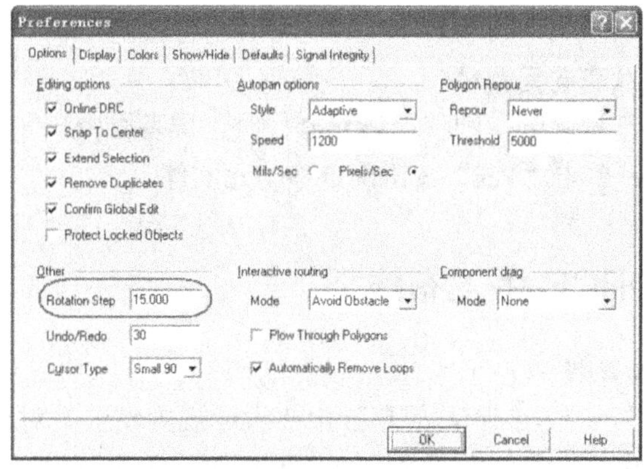

图 6-35　旋转角度设置

6．添加连接用焊盘

本例中还需放置 6 个直径 80mil 的焊盘，其中 4 个用于连接节能灯，2 个用于连接电源，根据原理图为焊盘设置好相应的网络。扼流圈 L2 的 1、2 脚连接电路，3、4 脚是空脚，在空间不足的情况下 3、4 脚可以为其他线借用过线，但必须设置好对应的网络。

7．编辑焊盘尺寸

在图 6-33 中，个别元器件焊盘尺寸小于 80mil，如 C2、C4、C7、C8，用鼠标左键双击焊盘，屏幕弹出“焊盘属性”对话框，设置焊盘的“X-Size”和“Y-Size”均为 80mil；设置晶体管 V1、V2 焊盘的“X-Size”为 40mil，“Y-Size”为 60mil。

8．调整元器件标注

元器件布局调整后，一般要相应地调整元器件的标注，移动和旋转元器件标注的方法与调整元器件的方法相同。元器件标注一般要求全板保持大小和方向一致，而且元器件标注不能放置在元器件符号框中。

为保证元器件标号的完整显示，双击元器件标号，在弹出的对话框中减小其“Height”的数值，本例中设置为35mil，单击“Global”按钮进行全局修改。

手工布局调整后的PCB如图6-36所示，其中元器件注释被隐藏。

9．3D显示布局情况

布局调整结束后，执行菜单“View”→“Board in 3D”显示元器件布局的3D视图，屏幕弹出一个对话框，单击“OK”按钮确认显示3D视图。节能灯手工布局3D图如图6-37所示，从图中可以观察元器件布局是否合理。

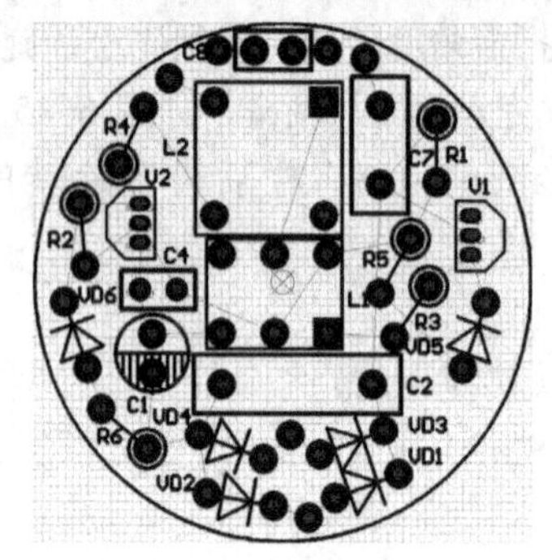

图6-36　完成手工布局的PCB图

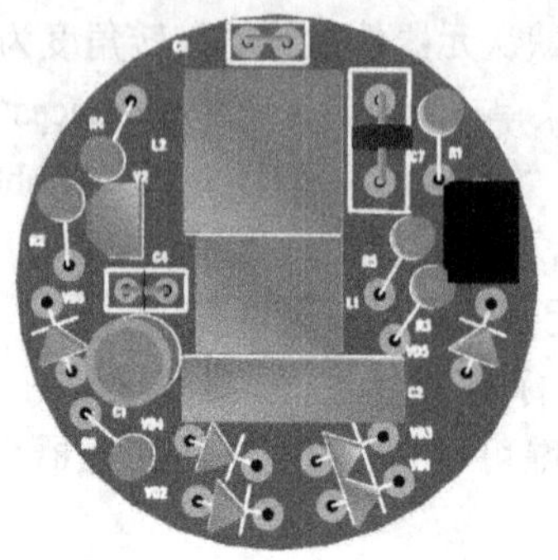

图6-37　3D显示的PCB

10．移动处于锁定状态的元器件

若要移动的元器件已被锁定，则移动该元器件时，屏幕会弹出一个对话框，提示元器件已经锁定是否确认移动，单击“Yes”按钮确定移动元器件。

任务6.4　节能灯PCB手工布线

1．设置交互式布线参数

执行菜单“Design”→“Rules”，屏幕弹出“设计规则设置”对话框，选中“Routing”选项卡下的“Width Constraint”可以设置线宽限制规则。单击图中的“Properties”按钮，屏幕弹出“线宽规则”对话框，本例中设置最小线宽（Minimum）为30mil、最大线宽（Maximum）和优选线宽（Preferred）为40mil，适用于全部对象。

2．手工布线

（1）通过“交互式布线”进行手工布线。将工作层切换到Bottom Layer，执行菜单“Place”→“Interactive Routing”，根据网络飞线进行连线，线路连通后，该线上的飞线将消失。连线转弯采用135°或圆弧进行，转弯方式通过按〈Shift〉+〈Space〉键切换。

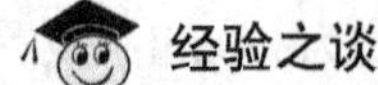

经验之谈

在交互式布线过程中，有时会出现按键盘上的〈Shift〉+〈Space〉键无法切换连线的转弯方式，原因在于此时系统处于中文输入法状态，将输入法切换为英文状态，操作恢复正常。

（2）放置圆弧线。本例中在板边缘需要用圆弧布线，可以执行菜单“Place”→“Arc

(Center)”实现。执行该菜单后，将光标移动到坐标原点单击鼠标左键确定圆心，移动鼠标拉出一个圆，当圆弧可以连接两焊盘时单击鼠标左键确定半径，移动光标到下方的焊盘单击鼠标左键确定圆弧起点，将光标移动到上方的焊盘单击鼠标左键确定圆弧终点完成连线，单击鼠标右键退出。最后双击圆弧，在弹出的对话框中将圆弧的“Width”（宽）定义为40mil。圆弧连接过程如图 6-38 所示。

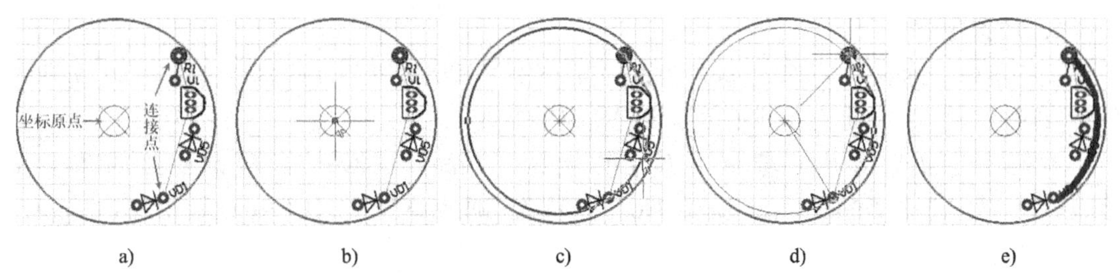

a) b) c) d) e)

图 6-38 圆弧连接过程图

a) 要连接的焊盘 b) 定义放置的圆弧圆心 c) 定义圆弧半径 d) 定义圆弧起始和终止点 e) 修改圆弧的宽度

（3）本例在布线过程中可以微调元器件的布局，并可通过借用 L2 的空脚 3、4 来过渡连线，使用时必须设置好相应的网络。

完成手工布线的 PCB 如图 6-39 所示。

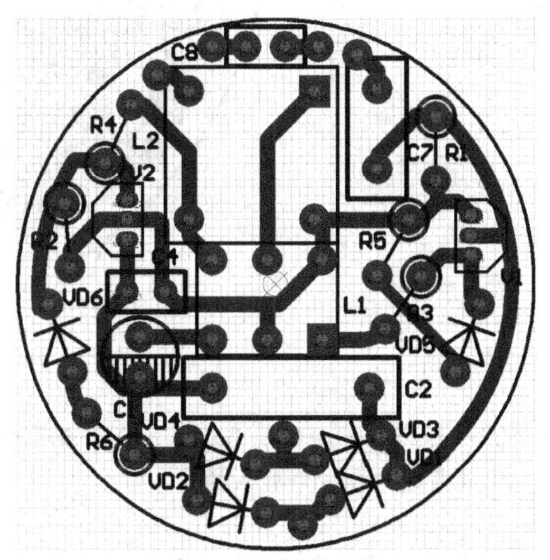

图 6-39 完成手工布线的 PCB 图

任务 6.5 覆铜设计

在 PCB 设计中，有时需要用到大面积铜箔，如果是规则的矩形铜箔，可以通过执行菜单“Place”→“Fill”实现；如果是不规则的铜箔，则执行菜单“Place”→“Polygon Plane”实现。

一般网状的覆铜用于屏蔽，通常要接地；实心的覆铜用于增加铜箔面积，提高电流承受能力和稳定性。

本例中为整流电路等使用覆铜，以提高电流承受能力和稳定性，注意将覆铜的网络设置为当前焊盘上的网络。

下面以为网络 NetVD2_1（即整流二极管 VD2 和 VD4 的正端的网络）添加覆铜为例介绍覆铜的使用方法。

1．放置覆铜

执行菜单“Place”→“Polygon Plane”或单击工具栏按钮，屏幕弹出图 6-40 所示的“覆铜参数设置”对话框，在其中可以设置覆铜的参数。

本例中需要放置实心覆铜，其工作层为“Bottom Layer”，覆铜连接的网络为“NetVD2_1”，选中“Pour Over Same Net ”（覆盖相同网络），选中“Remove Dead Copper”（删除死铜）。

设置完毕单击“OK”按钮进入放置覆铜状态，拖动光标到适当的位置，单击鼠标左键确定覆铜的第一个顶点位置，然后根据需要移动并单击鼠标左键绘制一个封闭的覆铜空间后，在空白处单击鼠标右键退出绘制状态，覆铜放置完毕，如图 6-41 所示。

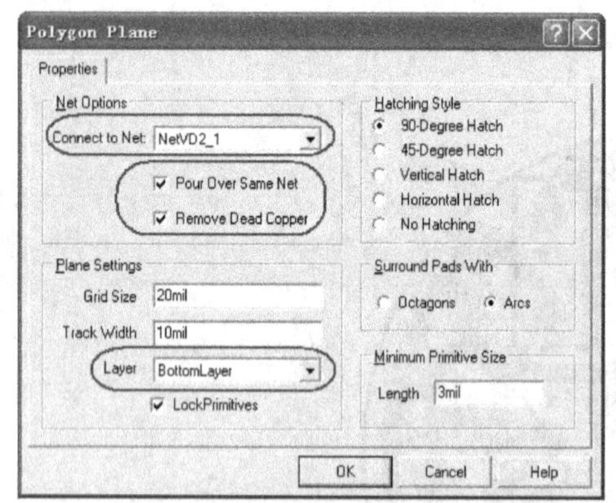

图 6-40 “覆铜参数设置”对话框

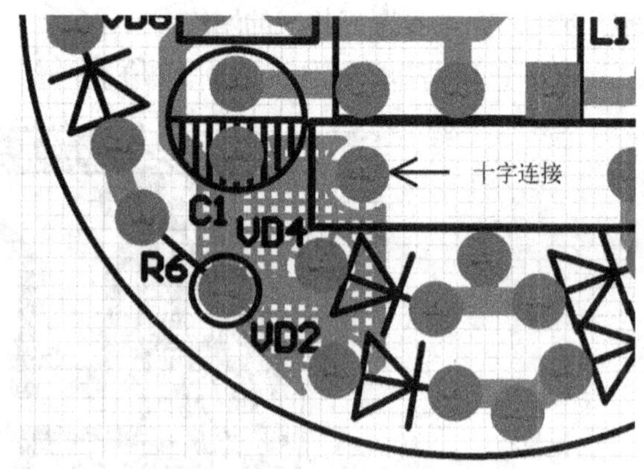

图 6-41 放置覆铜

从图中看出覆铜是网状的，与焊盘的连接是通过“十”字线实现的，本例中希望覆铜是实心的，且直接覆盖焊盘，还需要进行覆铜规则设置。

2．设置覆铜连接方式

执行菜单“Design”→“Rules”，屏幕弹出图“设计规则设置”对话框，选中“Manufacturing”选项卡，选择“Polygon Connect Style”选项，双击下方的规则打开“覆铜连接方式设置”对话框，如图 6-42 所示。

在“Rule Attributes”下拉列表框中选中“Direct Connect”进行直接连接，单击“OK”按钮完成设置并退出。

双击该覆铜，屏幕弹出图 6-40 所示的“覆铜参数设置”对话框，单击“OK”按钮退出，屏幕弹出一个对话框提示是否重新建立覆铜，单击“Yes”按钮确认重画覆铜，重画后的结果如图 6-43 所示，从图中可以看出覆铜直接覆盖焊盘，但覆铜仍然是网状覆铜。

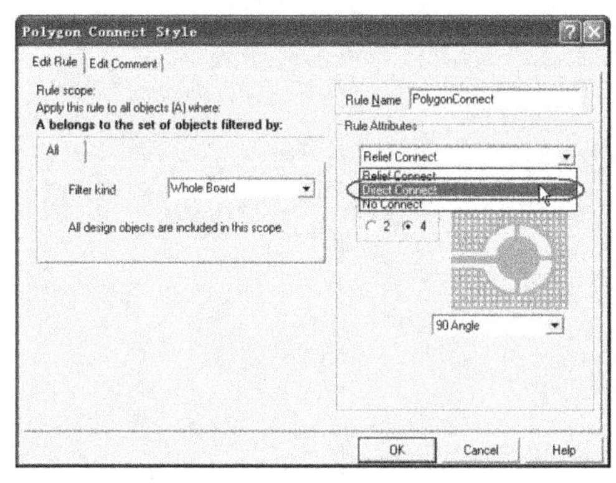

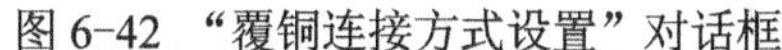
图 6-42 “覆铜连接方式设置”对话框

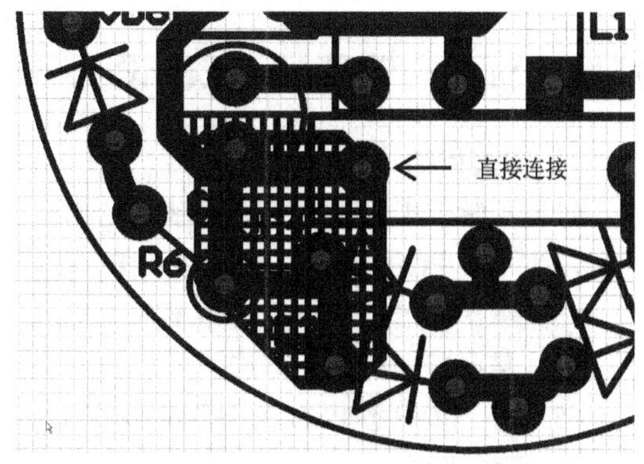

图 6-43 直接连接的覆铜

3. 设置实心覆铜

图 6-43 中覆铜是网状的，本例中需要实心覆铜，可以通过适当设置实现。

双击覆铜，屏幕弹出图 6-40 所示的“覆铜设置”对话框，将其中的“Track Width”栏的数值设置成比“Grid Size”栏的数值大，然后单击“OK”按钮退出，屏幕弹出一个对话框提示是否重新建立覆铜，单击“Yes”按钮确认重画，完成实心覆铜设置。

完成设计后的节能灯 PCB 如图 6-44 所示。

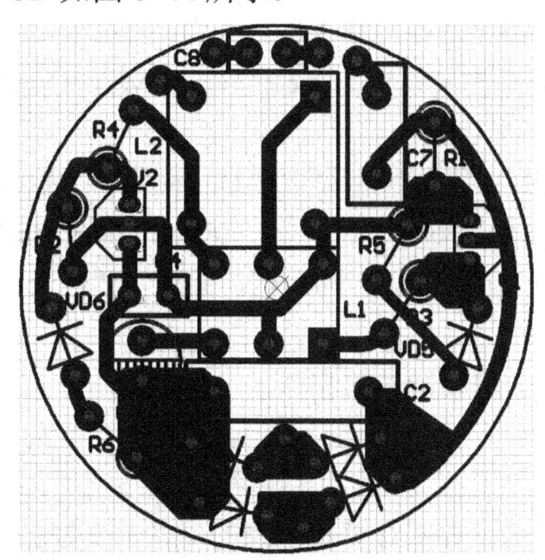

图 6-44 布线结束的 PCB

PCB 布线完毕，要调整好丝网层的文字，以保证 PCB 的可读性，一般要求丝网的大小、方向要一致，不能放置在元器件框内或压在焊盘上。

至此，节能灯 PCB 设计完毕。

经验之谈

（1）在空间比较紧凑的 PCB 设计过程中，建议关闭 DRC 检查，以减少对屏幕显示的影响，但设计者需自行判断布局布线是否有不可忽略的违规。

（2）在设计过程中，可能某些元器件存在空脚，在不影响电气性能的前提下，可以借用这些空脚过线，连线前应设置好相应的网络。

（3）在实心覆铜设置中，覆铜的线宽要比栅格尺寸大。

技能实训 8　节能灯 PCB 设计

1．实训目的

（1）了解节能灯电路原理和基本结构。

（2）了解 PCB 布局、布线的一般原则。

（3）掌握元器件封装旋转角度的调整。

（4）掌握覆铜的设计方法。

（5）进一步熟悉 PCB 的手工布线方法。

2．实训内容

（1）事先准备图 6-22 所示的节能灯原理图文件，并熟悉电路原理，观察节能灯实物。

（2）进入 PCB 编辑器，新建 PCB 文件“节能灯.PCB”，新建元器件库文件“PcbLib1.Lib”，参考图 6-23、图 6-25～图 6-28 设计高频振荡线圈、扼流圈、立式电阻、立式二极管及电解电容的封装。

（3）载入 Advpcb.ddb 和自制的 PcbLib1.Lib 元器件库。

（4）打开节能灯原理图文件，根据表 6-1 重新设置好元器件的封装。

（5）进入 PCB 设计，设置单位制为 Imperial（英制）；设置可视栅格 1、2 分别为 10mil 和 100mil；捕获栅格 X、Y 和元器件网格 X、Y 均为 10mil。

（6）规划 PCB。将当前工作层设置为 Keep out Layer，任意放置一个圆，双击该圆，将其半径设置为 660mil，保存 PCB 文件。

（7）打开规划好的 PCB 文件，执行菜单“Design”→“Load Nets”载入网络表。

（8）PCB 自动布局。执行菜单“Tools”→“Auto Placement”→“Auto Placer”进行自动布局，选择图 6-31 的组布局“Cluster Placer”，并选中“Quick Component Placer”进行快速布局。

（9）采用全局修改方式隐藏元器件的注释。

（10）执行菜单“Tools”→“Preferences”，设置旋转角度为 15°。

（11）参考图 6-36 进行手工布局调整，尽量减少飞线交叉。

（12）参考图 6-36 放置 6 个连接灯管和电源的焊盘，并根据原理图设置好相应的网络。

（13）调整标注文字的大小。双击元器件标号，在弹出的对话框中将“Height”的数值减小为 35mil，单击“Global>>”按钮进行全局修改。

（14）执行菜单“View”→“Board in 3D”，查看 3D 视图，观察布局是否合理。

（15）设置交互式布线参数为：最小线度 30mil、最大线度和优选线宽 40mil，适用于全部对象。

（16）设置 C2、C4、C7 和 C8 的焊盘直径 80mil，设置晶体管 V1、V2 的焊盘 X 尺寸为 40mil、Y 尺寸为 60mil。

（17）参考图 6-39 进行手工布线，布线采用“交互式布线”方式进行，布线线宽为 40mil，转弯采用 135° 方式或圆弧方式进行，布线结束调整元器件丝网层的文字。

（18）参考图 6-44 对整流电路等放置实心覆铜，并将覆铜的网络设置为当前网络。

（19）保存文件完成设计。

3．思考题

（1）如何设定元器件的旋转角度？

（2）如何布设圆弧形连线并修改线宽？

（3）如何放置实心覆铜？

思考与练习

1．PCB 布局应遵循哪些原则？

2．PCB 布线应遵循哪些原则？

3．如何布设圆弧线？

4．PCB 自动布局有几种形式，有何区别？

5．如何进行 PCB 自动布局？

6．如何设置字符串的阀值？

7．如何设置元器件的旋转角度？

8．如何放置实心覆铜？

9．根据图 2-77 所示的存储器电路设计单面 PCB。

10．根据图 2-79 所示的串联调整型稳压电源电路，参考图 6-45 设计单面 PCB。图中 V1 为带散热片的中功率晶体管，封装参考图 5-42 设计，电位器 RP1 为单联电位器，其封装参考图 5-46 的焊盘间距设计。

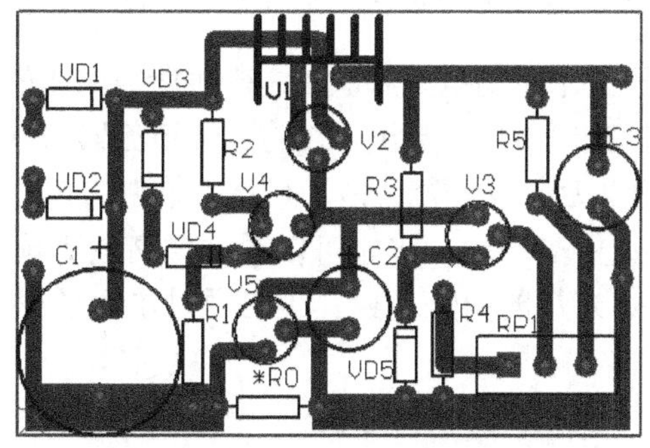

图 6-45　串联调整型稳压电源 PCB 样图

项目 7　低频矩形 PCB 设计——电子镇流器

知识与能力目标

1）学会使用更新 PCB 方式加载网络表。

2）掌握 Room 空间的使用方法。

3）掌握常用自动布线规则设置。

4）掌握预布线与自动布线方法。

本项目通过市面常用的电子镇流器来介绍低频 PCB 设计，采用的设计方法是通过更新 PCB 方式加载元器件封装和网络信息，然后进行自动布局和手工布局调整，最后进行自动布线与手工布线调整完成设计。

任务 7.1　了解电子镇流器产品及设计前准备

电子镇流器是采用电子技术驱动电光源，使之产生所需照明的电子设备。现代荧光灯越来越多地使用电子镇流器，轻便小巧，甚至可以将电子镇流器与灯管等集成在一起，同时，电子镇流器通常可以兼具辉光启动器功能，故又可省去单独的辉光启动器。

电子镇流器还可以具有更多功能，比如可以通过提高电流频率或者改变电流波形（如变成方波）来改善或消除荧光灯的闪烁现象，也可通过电源逆变使得荧光灯可以使用直流电源。

7.1.1　产品介绍

电子镇流器的外观和内部 PCB 如图 7-1 所示，它的电路原理与节能灯相似，但灯管是独立的，需要通过接插件与 PCB 连接。

电子镇流器电路原理图如图 7-2 所示，电路工作原理如下。

VD5～VD8、C7、C8 组成桥式整流、滤波电路，完成 AC→DC 转换。

V1、V2、L1、L2、磁心变压器 N1、扼流圈 L3、灯管 L4、C4、C5、C11 组成自激振荡电路，完成 DC→AC 转换，点亮灯管，其中 C5 为起动电容、C11 为谐振电容。

R1、R7、C3 组成起动电路，用于电路初始状态下起振，否则自激振荡无法形成。

电容 C11 用于起动灯管：灯管需要瞬时高压才能起动点亮，在电路加电初始阶段，扼流圈 L3、灯管的灯丝、起动电容 C5、谐振电容 C11 与开关管组成谐振，产生高频高压，将灯管击穿发光。

VD3、VD4 为保护二极管，分别保护晶体管 V1、V2。

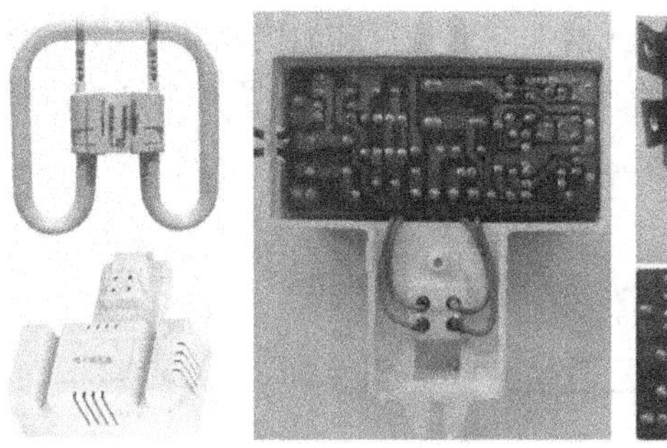

图 7-1　电子镇流器外观和 PCB 图

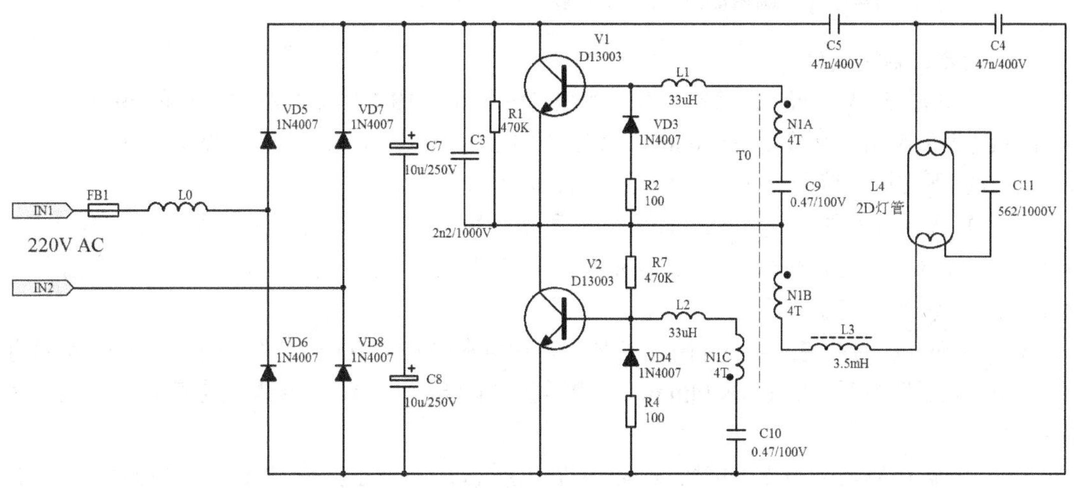

图 7-2　电子镇流器原理图

7.1.2　设计前准备

电子镇流器较复杂，采用手工一个一个放置元器件，将耗费大量的时间，如果通过自动载入元器件和网络信息将大大提高效率。

设计前的准备工作主要有以下 3 个内容。

1．绘制原理图元器件

图 7-2 中的高频振荡线圈 N1、扼流圈 L3 和 2D 灯管 L4 在系统自带的原理图元器件库中找不到，需要自己设计元器件图形。

高频振荡线圈 N1 为 3 个线圈并绕在同一个磁环上，元器件要标示上线圈的同名端，1、3、5 引脚为同名端，该元器件中有 3 套相同的功能单元，其元器件实物、原理图元器件图形及封装如图 7-3 所示。

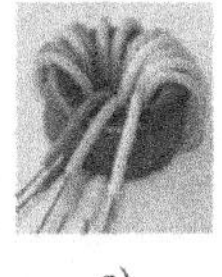

a)

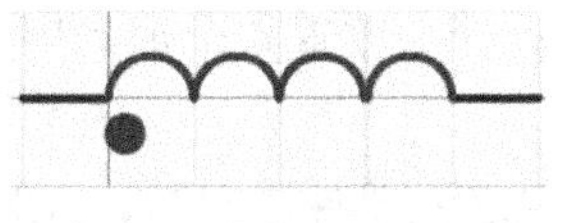

b)

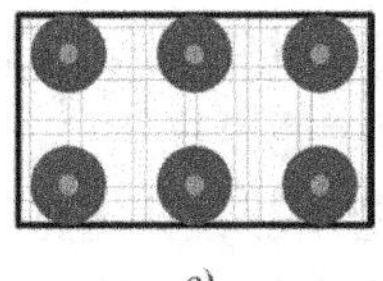

c)

图 7-3　高频振荡线圈 N1 图形

a) 元器件实物　b) 原理图元器件（三套功能单元）　c) 封装图形

扼流圈 L3 的元器件实物、原理图元器件图形及封装如图 7-4 所示，2D 灯管 L4 的原理图元器件图形如图 7-5 所示，该元器件无须封装，在 PCB 中留 4 个焊盘进行连接即可。

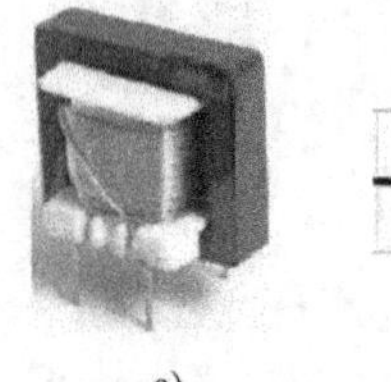
a)

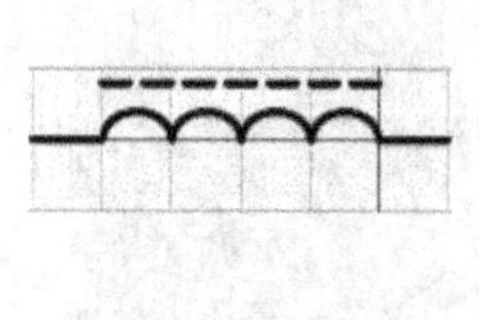
b)

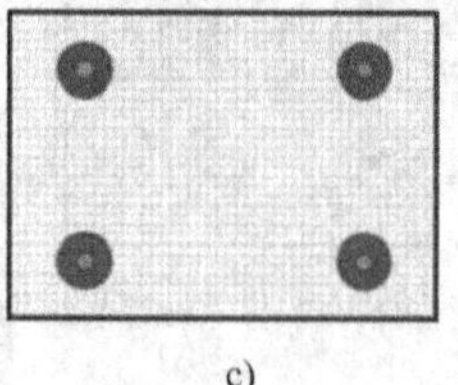
c)

图 7-4　扼流圈 L3 图形

a) 元器件实物　b) 原理图元器件　c) 封装图形

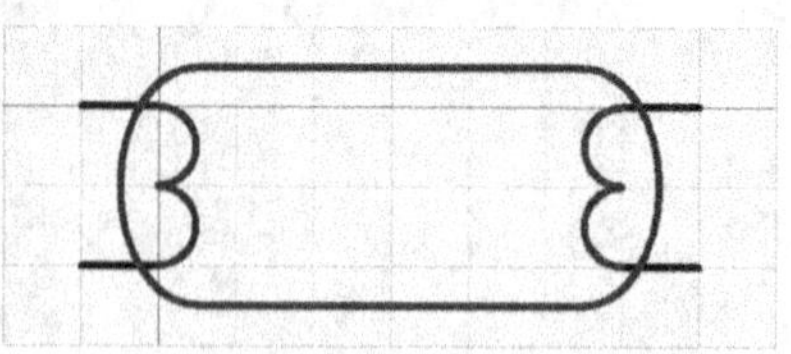

图 7-5　2D 灯管原理图元器件图形

2．元器件封装设计

（1）高频振荡线圈 N1 的封装。封装如图 7-3 所示，相邻焊盘左右中心间距 5mm，上下焊盘中心间距 5mm，焊盘直径 3mm，元器件外框 14mm×8mm，上排焊盘编号依次为 1、3、5，对应下排焊盘编号为 2、4、6，封装名 GPZD。

（2）扼流圈 L3 的封装。封装如图 7-4 所示，焊盘水平间距 15mm，垂直间距 10mm，焊盘直径 3mm，元器件外框 23mm×16mm，上排焊盘编号依次为 1、3，下排对应焊盘编号为 2、4，封装名 ELQ。

（3）电感 L0 的封装。封装如图 7-6 所示，焊盘水平间距 10mm，垂直间距 8mm，焊盘直径 3mm，元器件外框 14.5mm×14mm，上排焊盘的编号为 1、3，下排焊盘的编号为 2、4，封装名 LB1。

（4）电解电容 C7、C8 的封装。如图 7-7 所示，为减小封装图形占用的面积，删去系统自带封装库中 RB.2/.4 封装图形外围丝网层上的“+”，将焊盘 2 作为负极并打上横线做为指示，焊盘间距 5mm，外框圆直径 10mm，焊盘直径 3mm，封装名设置为 RB.2/.4A。

（5）涤纶电容 C11 的封装。如图 7-8 所示，焊盘间距 15mm，元器件外框 18mm×5mm，焊盘直径 3mm，焊盘编号依次为 1、2，封装名 RAD0.6。

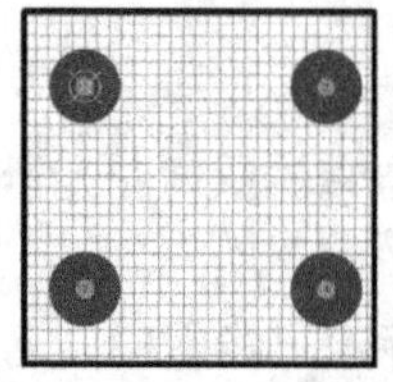
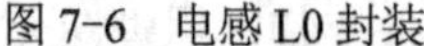

图 7-6　电感 L0 封装

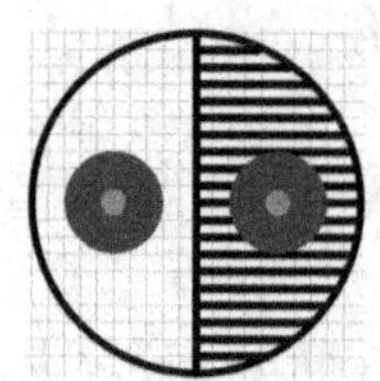

图 7-7　电解电容封装

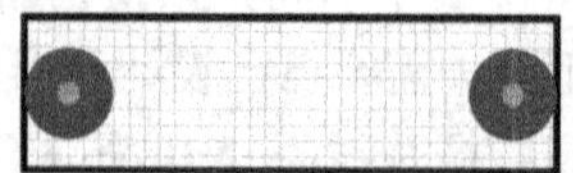

图 7-8　涤纶电容封装

（6）2D 灯管：因为 2D 灯管没有安装在印制电路板上，所以只要定义 2D 灯管原理图的元器件，不要制作封装图形，在 PCB 设计中放置 4 个焊盘用于连接灯管。

3．原理图设计

根据图 7-2 设计电路原理图，设置好元器件的封装，元器件的参数如表 7-1 所示。原理图设计完毕进行编译检查，若有错误进行修改，直至无原则性错误。最后将其文件名另存为“电子镇流器.Sch”。

表 7-1　电子镇流器元器件参数表

元器件类别	元器件标号	原理图元器件名	原理图元器件库	元器件封装
1/8W 电阻	R2、R4	Res2	Miscellaneous Devices.ddb	AXIAL0.4
1/4W 电阻	R1、R7	Res2	Miscellaneous Devices.ddb	AXIAL0.5
熔丝	FB1	FUSE1	Miscellaneous Devices.ddb	AXIAL0.4
电解电容	C7、C8	ELECTRO1	Miscellaneous Devices.ddb	RB.2/.4A（自制）
涤纶电容	C3、C9、C10	Cap	Miscellaneous Devices.ddb	RAD0.2
涤纶电容	C4、C5	Cap	Miscellaneous Devices.ddb	RAD0.3
涤纶电容	C11	Cap	Miscellaneous Devices.ddb	RAD0.6（自制）
色码电感	L1、L2	INDUCTOR1	Miscellaneous Devices.ddb	AXIAL0.4
晶体管	V1、V2	NPN	Miscellaneous Devices.ddb	TO-126
整流二极管	VD3～VD8	DIODE	Miscellaneous Devices.ddb	DIODE0.4
电感	L0	INDUCTOR	Miscellaneous Devices.ddb	LB1（自制）
高频振荡线圈	N1	GPZD（自制）	自制	GPZD（自制）
扼流圈	L3	ELQ（自制）	自制	ELQ（自制）
2D 灯管	L4	DG（自制）	自制	无，用焊盘代

7.1.3　设计 PCB 时考虑的因素

电子镇流器的 PCB 采用矩形板，尺寸适中，元器件密度不大，电路的工作电流较小，晶体管 V1、V2 采用自带散热片的中功率管，无须再加装散热器。

设计时考虑的主要因素如下所述。

（1）配合外壳，设置 PCB 的尺寸为 83mm×40mm。

（2）整流滤波电路和振荡管分别布于 PCB 的两侧，整流电路集中布局于电源接线端附近，并为电源接线端预留两个焊盘，并设置好网络。

（3）扼流圈位于板的中下方，在板的中上方配合外壳接线为灯管接线端预留 4 个焊盘，并设置好网络。

（4）高频振荡线圈 N1 是 3 只线圈并绕，要注意同名端的连接。

（5）扼流圈 L3 磁心为 EI 型，有 4 个引脚，其中 1、2 脚接线圈，3、4 脚为空脚，用于固定元器件。

（6）布局时元器件离板边沿至少 2mm。

（7）振荡电路围绕振荡线圈和晶体管进行布局。

（8）布局调整时应尽量减少网络飞线的交叉。

（9）布线采用手工布线方式进行，整流滤波电路和灯管连接线宽为 2mm，其他为 1mm。

（10）连线转弯采用 45° 或圆弧进行。

（11）在空间允许的条件下可以使用覆铜加宽电源线和地线，以提高电流承受能力和稳定性。

任务 7.2　加载网络信息及手工布局

Protel 99 SE 中除了在 PCB 编辑器中调用网络表加载元器件封装和网络信息外，还可以在原理图编辑器中通过更新 PCB 的方式加载元器件封装和网络信息。

7.2.1 通过更新 PCB 方式加载网络和元器件封装

1. 规划 PCB

（1）执行菜单“File”→“New”新建 PCB 文件，并将文件名修改为“电子镇流器.PCB”。

（2）执行菜单“View”→“Toggle Units”，设置单位制为“Metric”（公制）。

（3）执行菜单“Design”→“Options”，在“Layers”选项卡中，设置“Visible Grid 1”为 1mm 并选中其前面的复选框设置状态为显示，设置“Visible Grid 2”为 5mm。

选中“Options”选项卡，设置捕获栅格“Snap X”和“Snap Y”为 0.5mm；设置元器件移动栅格“Component X”和“Component Y”为 0.5mm。

（4）在工作层设置中选中“Keep Out Layer”复选框，然后用鼠标单击工作区下方选项卡中的KeepOutLayer，将当前工作层设置为“Keep Out Layer”。

（5）执行菜单“Tools”→“Preferences”，选中“Display”选项，选中“Origin Marker”前的复选框，显示坐标原点。

（6）执行菜单“Edit”→“Origin”→“Set”，在工作区左下角定义相对坐标原点。

（7）执行菜单“Place”→“Line”任意放置 4 条直线，双击其中的一条连线，屏幕弹出“连线属性”对话框，如图 7-9 所示。

将该连线的“Start-X”设置为 0mm，“Start-Y”设置为 0mm，即起始坐标为（0，0）；将“End-X”设置为 83mm，“End-Y”设置为 0mm，即终止坐标为（83，0），设置完毕后单击“OK”按钮完成连线设置。

依次双击其他 3 条连线，将其坐标分别设置为（83，0）、（83，40）；（83，40）、（0，40）及（0，0）、（0，40）。设置完毕形成一个 83mm×40mm 的闭合边框，以此边框作为电路板的尺寸，如图 7-10 所示。此后放置元器件和布线都在此边框内部进行。

2. 通过更新 PCB 方式加载网络表和元器件封装

（1）在原理图编辑器中，执行菜单“Tools”→“ERC”对原理图文件进行编译，检查并修改错误；执行菜单“Design”→“Create Netlist”生成网络表，检查封装是否正确。

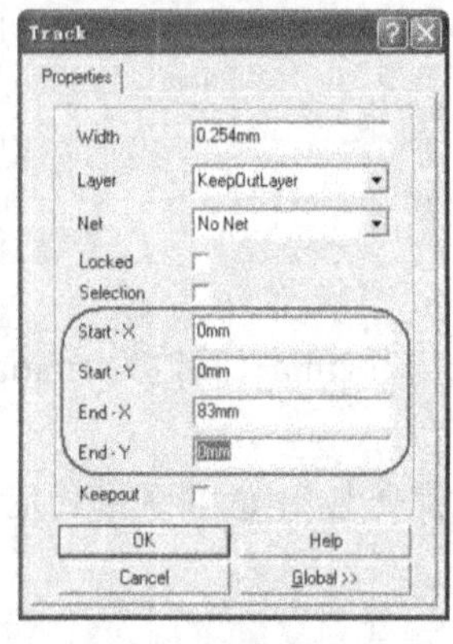

图 7-9 连线属性设置

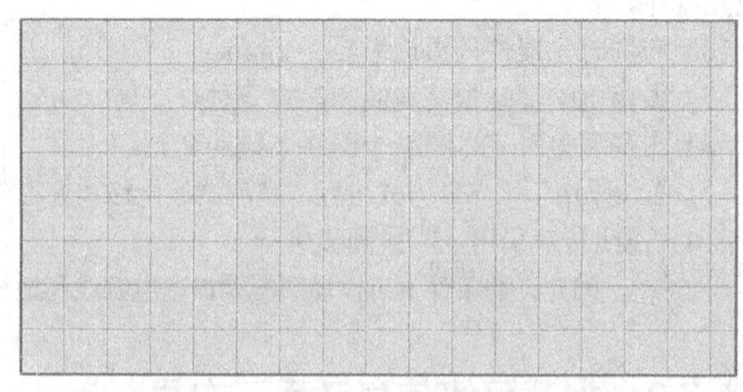

图 7-10 规划 83mm×40mm 的印制电路板

（2）在 PCB 编辑器中，将系统自带的 PCB 元器件库 Advpcb.ddb 和自行设计的 PCB 元器件库设置为当前库。

（3）返回原理图编辑器，打开原理图文件“电子镇流器.Sch”，执行菜单“Design”→“Update PCB”更新 PCB，系统弹出更新设计对话框，如图 7-11 所示。

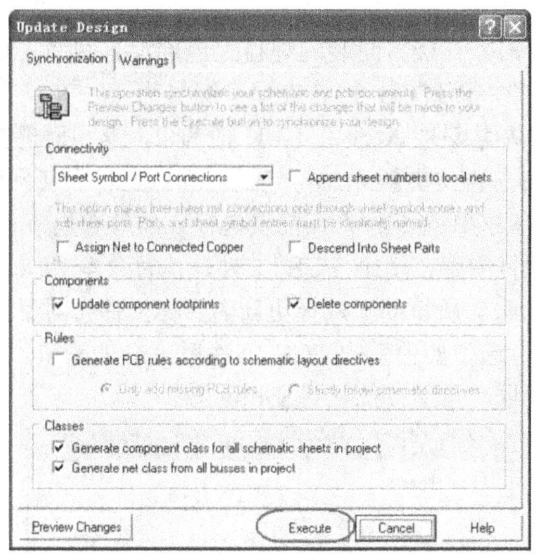

图 7-11 “更新 PCB”对话框

单击“Execute”按钮确认更新，系统弹出一个对话框提示可能无法加载所有网络，忽略该提示，单击“Yes”按钮确认更新 PCB。

（4）更新 PCB 后，可能在屏幕上无法看到所有载入的元器件封装，执行菜单“View”→“Fit Board”显示全板，此时一般在右上角可以看到载入的元器件封装，如图 7-12 所示，在图中查看封装和网络飞线是否有缺失。

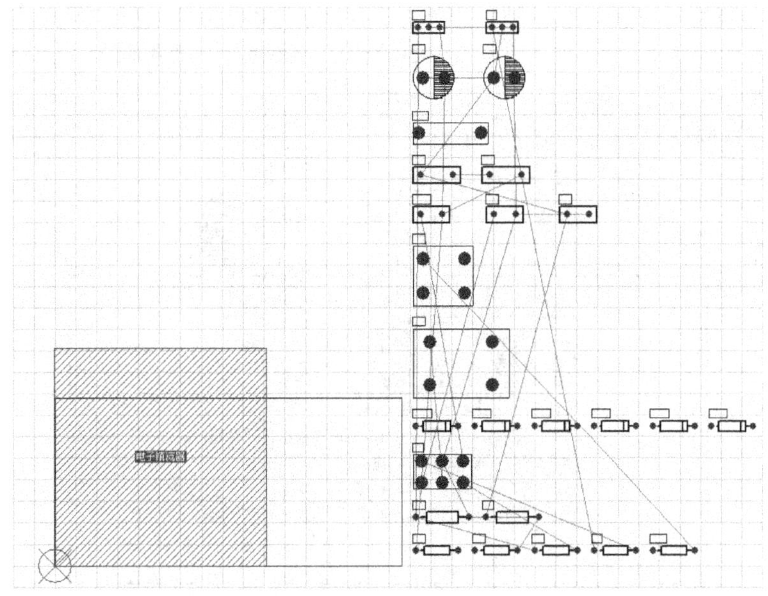

图 7-12 通过更新 PCB 载入的网络和封装

从图 7-12 中可以看出，系统自动建立了一个 Room 空间“电子镇流器”，Room 空间的名字是根据原理图的文件名确定的。

在 Room 空间周围加载了元器件封装和网络，图中的元器件标号显示为方框，放大屏幕后可以看到完整的标号。

从图 7-12 中可以看出，二极管封装的焊盘上全部没有网络飞线，主要原因在于原理图中的二极管引脚号为 1、2，而 PCB 封装中焊盘编号为 A、K，二者不匹配造成无网络飞线。双击二极管焊盘，将焊盘编号 A 改为 1，K 改为 2，返回原理图编进器，重新执行菜单“Design”→“Update PCB”再次更新 PCB，二极管焊盘上将出现网络飞线。

图 7-12 中的封装都在 PCB 边框外，还需要进行元器件布局。

如果在同一个设计项目中存在多个 PCB 文件，执行菜单“Design”→“Update PCB”更新 PCB，系统弹出图 7-13 所示的“选择更新的目标文件”对话框，该对话框中显示当前项目中的所有 PCB 文件，选中要更新的 PCB 文件后单击“Apply”按钮，屏幕弹出图 7-11 所示的“更新 PCB”对话框，可继续加载封装和网络。

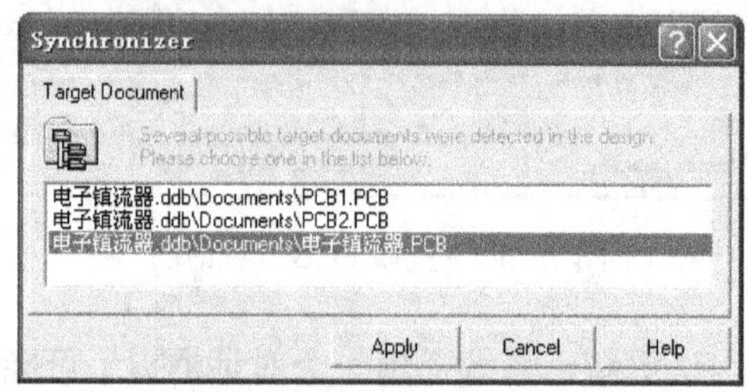

图 7-13 “选择更新的目标文件”对话框

3. Room 空间内布局

用鼠标点住 Room 空间“电子镇流器”将其拖动到规划的电气轮廓中间，执行菜单“Tools”→“Interactive Placement”→“Arrange Within Room”，移动光标到 Room 空间内单击鼠标左键，元器件将自动整齐排列在 Room 空间中，单击鼠标右键结束操作，此时屏幕上可能会有一些残缺画面，可以执行菜单“View”→“Refresh”刷新画面。鼠标左键单击选中 Room 空间，按键盘上的〈Delete〉键删除 Room 空间。

Room 空间布局后的 PCB 如图 7-14 所示。

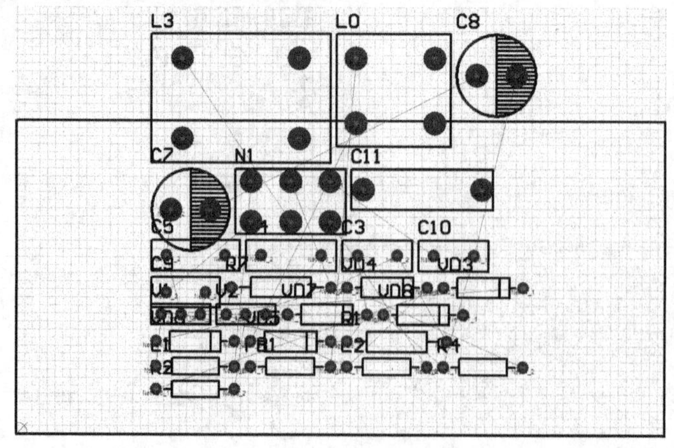

图 7-14 Room 空间内布局

7.2.2 电子镇流器 PCB 手工布局调整

从图 7-14 中可以看出，Room 空间布局只是简单地将元器件散开，还必须进行手工布局调整。

1. 元器件手工布局

手工布局调整主要目的是通过移动元器件、旋转元器件等方法合理调整元器件的位置，在保证电气性能的前提下，尽量减少网络飞线的交叉，以提高布线的布通率。

用鼠标左键点住元器件不放，拖动鼠标可以移动元器件，在移动过程中按下〈空格〉键可以旋转元器件。一般在元器件布局时不进行元器件的翻转操作，以免造成元器件的焊盘无法与原理图中的引脚对应。

2. 调整元器件标注文字

元器件布局调整后，一般要相应地调整元器件的标注文字，移动和旋转元器件标注的方法与调整元器件的方法相同。元器件标注一般要求全板保持大小和方向一致，而且元器件标注不能放置在元器件符号框中。

若标注文字尺寸太大，可鼠标双击标注文字，在弹出的对话框中减小“Height”的值，单击“Global>>”按钮，显示“全局修改”对话框，单击“OK”按钮进行全局修改，屏幕弹出一个“是否确认修改”对话框提示是否修改全部标注，单击“Yes”按钮完成标注的全局修改。

3. 3D 显示布局情况

布局调整结束后，执行菜单“View”→“Board in 3D”显示元器件布局的 3D 视图，屏幕弹出一个对话框，单击“OK”按钮确认显示 3D 视图。

电子镇流器手工布局调整后的 PCB 如图 7-15 所示，图中隐藏了元器件的标称值。

电子镇流器手工布局 3D 图如图 7-16 所示，从图中可以观察元器件布局是否合理。

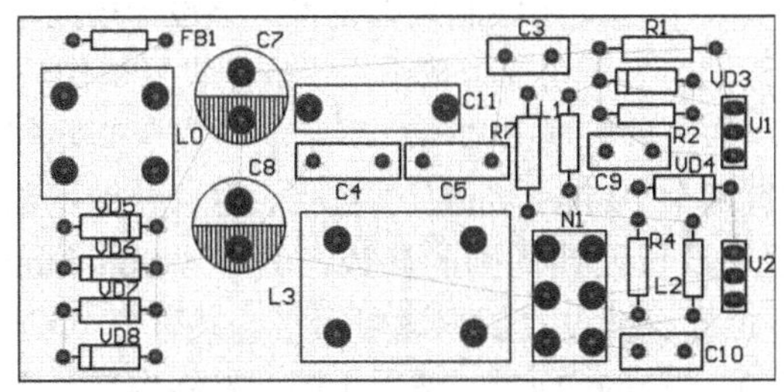

图 7-15 手工布局调整后的 PCB

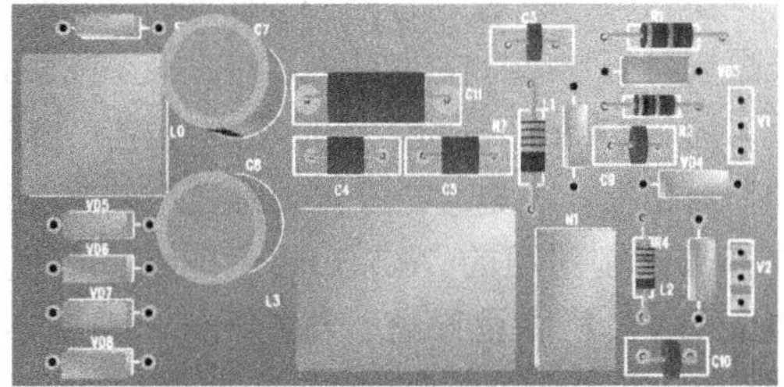

图 7-16 3D 显示的 PCB

任务 7.3 设置常用自动布线设计规则

在进行自动布线前，首先要设置自动布线设计规则，自动布线规则设置的合理性将直接影响到布线的质量和成功率。

设计规则制定后，系统将自动监视 PCB，检查 PCB 中的图件是否符合设计规则，若违反了设计规则，将以高亮显示错误内容。

执行菜单“Design”→“Rules”，屏幕弹出图 7-17 所示的“设计规则”对话框，此对话框共有 6 个选项卡，分别设定与布线、制造、高速线路、元器件自动布局、信号分析及其他方面有关的设计规则。

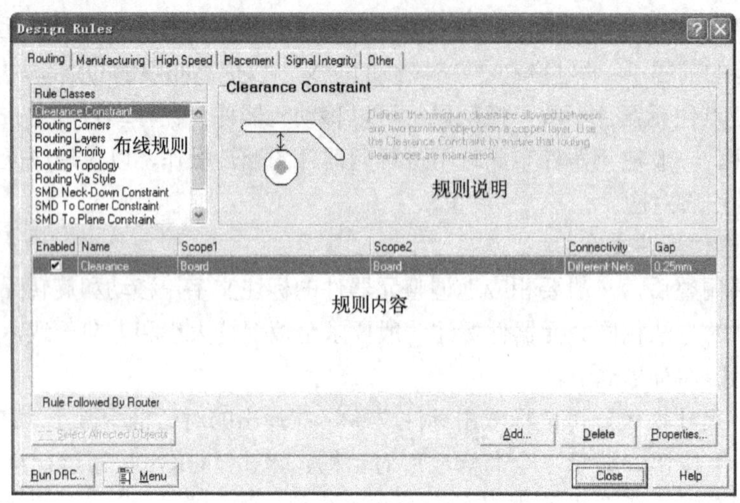

图 7-17 “设计规则”对话框

图 7-17 中选中的是有关布线的设计规则（Routing 选项卡）。在此选项卡中，左上角的“Rule Classes”栏中列出了有关布线的 10 个设计规则，右侧区域是在“Rule Classes”栏中所选取的设计规则的说明，下方是在“Rule Classes”栏中所选取的设计规则的具体内容。下面介绍常用的布线设计规则。

1. Clearance Constraint（安全间距限制规则）

图 7-17 中选中的是“Clearance Constraint”，即安全间距限制规则设置。该设计规则用来限制具有导电特性的图件之间的最小间距，对话框的右下角 3 个按钮用于规则设置操作。

（1）“Add”按钮。该按钮用于建立新规则，单击后出现图 7-18 所示的“安全间距规则”对话框。左边一栏设置规则适用的范围，共有两个“Filter kind”下拉列表框，分别用于选择需限制间距的 A、B 两个图件；右侧一栏是设置设计规则的参数，其中“Minimum Clearance”栏中设置最小安全间距，其下方的下拉列表框设置规则适用网络，共有 3 个选项：“Different Nets Only”（适用于不同网络之间）、“Same Net”（适用于同一网络内部）和“Any Net”（适用于任何网络）；“Filter kind”下拉列表框用于选择需要约束的焊盘（Pad）、连线（From-To）、连线类型（From-To class）、网络（Net）、网络类型（Net Class）、元器件（Component）、元器件类型（Component Class）、各种图件（Object Kind）、信号层（Layer）及全板（Whole Board）。

设置完毕，单击“OK”按钮，完成安全间距设计规则的设定，设定好的内容将出现在设计规则对话框下方的规则内容一栏中。

进入规则设置后，系统默认已有一个规则，如图 7-17 的下方“Rule Followed By Router”区中的规则“Clearance”，双击该规则也可打开图 7-18 所示的“安全间距规则设置”对话框。

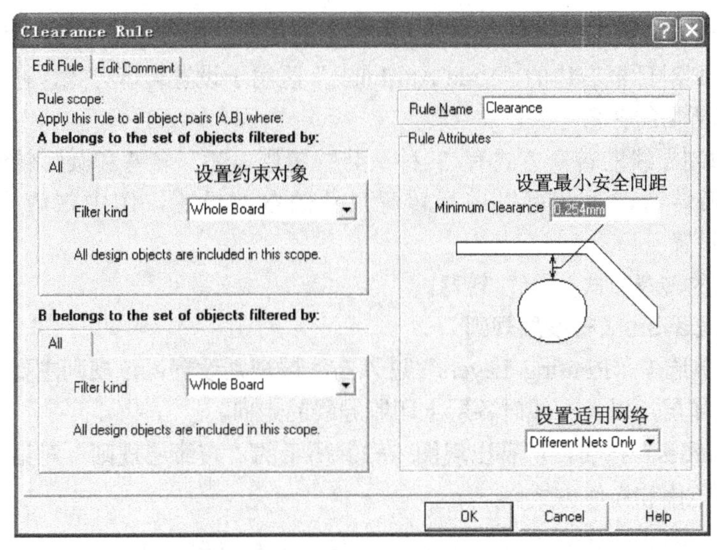

图 7-18 “安全间距限制规则”设置

（2）“Delete”按钮。用鼠标左键选取要删除的规则，单击“Delete”按钮，可以删除选取的规则。

（3）“Properties”按钮。用鼠标左键选取一项规则，单击“Properties”按钮，出现图 7-18 所示的对话框，在对话框中修改参数后，单击“OK”按钮，修改后的内容会出现在规则内容区中。

设定两个图件间的最小间距（即安全间距）一般依赖于布线经验，在板的密度不高的情况下，最小间距可设大一些。最小间距的设置会影响到印制导线走向，用户应根据实际情况调节。

本例中安全间距设置为 0.254mm，适用对象为“Whole Board”（全板）。

2. Routing Corners（转弯方式规则）

在图 7-17 中选中“Routing Corners”进入转弯方式规则设置，该规则主要是在自动布线时规定印制导线转弯的方式。单击“Properties”按钮，屏幕出现图 7-19 所示的“转弯方式”对话框，设置规则适用范围和规则参数。

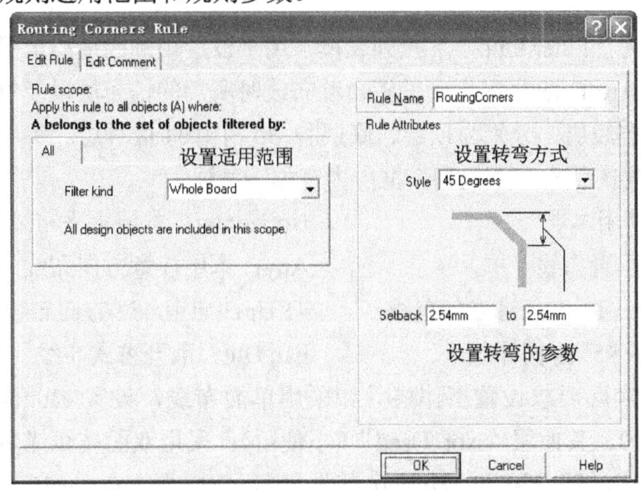

图 7-19 “转弯方式规则”对话框

“Filter kind”下拉列表框内容与间距限制规则的相似，用于设置规则的适用范围。

转弯方式规则对话框右边的“Rule Attributes”区用于设置转弯方式，在“Style”下拉列表框中可以选择所需的转弯方式。

该规则中印制导线的转弯方式有 3 种：45° 转弯、90° 转弯和圆弧转弯。其中，对于 45° 转弯和圆弧转弯，系统可以进行转弯尺寸的参数设置，图中带箭头的长度参数在“Setback”栏中设置。

本例中设置的转弯方式为 45° 转弯。

3. Routing Layers（布线层规则）

在图 7-17 中选中“Routing Layers”进入布线层规则设置，该规则主要用于规定自动布线时所使用的工作层，以及布线时各层上印制导线的走向。

单击“Properties”按钮，屏幕出现图 7-20 所示的“布线层规则”对话框，可以设置布线层、规则适用范围和布线方式。

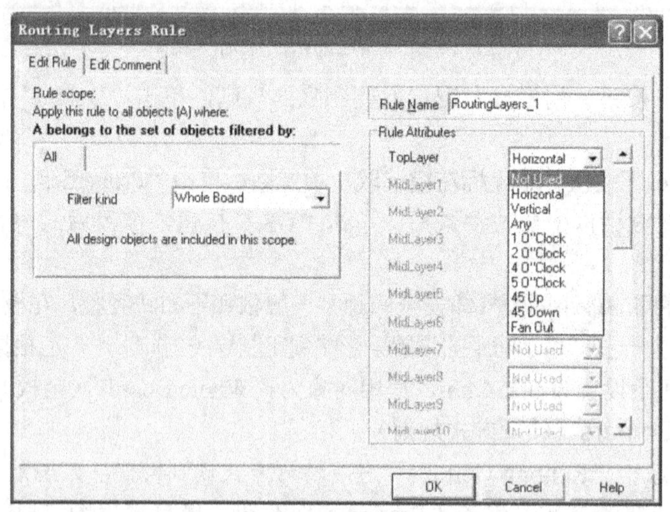

图 7-20 “布线层规则”设置

图中左侧一栏为“Filter kind”下拉列表框，用于设置规则的适用范围。

右侧的“Rule Attributes”区用于设置自动布线时所用的信号层以及每一层上布线走向，本栏中共有 32 个布线层，分别为顶层、底层和 30 个中间信号层。每层都有一个下拉列表框，用于设置工作层的状态，下拉列表框中内容如下所述。

Not Used：不使用本层　　Horizontal：本层水平布线

Vertical：本层垂直布线　　Any：本层任意方向布线

1～5 O″ Clock：1～5 点钟方向布线　　45 Up：向上 45° 方向布线

45 Down：向下 45° 方向布线　　Fan Out：散开方式布线

布线时应根据实际要求设置工作层。如采用单面布线，设置 Bottom Layer 为“Any”（底层任意方向布线）、其他层“Not Used”（不使用）；采用双面布线或多层布线时，相邻层之间的布线必须正交，即一层为“Horizontal”，则相邻层为“Vertical”，没有使用的层设置为“Not Used”（不使用）。

本例采用单面板，故设置 Top Layer 为“Not Used”（不使用本层），Bottom Layer 层为“Any”（本层任意方向布线）。

4．Routing Via Style（过孔类型规则）

在图 7-17 中选中“Routing Via Style”进入过孔类型规则设置，该规则用于设置自动布线时所采用的过孔类型。单击“Properties”按钮，屏幕出现图 7-21 所示的“过孔类型规则”对话框，设置规则适用范围和过孔尺寸。

对话框的左侧一栏用于设置规则适用范围；右侧用于设置过孔尺寸，其中“Via Diameter”一栏中设置过孔的直径范围；“Via Hole Size”一栏中设置过孔的钻孔直径范围。

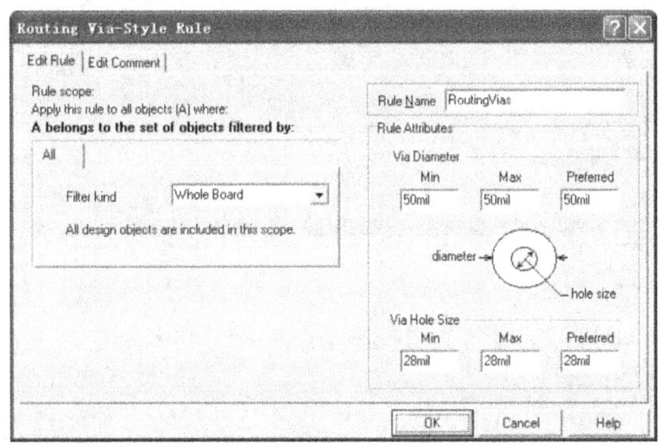

图 7-21 “过孔类型规则设置”对话框

过孔在设计双面以上的板中使用，设计单面板时无须设置过孔类型规则。

在 PCB 设计中，可以为不同类型的过孔设置不同尺寸，图 7-22 所示的过孔规则设置中共设置了 3 个规则。从图中可以看出，电源 VCC 和接地 GND 的过孔尺寸比较大且为固定尺寸，而其他信号线的过孔尺寸则稍小。

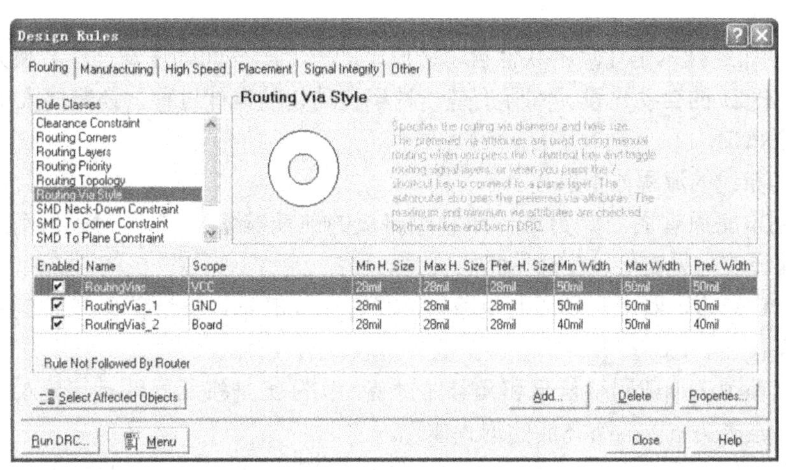

图 7-22 过孔类型设置举例

本例采用单面板，无须设置过孔类型规则。

5．Width Constraint（线宽限制规则）

在图 7-17 中选中“Width Constraint”进入印制导线宽度限制规则设置，该规则用于设置自动布线时印制导线的宽度范围，可定义最小值、优选值和最大值。

具体设置方法参见项目 4 中的图 4-53～图 4-55。

在线宽限制规则中可以针对不同的网络设置不同的限制规则，图 7-23 所示为某电路的布线线宽限制规则的范例。从图中可以看出共有 5 个线宽限制规则，其中 VCC 和 GND 的线宽最粗，为 20mil；+12 和-12 的线宽居中，为 15mil；其他信号线的线宽为 10mil。

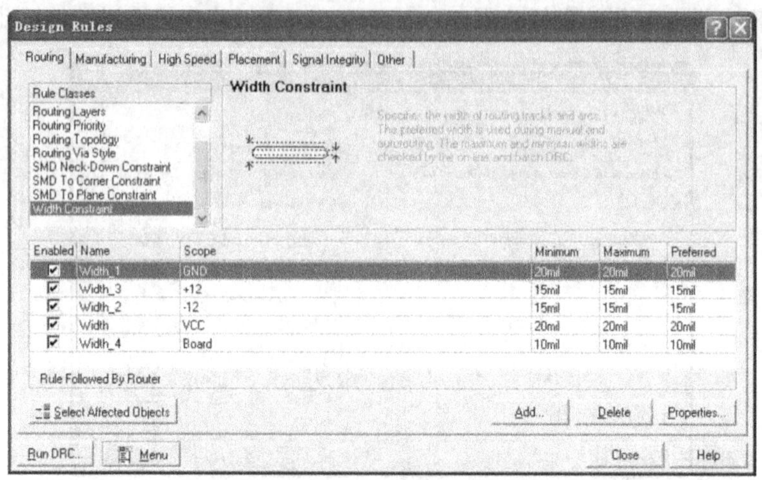

图 7-23　线宽限制设置举例

本例中最小线宽为 1mm、优选线宽为 1mm、最大线宽为 2mm，适用范围选择“Whole Board”，即适用于全部对象。

任务 7.4　电子镇流器 PCB 自动布线

PCB 自动布线技术是计算机软件自动将原理图中元器件间的逻辑连接转换为 PCB 铜膜连接的技术，PCB 的自动化设计实际上是一种半自动化的设计过程，还需要人工的干预才能设计出合格的 PCB。

PCB 自动布线的流程如下所述。

（1）绘制电路原理图。此为设计印制电路板的前期准备工作，一般要确定元器件的封装，原理图编译校验无误后，生成网络表文件。

（2）在 PCB 编辑器中规划印制电路板，设置布线的各种栅格参数、工作层、定义印制电路板尺寸等。

（3）从原理图中加载网络信息和元器件封装。实际上是将元器件封装载入 PCB 之中，元器件之间的连接关系以网络飞线的形式体现。

（4）自动布局及手工布局调整。采用自动布局和手工布局相结合的方式，将元器件合理地放置在电路板中，在满足电气性能的前提下，尽量减少网络飞线的交叉，以提高布线的布通率。

（5）自动布线规则设置。根据实际电路的需要针对不同的网络设置好布线规则，以提高布线的质量。

（6）自动布线。某些特殊的连线可以先进行手工预布线，然后再进行自动布线。

（7）手工布线调整及标注文字调整。一般自动布线效果不能完全符合设计要求，还必须进行手工布线调整，最后完成的电路必须把标注文字的位置调整好。

（8）设计规则检查（DRC）。检查 PCB 中是否有违反设计规则的错误存在，并进行修改。

（9）PCB 文件输出。

本例中采用自动布线及手工调整的方式完成 PCB 布线，在布线前设置好独立焊盘和个别封装的空脚上的网络。

1．为交流电源和灯管添加 6 个连接焊盘并设置网络

本例中为连接交流电源和灯管设置了 6 个独立焊盘，为顺利进行连接，必须将焊盘的网络设置成与之相连的元器件焊盘的网络。

双击某个焊盘，屏幕弹出“焊盘属性”对话框，选中“Advanced”选项卡，单击“Net”下拉列表框，在其中可以选择需要设置的网络，选择完毕单击“OK”按钮完成设置。

本例中在板的左侧放置连接交流电源的 2 个焊盘，网络分别为 NetFB1_1 和 NetVD7_1；在板的中上方放置连接灯管的 4 个焊盘，网络依次为 NetL4_4、NetC5_2、NetL4_2、NetL3_2。

2．为封装空脚设置网络

本例中扼流圈 L3 的 1、2 脚接线圈，3、4 脚为空脚，用于固定元器件，故将 3 脚的网络设置与 1 脚相同，将 4 脚的网络设置与 2 脚相同；电感 L0 将 3 脚网络设置与 1 脚相同，4 脚网络设置与 2 脚相同。

设置焊盘网络后的 PCB 如图 7-24 所示。

经验之谈

（1）由于用户绘制原理图的方式不同，造成元器件的网络可能不同，在设置独立焊盘的网络时，必须根据设计中实际使用的电路原理图进行。

（2）一般焊盘的网络不能随意修改，否则将与原理图不匹配，造成连线错误。

（3）4 脚以上的双列焊盘的封装不能进行 X 或 Y 方向的翻转操作，以免造成引脚顺序与实物不一致。

3．编辑焊盘尺寸

图 7-24 中，焊盘的尺寸大小不一，需要进行调整。

如果需要调整的焊盘数量比较少，可以逐个双击焊盘，直接修改焊盘的“X-Size”和“Y-Size”即可。

如果需要修改的焊盘数量比较多，则可以通过全局修改的方式进行。本例中将除晶体管外焊盘的“X-Size”和“Y-Size”修改为 3mm。双击某个焊盘，屏幕弹出“焊盘属性”对话框，单击“Global>>”按钮打开全局修改窗口，设置“X-Size”和“Y-Size”均为 3mm，在“Change Scope”下方的下拉列表框中选中“All Primitives”（所有元素），设置完毕单击“OK”按钮，屏幕弹出一个对话框提示是否确定修改，单击“Yes”按钮确认全部修改。全

局修改焊盘后，晶体管的焊盘出现重叠，还需进行手工修改，依次双击晶体管的焊盘，将其“X-Size”设置为 1.5mm，“Y-Size”设置为 2.5mm。

焊盘尺寸修改后的 PCB 如图 7-25 所示。

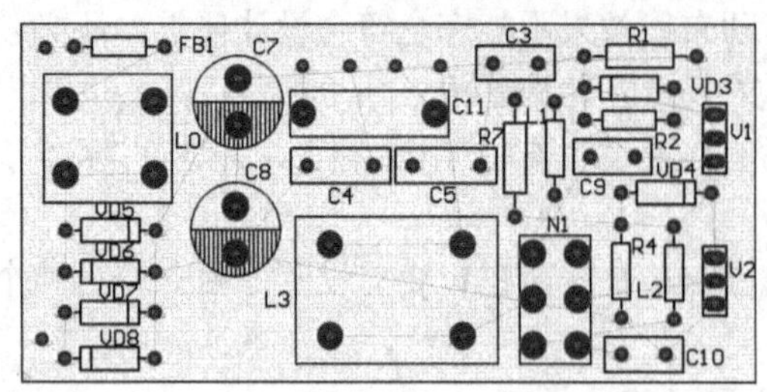

图 7-24　设置焊盘网络后的 PCB

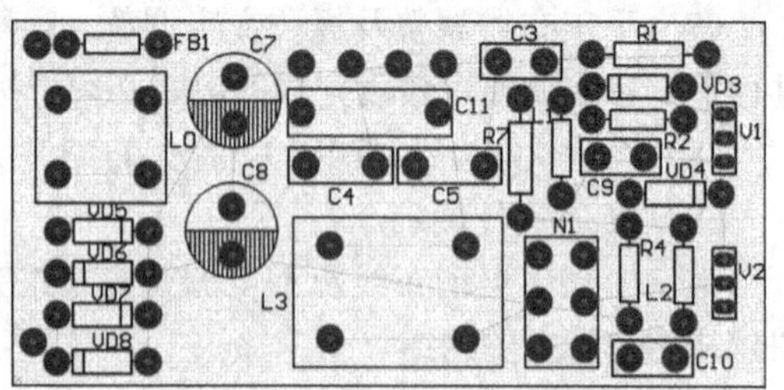

图 7-25　修改焊盘尺寸的 PCB

4．本例中的自动布线规则设置

执行菜单“Design”→“Rules”进行自动布线规则设置，本例中的布线规则设置内容如下所述。

安全间距规则设置：0.254mm，适用于全部对象；导线宽度限制规则：最小 1mm，最大 2mm，优选 1mm；布线转弯规则：45°转弯；布线层规则：Top Layer 选择“Not Used”，Bottom Layer 选择“Any”；其他规则采用默认。

5．预布线

布线前应再次检查元器件之间的网络飞线是否正确。本例中对电源输入和整流滤波电路进行预布线，线宽 2mm，采用交互式布线进行。

预布线后的 PCB 如图 7-26 所示，在进行自动布线前必须锁定所有预布线，这样在自动布线时，已经布好的线不会重新布。

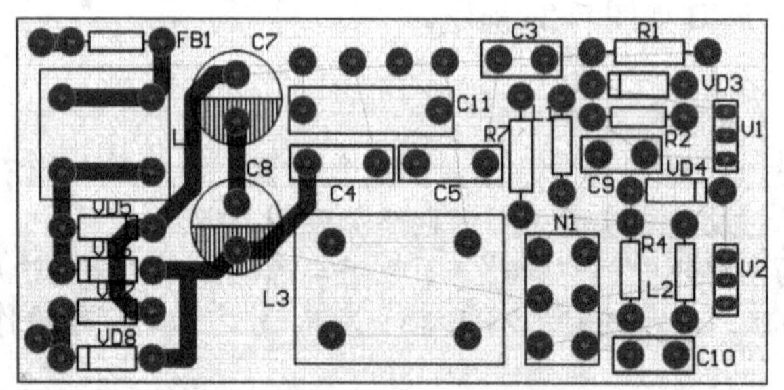

图 7-26　PCB 预布线

6．自动布线器参数设置

执行菜单“Auto Route”→“Setup”，屏幕出现图 7-27 所示的对话框，进行自动布线器设置，它可以设置自动布线的策略、参数和测试点等，图中主要参数含义如下所述。

（1）“Router Passes”选项区域，用于设置自动布线的策略。

“Memory”：选取此项，适用于存储器元器件的布线。

“Fan Out Used SMD Pins”：选取此项，适用于 SMD 焊盘的布线。

“Pattern”：选取此项，将智能性决定采用何种算法用于布线，以确保布线成功率。

“Shape Router-Push And Shove”：选取此项，采用推挤布线方式。

"Shape Router-Rip Up"：选取此项，能撤销发生间距冲突的走线，并重新布线以消除间距冲突，提高布线成功率。

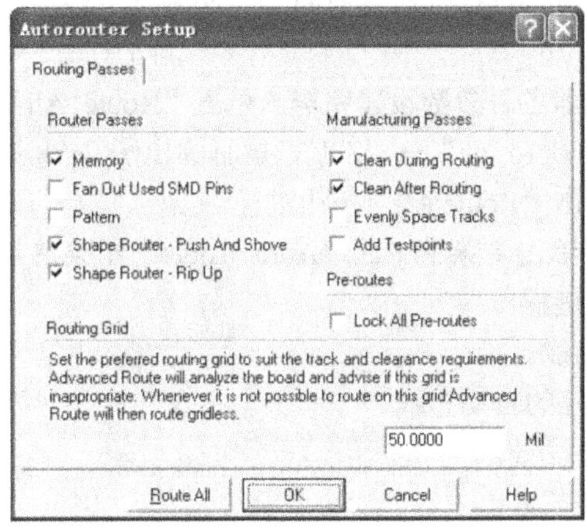

图 7-27 "自动布线器设置"对话框图

在实际自动布线时，为了确保布线的成功率，以上几种策略可以都选取。

（2）"Manufacturing Passes"区域，此区域用于设置与制作电路板有关的布线策略。

"Clean During Routing"：选取此项，布线过程中将自动清除不必要的连线。

"Clean After Routing"：选取此项，布线后将自动清除不必要的连线。

"Evenly Space Tracks"：选取此项，程序将在焊盘间均匀布线。

"Add Testpoints"：选取此项，程序将在自动布线过程中自动添加指定形状的测试点。

（3）"Routing Grid"区域，此区域用于设置布线栅格大小。

参数设置完毕，单击"OK"按钮退出。

本例中的自动布线参数设置如图 7-28 所示。

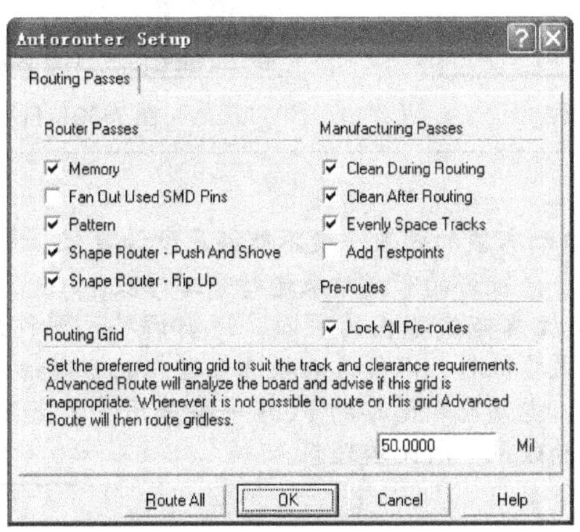

图 7-28 本例中的自动布线器设置

7. 锁定预布线

图 7-26 中 PCB 进行了预布线，在进行自动布线时，为保证已经布好的线不会重新布，

必须在自动布线前锁定所有预布线。

如图 7-28 所示，在“Pre-routes”区选中“Lock All Pre-routes”前的复选框，用于锁定预布线。一般自动布线之前有进行预布线的PCB，必须选中该项。

8．运行自动布线

布线规则和自动布线器各种参数设置完毕，单击“Route All”按钮进行自动布线。自动布线也可以执行菜单“Auto Route”→“All”，屏幕弹出图 7-28 所示的“自动布线器设置”对话框，锁定预布线后单击“Route All”按钮进行。

在自动布线过程中，单击主菜单中的“Auto Route”子菜单，在弹出的菜单中执行以下命令，可以控制自动布线进程。

“Pause”：暂停自动布线。

“Restart”：继续已暂停的自动布线。

“Reset”：重新设置布线器。

“Stop”：停止布线。

自动布线可以进行反复多次布线，如果对前次布线的效果不满意，可单击主工具栏的按钮撤销前次操作，然后调整布线策略，重新进行布线，直至获得比较满意的结果。

自动布线结束系统弹出图 7-29 所示的布线信息报告，如果全部布通，其布线完成率显示为 100%。

自动布线后的 PCB 如图 7-30 所示，显然自动布线虽然完成了 PCB 的布线，但走线比较机械，无法完全满足设计要求，还需要进行手工调整。

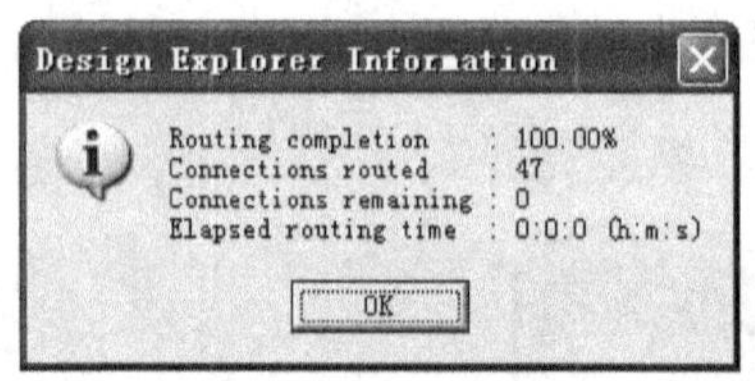

图 7-29　布线信息报告

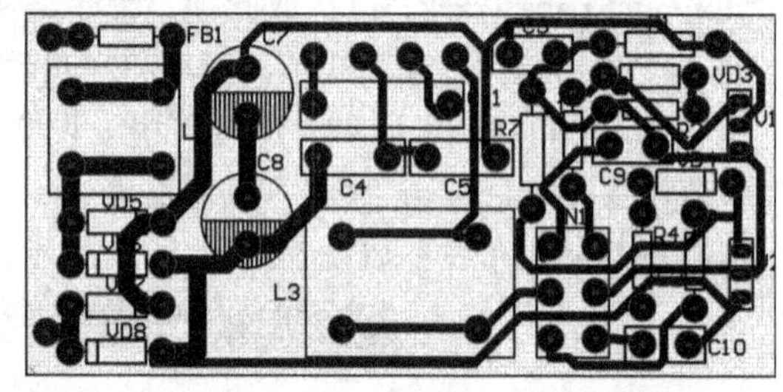

图 7-30　自动布线后的 PCB

经验之谈

（1）ProteL 99 SE 自动布线的效果一般不能满足设计要求，需要多次修改布线参数反复进行自动布线，选取一个较好的布线结果进行手工修改。

（2）自动布线中要注意布线不良的原因，适当调整元器件的位置，为布线留出空隙，感觉较好的布线结果要保存，以便最后挑选最理想的布线结果。

（3）对于线宽较粗，电路比较简单的 PCB 一般采用手工交互式布线；对于线宽较细的数字电路，自动布线的效果一般比较理想。

任务 7.5　电子镇流器 PCB 手工布线调整

Protel 99 SE 自动布线的布通率较高，但由于自动布线采用拓扑规则，有些地方不可避免会出现一些较机械的布线方式，影响了电路板的性能。

1. 观察窗口的使用

自动布线完毕需检查布线的效果，放大工作区后可以在工作区左侧的监视器中拖动观察窗来查看局部电路，以便于找到问题进行修改，一般为保证观察时的准确性，把 PCB 放大显示效果更好，如图 7-31 所示。

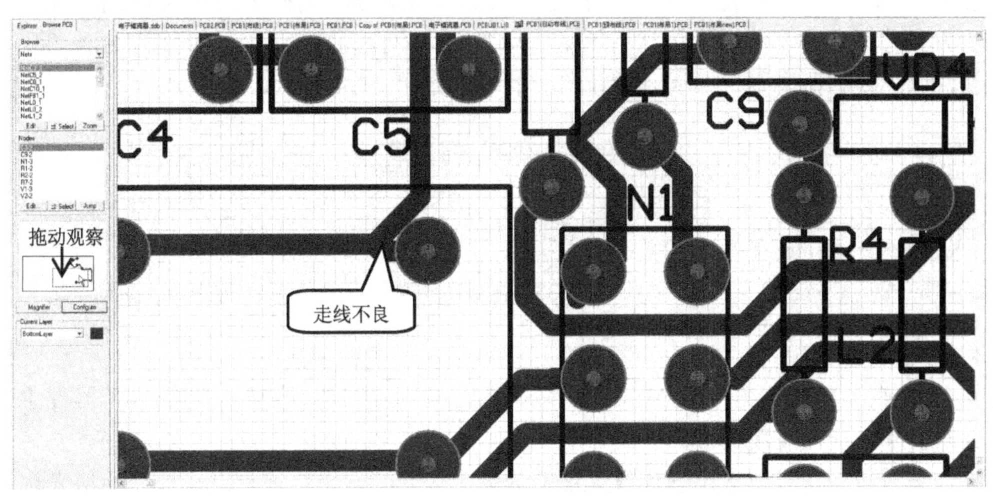

图 7-31　通过观察窗口查看局部 PCB

2. 布线调整

调整布线常常需要拆除以前的布线，PCB 编辑器中提供有自动拆线功能和撤销功能，当用户对布线结果不满意时，可以使用该工具拆除电路板图上的铜膜线而只剩下网络飞线。

（1）撤销操作。Protel 99 SE 中提供有撤销功能，撤销的次数可以设置。单击主工具栏上的按钮，可以撤销本次操作。撤销操作的次数可以执行菜单“Tools”→“Preferences”，在“Options”选项卡的“Other”区的“Undo/Redo”栏中设置。

通过撤销操作，用户可以根据布线的实际情况考虑是否保留当前的内容，如果要恢复前次的操作，可以单击主工具栏上的按钮。

（2）自动拆线。自动拆线功能可以拆除自动布线后的铜膜线，将布线后的电路恢复为布局图，这样便于用户进行调整，它是自动布线的逆过程。自动拆线的菜单命令在“Tools”→“Un-Route”子菜单中。

“All”：拆除电路板图上所有的铜膜线。

“Net”：拆除指定网络的铜膜线。

“Connection”：拆除指定的两个焊盘之间的铜膜线。

“Component”：拆除指定元器件所有焊盘所连接的铜膜线。

3. 拉线技术

在自动布线结束后，常有部分连线不够理想，若连线较长，全部删除后重新布线比较麻烦，此时可以采用 Protel 99 SE 提供的拉线功能，对线路进行局部调整。

拉线功能可以通过以下 3 个菜单命令实现。

（1）“Edit”→“Move”→“Break Track”（截断连线）。执行该命令可以将连线截成两段，以便删除某段线或进行某段连线的拖动操作，截断线的效果如图 7-32 所示，图中图件的显示效果选择为草图（Draft）。

（2）“Edit”→“Move”→“Drag Track End”（拖动连线端点）。执行该命令后，单击要拖动的连线，光标自动滑动至离单击处较近的导线端点上，此时可以拖动该端点，而其他端点则原地不动，拖动导线的效果如图 7-33 所示。

（3）“Edit”→“Move”→“Re-Route”（重新走线）。执行该命令可以用拖拉“橡皮筋”的方式移动连线，选好转折点后单击鼠标左键，将自动截断连线，此时移动光标即可拖拉连线，而连线的两端固定不动，重新走线的效果如图 7-34 所示。

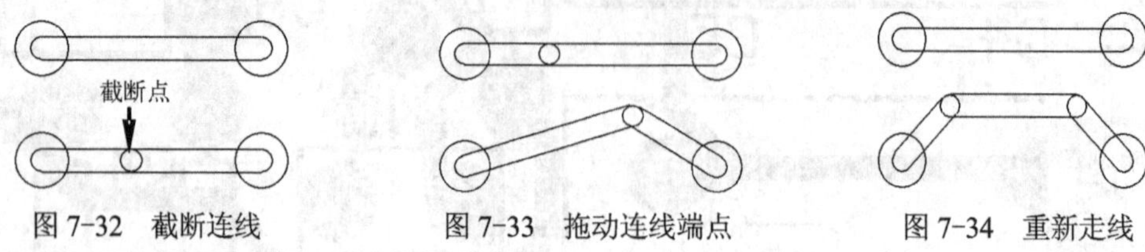

图 7-32　截断连线　　图 7-33　拖动连线端点　　图 7-34　重新走线

4. 手工布线调整

执行菜单“Tools”→“Un-Route”→“Component”，拆除需要调整的元器件上的连线，并对拆除的连线重新进行布线。

在连线过程中，有时会出现连线无法从焊盘中央开始，可以通过减小捕获栅格来解决。

在布线过程中可能出现元器件之间的间隙不足，无法穿过所需的连线，此时可以适当调整元器件的位置以满足要求。

手工布线调整后的 PCB 如图 7-35 所示。

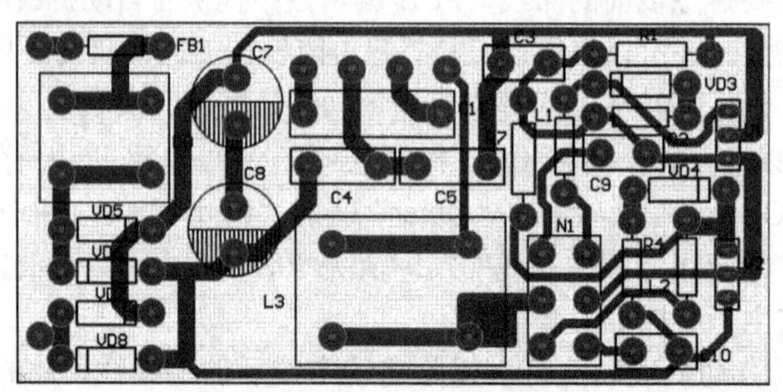

图 7-35　手工布线调整后的 PCB

5. 覆铜设计

在 PCB 设计中，有时需要用到大面积铜箔，如果是规则的，通过执行菜单“Place”→“Fill”实现；如果是不规则的，则执行菜单“Place”→“Polygon Plane”实现。

本例中为 VD6 的 1 脚和 VD5 的 2 脚（即整流滤波的输出端）所在的网络添加的实心覆铜。下面以放置网络 NetVD6_1 上的实心覆铜为例进行介绍。

执行菜单“Place”→“Polygon Plane”或单击工具栏按钮，屏幕弹出图 7-36 所示的“覆铜参数设置”对话框，在其中可以设置覆铜的参数。

本例中放置实心覆铜，工作层为“BottomLayer”；覆铜连接的网络为“NetVD6_1”；选中“Pour Over Same Net”（覆盖相同网络）；选中“Remove Dead Copper”（删除死铜）；设置“Track Width”的值为 0.6mm，大于“Grid Size”中的值 0.508mm，即为实心覆铜。

设置完毕单击“OK”按钮进入放置覆铜状态，拖动光标到适当的位置，单击鼠标左键确定覆铜的第一个顶点位置，然后根据需要移动并单击鼠标左键绘制一个封闭的覆铜空间后，在空白处单击鼠标右键退出绘制状态，覆铜放置完毕，如图 7-37 所示。

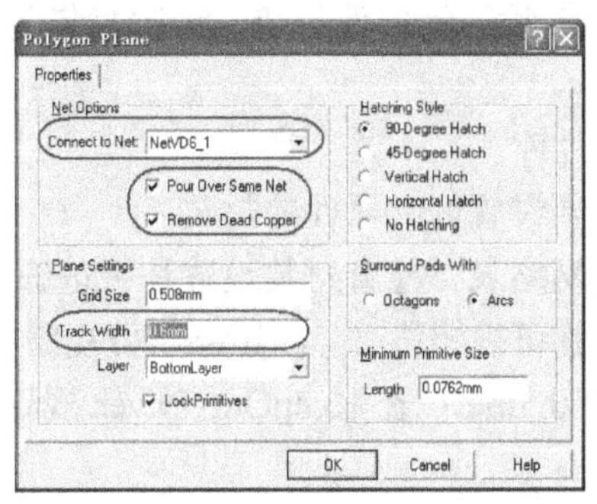

图 7-36 “覆铜参数设置”对话框

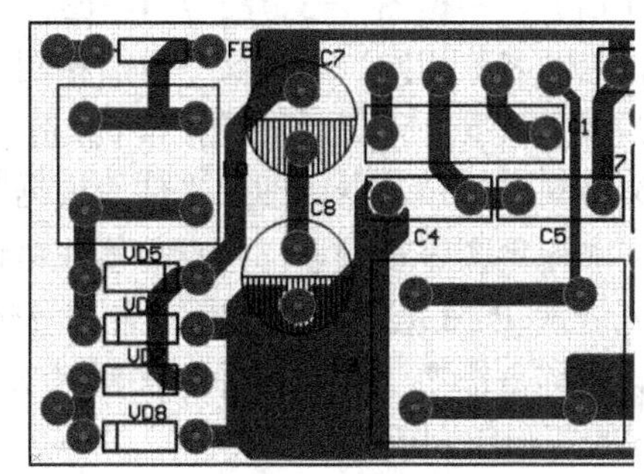

图 7-37 放置实心覆铜

从图中看出覆铜是实心的，但与焊盘的连接是通过“十”字线实现的，本例中希望覆铜直接覆盖焊盘，还需要设置覆铜的连接方式。

执行菜单“Design”→“Rules”，屏幕弹出图 “设计规则设置”对话框，选中“Manufacturing”选项卡，选择“Polygon Connect Style”选项，双击下方的规则进入设置状态，在“Rule Attributes”下拉列表框中选中“Direct Connect”进行直接连接，单击“OK”按钮完成设置并退出。

双击该覆铜，屏幕弹出“覆铜设置”对话框，单击“OK”按钮退出，屏幕弹出一个对话框提示是否重新建立覆铜，单击“Yes”按钮确认重画，重画后覆铜直接覆盖焊盘。

完成设计后的电子镇流器的 PCB 如图 7-38 所示。

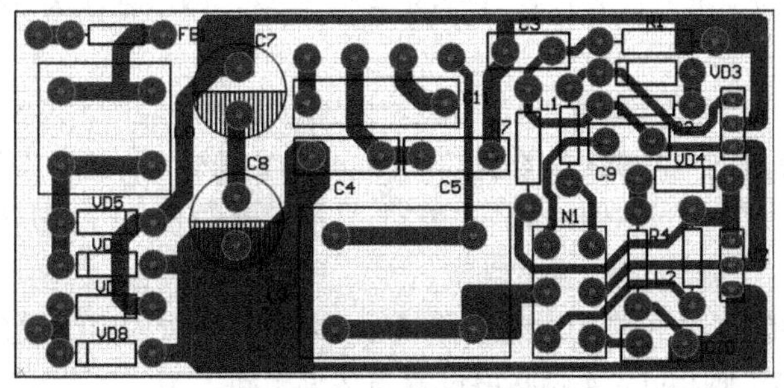

图 7-38 最终的电子镇流器 PCB

技能实训 9 电子镇流器 PCB 设计

1. 实训目的

（1）了解电子镇流器电路的工作原理。

（2）掌握低频板的布局、布线规则。

（3）掌握通过更新 PCB 加载封装和网络的方法。

（4）掌握常用自动布线规则的设置方法

（5）掌握自动布线的方法。

2. 实训内容

（1）事先准备图 7-2 所示的电子镇流器原理图文件，并熟悉电路原理。

（2）进入 PCB 编辑器，新建 PCB 文件“电子镇流器.PCB”，新建元器件库文件“PcbLib1.Lib”，根据图 7-3、图 7-4、图 7-6～图 7-8 设计元器件封装，注意封装名称与原理图中设置的名称相同，引脚顺序也需相同。

（3）载入 Advpcb.ddb 和自制的 PcbLib1.Lib 元器件库。

（4）编辑电子镇流器原理图文件，根据表 7-1 重新设置好元器件的封装

（5）对原理图进行编译，检查并修改错误；生成网络表，检查封装设置是否正确。

（6）进入 PCB 设计，设置单位制为 Metric；设置可视栅格 1 为 1mm、可视栅格 2 为 5mm；设置捕获栅格 X、Y 和元器件网格 X、Y 均为 0.5mm；在 KeepOut Layer 规划 83mm ×40mm 的矩形印制板并保存文件。

（7）打开电子镇流器原理图，在原理图编辑器中执行菜单“Design”→“Update PCB”更新 PCB 载入元器件封装和网络信息。

（8）用鼠标点住 Room 空间“电子镇流器”将其拖动到规划的电气轮廓中间，执行菜单“Tools”→“Interactive Placement”→“Arrange Within Room”，移动光标到 Room 空间内单击鼠标左键进行 Room 空间布局。鼠标单击选中 Room 空间，按键盘上的〈Delete〉键删除 Room 空间。

（9）修改二极管的焊盘编号 A、K 为 1、2，然后返回原理图编辑器重新执行菜单“Design”→“Update PCB”更新 PCB，二极管上出现网络飞线，删除 Room 空间。

（10）参考图 7-15 进行手工布局调整，尽量减少飞线交叉。

（11）参考图 7-24，在板的左侧放置连接交流电源的 2 个焊盘，网络分别为 NetFB1_1 和 NetVD7_1；在板的中上方放置连接灯管的 4 个焊盘，网络依次为 NetL4_4、NetC5_2、NetL4_2、NetL3_2。

（12）参考图 7-25，对焊盘进行全局修改，除晶体管外焊盘的“X-Size”和“Y-Size”修改为 3mm；晶体管焊盘的“X-Size”设置为 1.5mm，“Y-Size”设置为 2.5mm。

（13）执行菜单“View”→“Board in 3D”显示元器件布局的 3D 视图，观察元器件布局是否合理。

（14）设置扼流圈 L3 的 3 脚的网络设置与 1 脚相同，4 脚的网络设置与 2 脚相同；电感 L0 将 3 脚网络设置与 1 脚相同，4 脚网络设置与 2 脚相同。

（15）设置自动布线规则。安全间距规则设置：0.254mm，适用于全部对象；导线宽度限制规则：最小 1mm，最大 2mm，优选 1mm；布线转弯规则：45° 转弯；布线层规则：Top Layer 选择“Not Used”，Bottom Layer 选择“Any”；其他规则采用默认。

（16）参考图 7-26 进行手工预布线，预布线采用“交互式布线”方式进行，线宽 2mm。

（17）参考图 7-28 设置自动布线器参数，并选中“Lock All Pre-routes”锁定预布线。

（18）执行菜单“Auto Route”→“All”进行自动布线，反复修改布线参数并重新自动布线，直至获得一个比较理想的自动布线效果。

（19）参考图 7-35 进行手工布线调整。

（20）参考图 7-38 设置实心覆铜。

（21）调整元器件丝网层的文字。

（22）保存文件。

3．思考题

（1）如何通过更新 PCB 方式载入网络信息和元器件封装？

（2）如何设置常用自动布线规则？

（3）如何进行自动布线？

思考与习题

1．自动布线的主要步骤有哪些？

2．如何通过更新 PCB 方式加载封装和网络信息？

3．如何设置安全间距限制规划？

4．如何设置转弯方式规则？

5．根据图 7-39 所示的鼠标电路设计单面 PCB，PCB 参考图如图 7-40 所示。

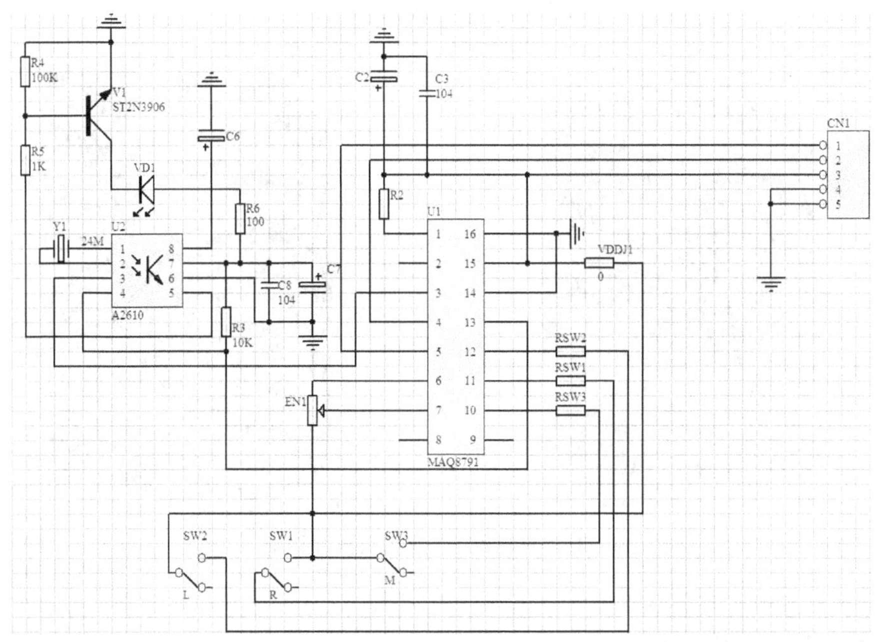

图 7-39　鼠标电路原理图

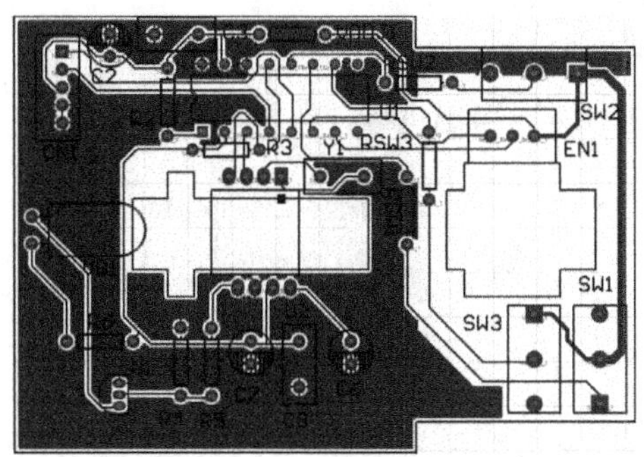

图 7-40　鼠标电路参考 PCB

6．根据图 7-41 所示的声光控开关电路设计单面 PCB，PCB 参考图如图 7-42 所示。设计要求：PCB 的尺寸为 4.5mm×6mm，电路板对角线上有 2 个直径 3mm 的圆形安装孔，板的上方有 2 个直径 7mm 的电源接线柱；整流电路和可控硅控制电路，线宽选用 1.2mm，地线线宽 1.5～2mm，其他线路线宽 0.8～1.0mm；电源接线铜柱的布线采用覆铜。

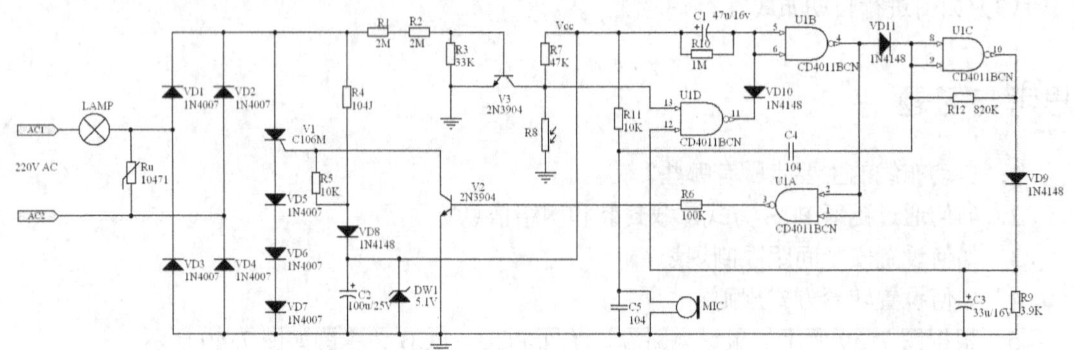

图 7-41　声光控开关原理图

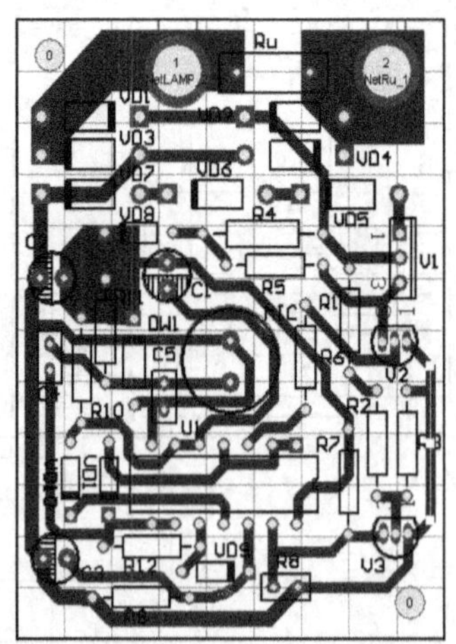

图 7-42　声光控开关实物及参考 PCB 图

7．如何设置过孔类型规则？

8．如何设置布线层规则？

9．如何设置自动布线器参数？

10．如何进行自动布线？

11．为什么在自动布线前要锁定预布线？如何锁定预布线？

项目 8　贴片双面 PCB 设计——电动车报警遥控器

知识与能力目标

1）掌握有关 SMD 元器件的布线规则设置。

2）掌握泪珠滴使用。

3）掌握露铜的设置方法。

4）掌握印制板打印输出的方法。

本项目通过电动车报警遥控器介绍贴片双面异形 PCB 的设计，该电路中使用了通孔式元器件和贴片式元器件，元器件放在顶层，PCB 中使用印制导线作为电感，并设置为露铜以便通过上锡调整电感量。

任务 8.1　了解电动车报警遥控器产品及设计前准备

8.1.1　产品介绍

电动车报警遥控器的外观和内部 PCB 实物如图 8-1 所示，电动车报警遥控器电路原理图如图 8-2 所示。

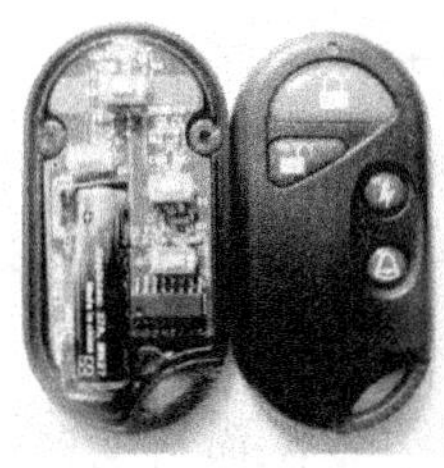

a)

b)

图 8-1　电动车报警遥控器的外观和内部 PCB 实物

a) 外观　b) 内部

电路工作原理如下所述。

该遥控器采用 LX2260A 作为遥控编码芯片，其 A0～A7 为地址引脚，用于地址编码，可置于“0”“1”和“悬空”3 种状态，通过编码开关 K1 进行控制，共有 6561 个地址码数；遥控按键数据输入由 D0～D3 实现，V1 和 LED1 作为遥控发射的指示电路，当 S1～S4 中有按键按下时，V1 导通，VCC 为 U1 提供 VDD 电源，同时 LED1 发光，当没有按键按下时，V1 截止，保持低耗；OSC 为单端电阻振荡器输入端，外接 R1；DOUT 为编码输出端，其编码信息通过 V2 发射出去。

电路中采用印制导线做为发射电感，其电感量的变化可以通过改变印制导线上的焊锡的厚薄实现，该印制导线必须设置为露铜。

P_VCC 和 P_GND 为遥控器供电电池的连接弹片。

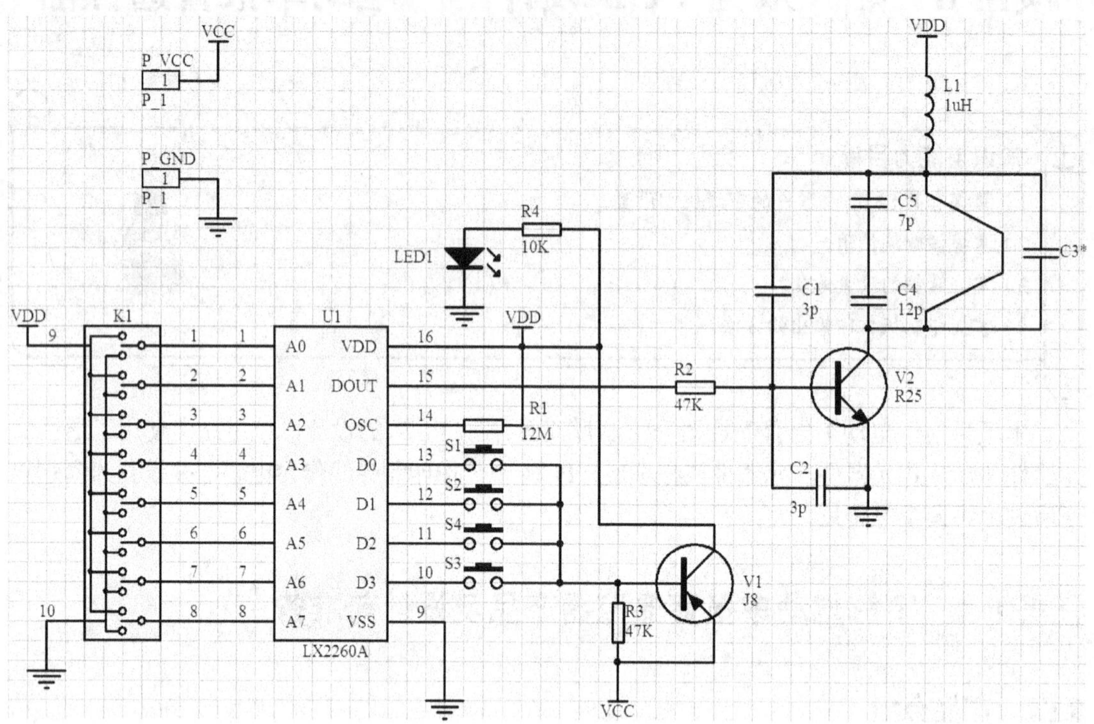

图 8-2　电动车报警遥控器原理图

8.1.2　设计前准备

电动车报警遥控器体积小，元器件主要采用贴片式，个别元器件在原理图库中不存在，所以必须重新设计这些元器件的图形和元器件封装，并为元器件重新定义封装。

1．绘制原理图元器件

在原理图中，编码开关和遥控编码芯片 LX2260A 需自行设计，元器件图形如图 8-2 中的 K1 和 U1 所示。

2．元器件封装设计

元器件的封装采用游标卡尺实测元器件的方式进行设计。

（1）通孔式 LED 封装，封装名 LED，通孔式 LED 封装如图 8-3 所示。焊盘中心间距为 2.2mm，焊盘直径为 1.6mm，孔径为 1.0mm，焊盘编号分别为 A 和 K，以配合原理图中发光二极管的引脚定义，其中阳极 A 定义为方形焊盘。

（2）通孔式按键开关封装，封装名为 KEY-1，通孔式按键开关封装如图 8-4 所示。焊盘中心间距为 6.2mm，焊盘直径为 1.8mm，孔径为 1.0mm，焊盘编号分别为 1 和 2。

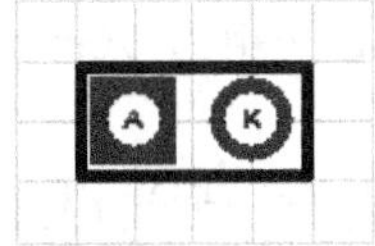

图 8-3　通孔式 LED 封装

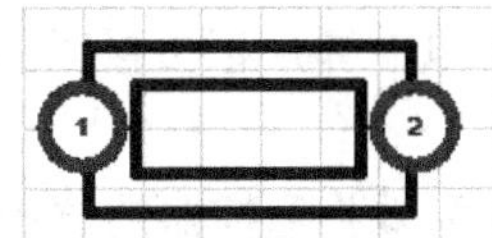

图 8-4　通孔式按键开关封装

（3）电池弹片封装图形，封装名为 POW，电池弹片封装如图 8-5 所示。焊盘中心间距为 3.8mm，焊盘 X-Size 为 2.7mm，Y-Size 为 2mm，形状为 Octagonal（八角形），孔径为 1.3mm，由于每个电池弹片两个固定脚均接于同一点，故两个焊盘编号均设置为 1。

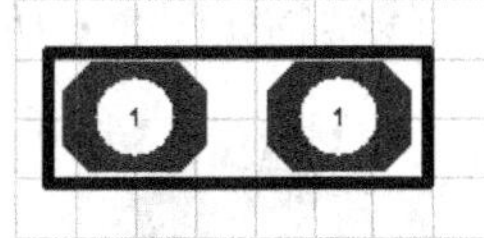

图 8-5　电池弹片封装图形

3．原理图设计

根据图 8-2 设计电路原理图，元器件的参数如表 8-1 所示，进行 ERC 检查并修改错误。依次将原理图中的元器件封装修改为表 8-1 中的封装形式，并保存文件。

表 8-1　电动车报警遥控器元器件参数表

元器件类别	元器件标号	原理图元器件名	原理图元器件库	元器件封装
贴片电容	C1～C5	CAP	Miscellaneous Devices.ddb	0603
贴片电阻	R1～R4	RES2	Miscellaneous Devices.ddb	0603
贴片电感	L1	Inductor	Miscellaneous Devices.ddb	0805
LX2260A	U1	LX2260A	自制	SO-16
编码开关	K1	K01	自制	无，用焊盘代
高频晶体管	V1	PNP	Miscellaneous Devices.ddb	SOT-23
高频晶体管	V2	NPN	Miscellaneous Devices.ddb	SOT-23
发光二极管	LED	LED	Miscellaneous Devices.ddb	LED（自制）
按键开关	S1～S4	SW-PB	Miscellaneous Devices.ddb	KEY-1（自制）
电池弹片	P_VCC、P_GND	P_1	自制	POW（自制）

8.1.3　设计 PCB 时考虑的因素

电动车报警遥控器 PCB 是双面异形板，其按键位置、发光二极管的位置必须与面板相配合。

设计时考虑的主要因素如下所述。

（1）根据面板特征定义好 PCB 的电气轮廓。

（2）优先安排发射电路用的印制电感的位置，并设置为露铜，以便通过上锡改变电感量。

（3）根据面板的位置，放置好遥控器 4 个按键的位置。

（4）LED 置于板的顶端，并对准面板上对应的孔。

（5）电池弹片正负极间的间距根据电池的尺寸确定，中心间距为 20mm，两边沿间距为28mm。

（6）为减小遥控器的体积，编码开关 K1 不使用实际元器件，通过焊盘、过孔和印制导线的配合来实现编码功能，将其设计在编码芯片 LX2260A 的背面以便进行编码，通过过孔连接要进行编码的引脚焊盘，具体的编码可以在焊接时通过焊锡短路所需焊盘实现，需将该部分焊盘和过孔设置为露铜。

（7）在空间允许的条件下，加宽地线和电源线。

（8）为保证印制导线的强度，为焊盘和过孔添加泪珠滴。

电动车报警遥控器布局布线实物如图 8-6 所示。

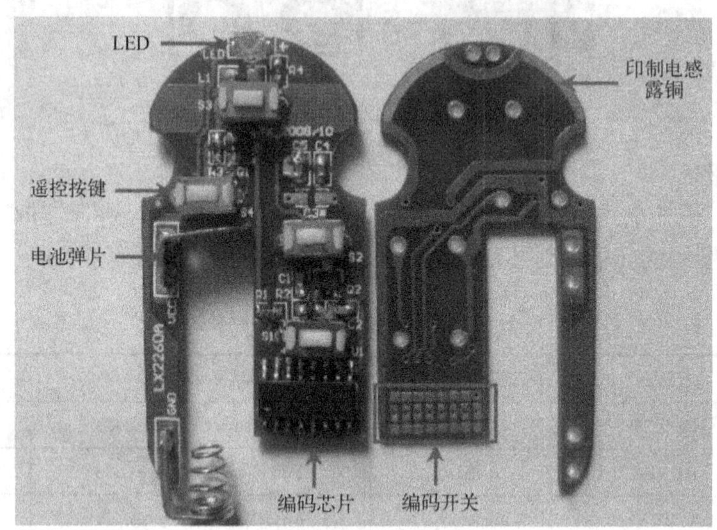

图 8-6　电动车报警遥控器布局布线实物示意图

任务 8.2　PCB 布局

8.2.1　从原理图加载网络信息和封装到 PCB

1．规划 PCB

采用公制规划尺寸，设置可视栅格 1 为 1mm，可视栅格 2 为 10mm，均为显示状态；设置捕获栅格 X、Y 均为 0.25mm，元器件栅格 X、Y 均为 0.25mm。在 Keep out Layer 层绘制 PCB 的电气轮廓，具体尺寸如图 8-7 所示。在 Mechanical1 层定位发光二极管、按键和电池弹片的位置，如图 8-7 中的矩形块所示。

PCB 规划完毕，将文件保存为“电动车报警遥控器.PCB”。

2．设置元器件库

本例中元器件封装在 Miscellaneous Devices.ddb 和自制的元器件封装库 PCBLIB1.LIB 库中，将它们设置为当前库。

3. 加载网络表

对原理图文件进行 ERC 检查，根据提示信息修改错误并保存文件。执行菜单“Design”→“Create Netlist”生成网络表。

打开 PCB 文件“电动车报警遥控器.PCB”进入 PCB 设计，执行菜单“Design”→“Load Nets”载入网络表，根据提示的错误对原理图进行修改并重新生成网络表，再次加载网络表，直至无原则性错误为止。

本例中由于编码开关 K1 没有给定封装，所以系统提示 11 个与 K1 相关的错误信息，可忽略。加载网络表后的 PCB 如图 8-8 所示。

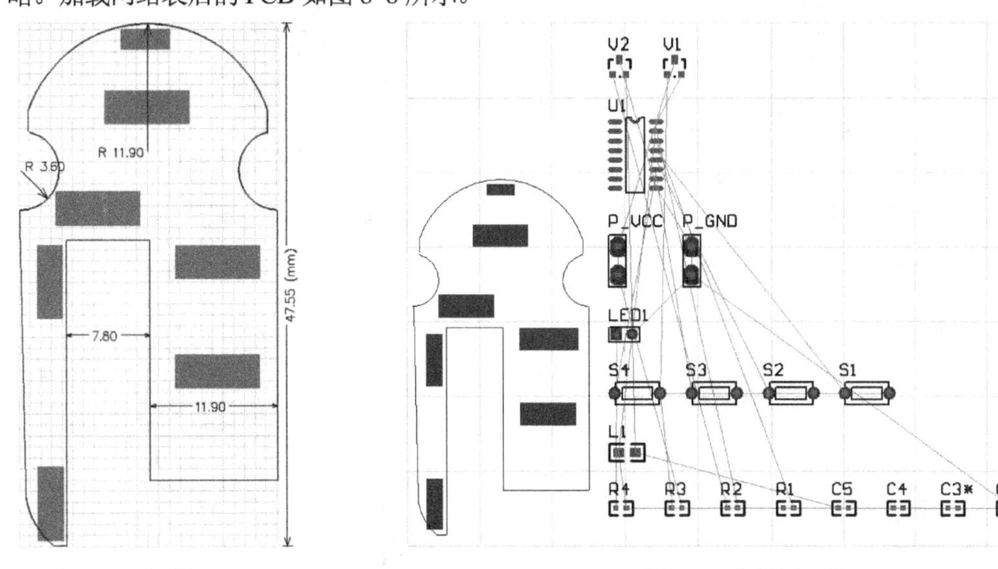

图 8-7　规划 PCB

图 8-8　加载网络表

8.2.2 自动布局及手工调整

从原理图中载入网络表和元器件封装后，封装排列在电气边界之外，此时需要将其放置到合适的位置上进行元器件布局，用户在进行布局时可以将自动布局和手工布局结合起来使用。

1. PCB 预布局

本例中按键、发光二极管及电池弹片的位置必须与面板配合，故需要进行预布局。用鼠标左键点住要移动的元器件，参考图 8-6 将其移动到图 8-7 中指定的位置。

双击该元器件，在弹出的“元器件属性”对话框中选中“Locked”复选框将其锁定，这样在自动布局时这些元器件不会重新布局。

将所有预布局的元器件设置为锁定状态，预布局后的 PCB 如图 8-9 所示，图中关闭了机械层。

2. 元器件自动布局

执行菜单“Tools”→“Auto Placement”→“Auto Placer”进行自动布局，采用“组布局”方式，即选中“Cluster Placer”和“Quick Component Placer”进行快速布局，设置完毕单击“OK”按钮，系统进行自动布局，布局之后元器件之间存在网络飞线。一般自动布局的效果不能满足设计要求，还需进行手工布局调整。

3. 手工布局调整

手工布局调整主要是通过移动元器件、旋转元器件等方法合理地调整元器件的位置，减少网络飞线的交叉。

对于处于锁定状态的元器件必须先在“元器件属性”中去除锁定状态才能移动。

布局调整结束，执行菜单“Tools”→“Interactive Placement”→“Move To Grid”将元器件移动到栅格上。

手工布局调整后的PCB如图8-10所示。

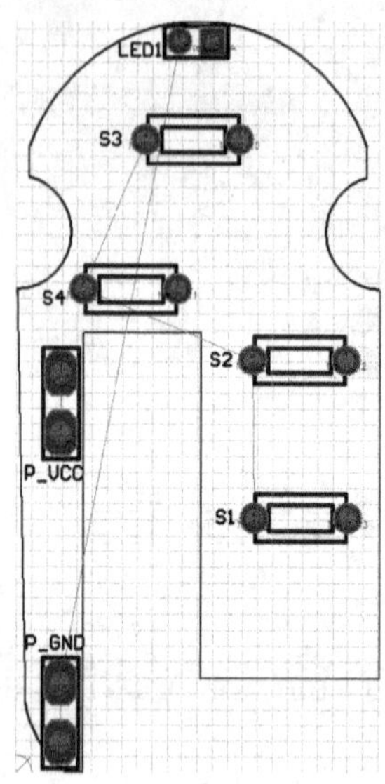

图8-9 预布局后的PCB

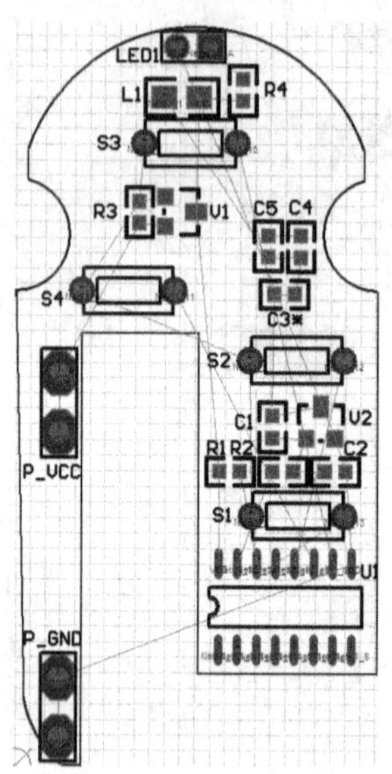

图8-10 布局调整后的PCB

4. 晶体管焊盘网络的修改

在原理图中晶体管的引脚为1B、2C、3E，而在实际元器件封装中贴片晶体管SOT-23的焊盘定义为1B、2E、3C，如图8-11所示。

为了与原理图对应，编辑SOT-23封装的焊盘编号，将焊盘2改为3，焊盘3改为2。修改完毕重新加载网络表，更新网络连接。

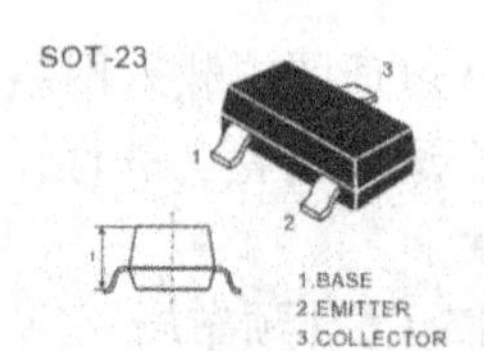

图8-11 贴片晶体管封装

任务8.3 PCB布线

本例的布线采用预布线和手工布线相结合的方式进行。

8.3.1 元器件预布线

本例中印制电感、电池弹片的电源和地需要进行预布线，印制电感在底层进行布线，线宽为1mm，通过过孔与顶层焊盘相连，如图8-12所示。

电源和地线采用双面布线，布线采用印制导线和覆铜相结合的方式进行，线宽为

0.6mm，两层之间的电源或地通过过孔连接，如图 8-13 和图 8-14 所示，图中浅色的线在顶层，深色的线在底层。

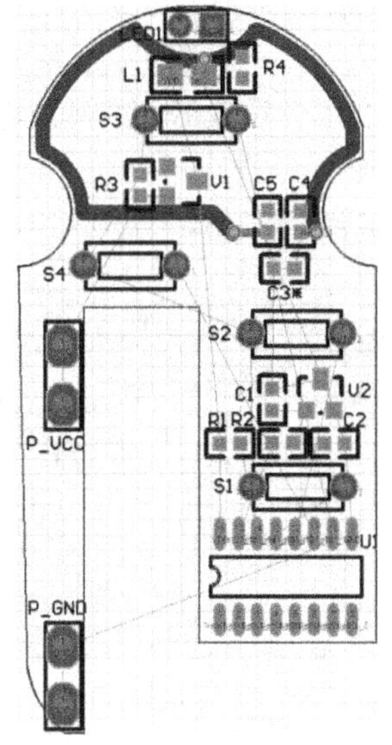

图 8-12　印制电感

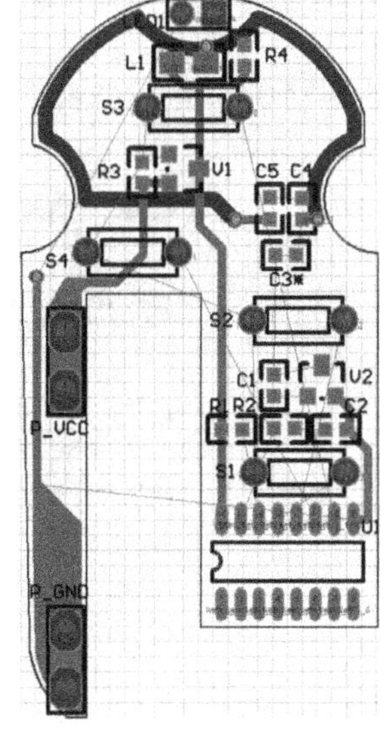

图 8-13　顶层电源与地

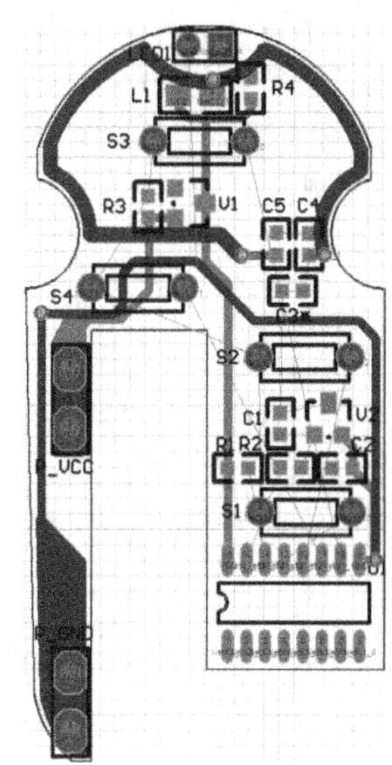

图 8-14　底层电源与地

由于编码开关未使用实际元器件，而是采用焊盘、过孔和印制导线的组合实现编码功能，必须进行预布线。编码开关在底层进行预布线，在编码芯片 LX2260A 的引脚 1～8 的正上方和正下方各放置 8 个矩形底层贴片焊盘（孔径设置为 0)，焊盘尺寸为 0.8mm×1mm，并将上面一排 8 个焊盘连接在一起，与 VDD 网络相连，下面一排 8 个焊盘连接在一起，与 GND 网络相连。

在 LX2260A 的引脚上依次放置 8 个过孔，过孔尺寸为 0.9mm，孔径为 0.6mm，每个过孔上放置 1 个 0.8mm×1.7mm 矩形底层贴片焊盘，相当于将顶层焊盘转移到底层，以便在底层通过焊接进行编码设置，如图 8-15 所示。

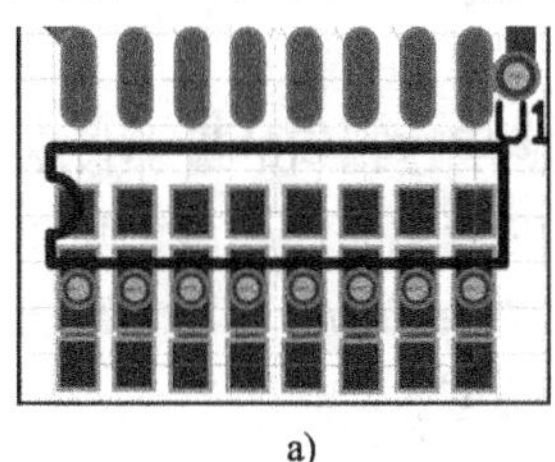

a)

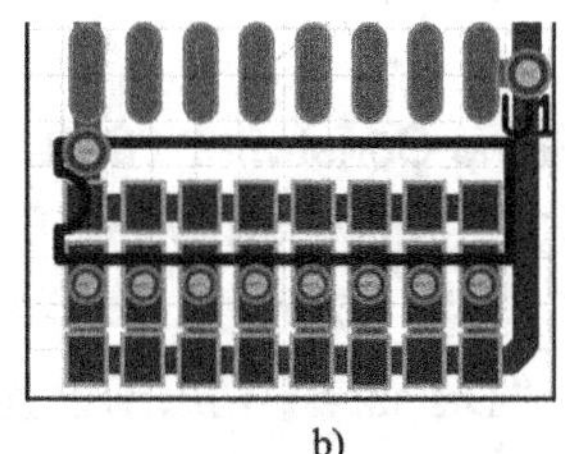

b)

图 8-15　编码开关

a) 放置底层焊盘和过孔　b) 设置编码开关的高低电平

8.3.2　有关 SMD 元器件的布线规则设置线

对于 SMD 元器件布线，除了常用的自动布线设计规则外，还可以针对 SMD 元器件进行布线规则设置。

执行菜单“Design”→“Rules”，屏幕弹出图 7-17 所示的“设计规则”对话框，选中

"Routing"选项卡进行布线规则设置。

1．SMD Neck-Down Constraint（SMD 焊盘与导线的比例规则）

此规则用于设置 SMD 焊盘在连接导线处的焊盘宽度与导线宽度的比例，可定义一个百分比，如图 8-16 所示。

单击"Add"按钮，屏幕弹出图 8-17 所示的对话框，此对话框用于设置 SMD 焊盘与导线的比例。

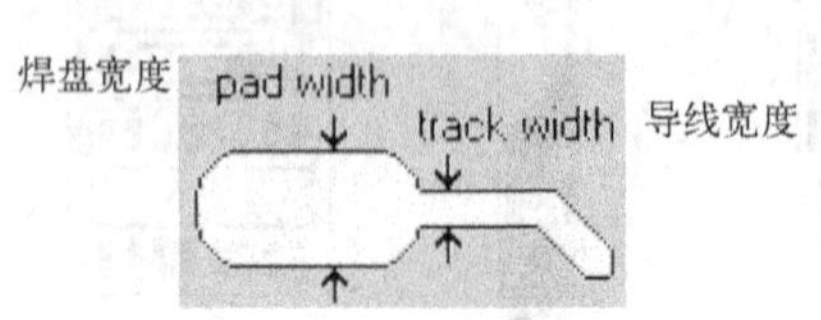

图 8-16　宽度示意图

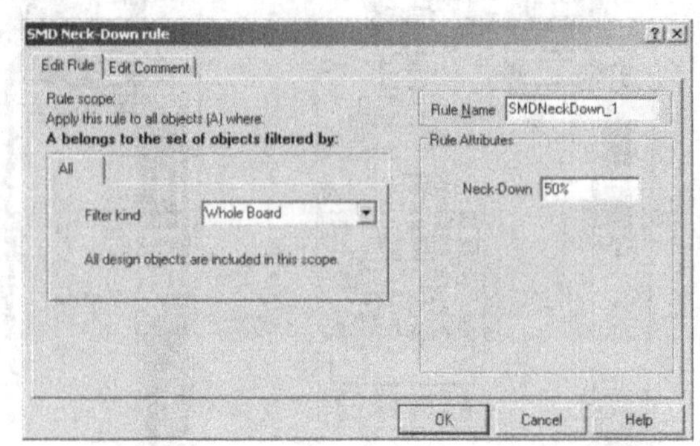

图 8-17　SMD 焊盘与导线比例规则设置

对话框左侧的"Filter kind"下拉列表框用于设置规则的适用范围；右边的"Neck-Down"栏用于设置 SMD 焊盘与导线的比例，如果导线的宽度太大，超过设置的比例值，视为冲突，不予布线。

2．SMD To Corner Constraint（SMD 焊盘与拐角处最小间距的限制规则）

此规则用于设置 SMD 焊盘与导线拐角之间的最小间距，如图 8-18 所示。

单击"Add"按钮，屏幕弹出图 8-19 所示的 SMD 焊盘与导线拐角的"间距设置"对话框，对话框左侧的"Filter kind"下拉列表框用于设置规则的适用范围；右侧的"Distance"栏用于设置 SMD 焊盘到导线拐角的距离。

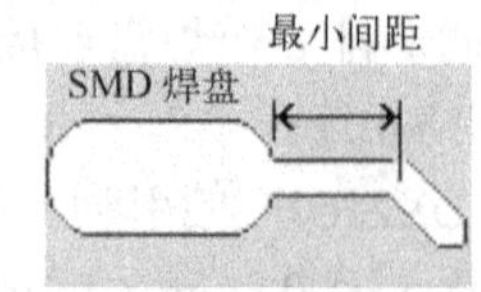

图 8-18　焊盘与导线拐角的间距

3．SMD To Plane Constraint（SMD 焊盘与电源层过孔间的最小长度规则）

此规则用于设置 SMD 焊盘与电源层中过孔间的最短布线长度。单击"Add"按钮，出现图 8-20 所示的"设置"对话框，对话框左侧的"Filter kind"下拉列表框用于设置规则的适用范围；右侧的"Distance"栏用于设置最短布线长度。

8.3.3　PCB 布线操作

1．本例的布线规则设置

执行菜单"Design"→"Rules"进行布线规则设置，本例中的布线规则设置内容如下。

安全间距规则设置：全部对象为 0.254mm；布线转弯规则：45°；导线宽度限制规则：最小为 0.35mm，最大为 1mm，优选为 0.6mm；布线层规则：选中 Bottom Layer 和 Top Layer 进行双面布线；过孔类型规则：过孔尺寸为 0.9mm，过孔直径为 0.6mm；其他规则选择默认。

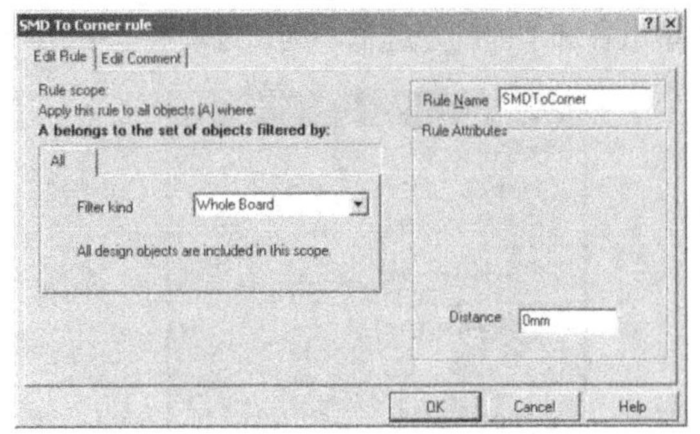

图 8-19　SMD 焊盘与拐角处最小间距的限制设置

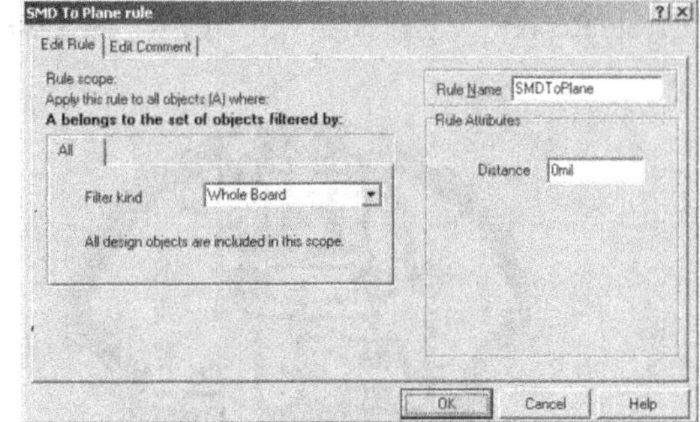

图 8-20　SMD 焊盘与电源层过孔间的最小长度设置

2．PCB 布线

本例中剩余的连线不多，可以采用手工布线的方式完成剩余的布线，在布线过程中可以微调元器件和预布线的位置以满足布线的要求。

对于某些只要局部调整的连线，可将工作层切换到连线所在层，删除对应连线后再重新进行布设。

在连线过程中按小键盘上的<*>键可以在当前位置上自动添加过孔，并切换到另一层。

本例中编码器的焊盘放置时可能会离电气边框比较近，出现安全间距违规的问题，系统将自动高亮显示提示违规，此项可以忽略。

完成布线的 PCB 如图 8-21 所示。

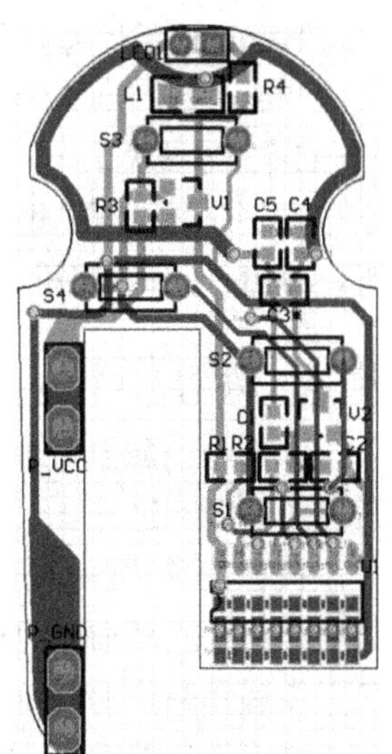

图 8-21　完成布线的 PCB

任务 8.4　设置泪滴和露铜

所谓泪珠滴，就是在印制导线与焊盘或过孔相连时，为了增强连接的牢固性，在连接处逐渐加大印制导线宽度。采用泪珠滴后，印制导线在接近焊盘或过孔时，线宽逐渐放大，形状就像一个泪珠。

铜箔露铜一般是为了在过锡时能上锡，增大铜箔厚度，增大带电流的能力，通常应用于电流比较大的场合。

8.4.1　添加泪珠滴

如图8-22所示，添加泪珠滴时要求焊盘要比线宽大，一般在印制导线比较细时可以添加泪珠滴。

设置泪珠滴的步骤如下。

（1）选取要设置泪珠滴的焊盘或过孔。

（2）执行菜单“Tools”→“Teardrops”，屏幕弹出图 8-23 所示的“泪滴选项”对话框，具体设置如下。

“General”（通常）区：用于设置泪珠滴作用的范围，有“All Pads”（全部焊盘）、“All Vias”（全部过孔）、“Selected Objects Only”（仅选择对象）、“Force Teardrops”（强制泪滴）及

"Create Report"（创建报告）5 个选项，根据需要单击各选项前的复选框，则该选项被选中。

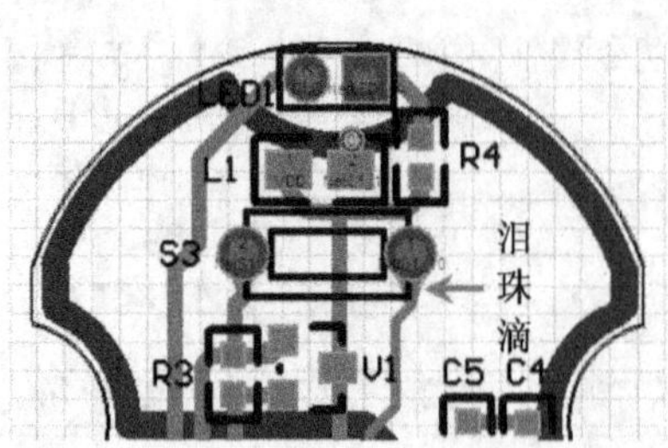

图 8-22　泪珠滴示意图

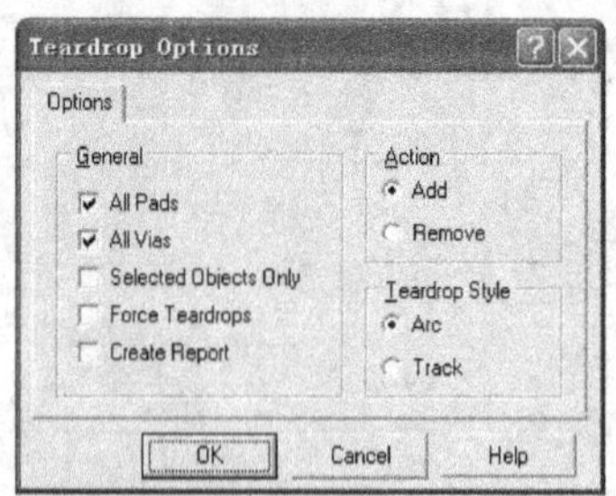

图 8-23　"泪珠选项"对话框

"Action"（行为）区：用于选择添加泪珠滴（Add）或删除泪珠滴（Remove）。

"Teardrop Style"（泪滴类型）区：用于设置泪珠滴的式样，可选择"Arc"（圆弧型）或"Track"（导线型）。

本例中选中"All Pads"和"All Vias"复选框，选中"Add"和"Arc"，参数设置完毕，单击"OK"按钮，系统自动添加泪珠滴，添加泪珠滴后的 PCB 如图 8-24 所示。

8.4.2　露铜设置

本例中的露铜主要是为了过锡使用，有两处必须设置露铜，即发射用的印制电感和编码开关的焊盘和过孔。

执行菜单"Design"→"Options"，系统弹出"PCB 选择项"对话框，选中"Layers"选项卡，在"Masks"区选中"Bottom Solder"复选框，单击"OK"按钮结束设置，系统将在工作层标签栏上显示底层阻焊层（Bottom Solder）。

将工作层切换到 Bottom Solder，在前述 24 个底层焊盘的位置放置略大于焊盘的矩形填充区；在印制电感的相应位置通过复制圆弧、修改工作层到底层阻焊层的方式放置露铜。放置露铜后在制板时该区域不会覆盖阻焊漆，而是露出铜箔。

至此，电动车报警遥控器 PCB 设计完毕，设置露铜后的 PCB 如图 8-25 所示。

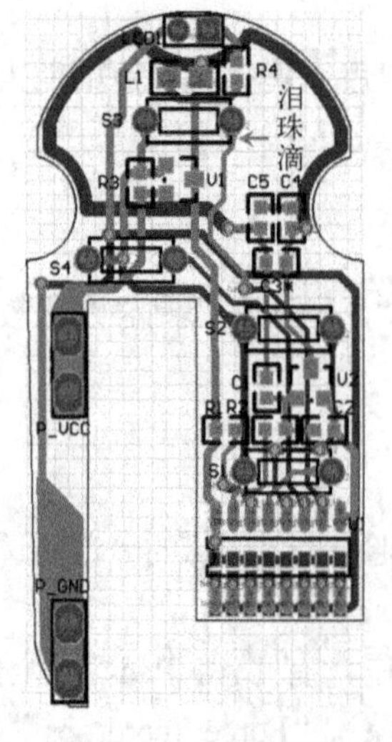

图 8-24　添加泪珠滴后的 PCB

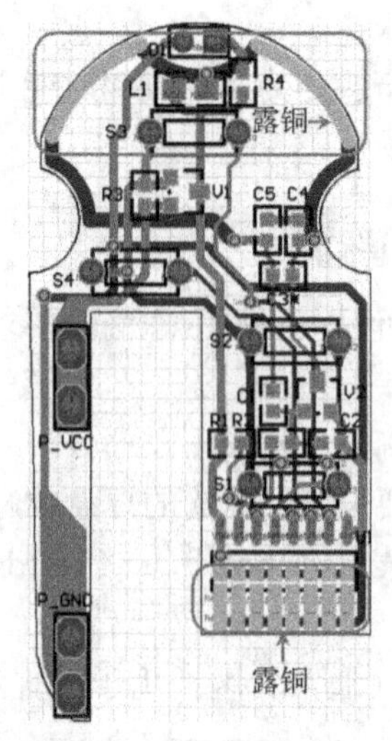

图 8-25　设置露铜后的 PCB

经验之谈

（1）本例中由于使用了印制电感，可能导致连线时出现网络混乱，如 V2 的 C 极网络连在 C1 上，因此布线时应根据原理图进行连接，不能只通过网络飞线进行判断。

（2）由于编码开关采用焊盘和过孔替代，必须设置好相应焊盘连接的高低电平，以免编码时出错。

（3）编码用的焊盘必须设置露铜，以保证进行编码时能够上锡。

任务 8.5　印制板图打印输出

PCB 设计完毕，一般要输出 PCB 图，以便进行人工检查和校对，同时也可生成文档保存。Protel 99 SE 中既可打印输出完整的混合 PCB 图，也可以将各个层面单独打印。

1．打印预览

在打印 PCB 前必须先进行打印预览。执行菜单“File”→“Printer/Preview”，系统产生一个预览文件，在设计管理器中的 PCB 打印浏览器中显示该预览 PCB 文件中的工作层名称，如图 8-26 所示。

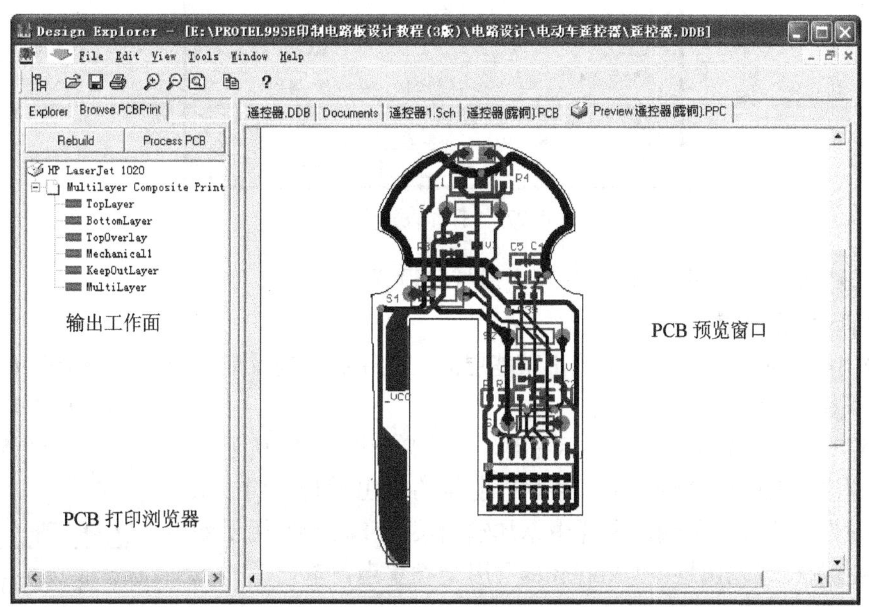

图 8-26　打印预览

图中 PCB 预览窗口显示输出的 PCB 图；PCB 打印预览器中显示当前输出的工作面，输出的工作面可以自行设置。

2．打印页面设置

进入打印预览后，执行菜单“File”→“Setup Printer”，进行打印页面设置，屏幕弹出图 8-27 所示的“打印设置”对话框。

图中“Printer”下拉列表框中，可以选择打印机；“Orientation”选择框中设置打印方向，包括 Portrait（纵向）和 Landscape（横向）；“Print What”下拉列表框中可以选择打印的对象，包括 Standard Print（标准打印）、Whole Board On Page（全板打印在一张纸上）和 PCB Screen Region（打印电路板屏幕显示区域）；“Margins”区设置页边距；“Print Scale”栏中设置打印比例。

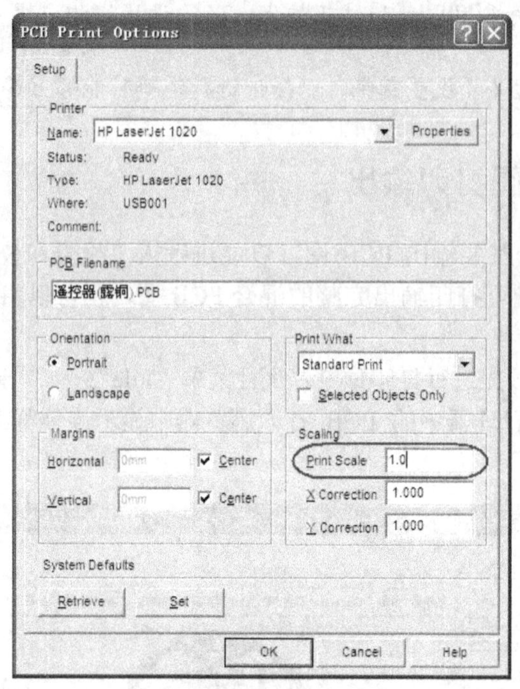

图 8-27 “打印设置”对话框

所有设置完成，单击“OK”按钮完成打印设置。

3. 打印层面设置

在输出电路时，往往要选择输出某些层面，以便进行制板或检查，在 Protel 99 SE 中可以自行定义输出的工作层面。

在 PCB 打印浏览器中单击鼠标右键，屏幕弹出图 8-28 所示的子菜单，其中“Insert Printout”用于产生新的输出图样；“Insert Print Layer”用于在当前输出图样中添加输出层；“Delete”用于删除当前输出图样或输出层；“Properties”用于设置当前输出图样或输出层的属性。

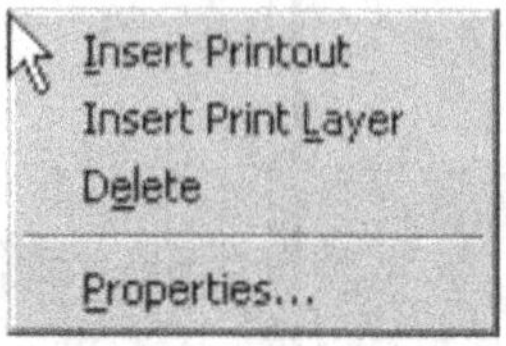

Insert Printout
Insert Print Layer
Delete
Properties...

图 8-28 设置打印层面

选择“Insert Printout”产生新的输出图样，屏幕弹出图 8-29 所示的“打印属性设置”对话框，其中“Printout Name”用于设置输出文件名；“Components”区用于设置输出的元器件面，一般全选中；“Color Set”区用于设置打印的颜色，“Options”区用于设置孔和层的状态。“Layers”区用于显示已设置的输出层面，系统默认输出顶层（Top Layer），单击其下的“Add”按钮可以添加输出工作层，单击“Remove”按钮可以删除已设置的输出层。

下面以打印输出热转印制电路板所需的“电动车报警遥控器”PCB 图为例说明打印层面的设置方法。该 PCB 是一块双面板，必须打印顶层和底层两个层面进行制板，在热转印制电路板中顶层的输出必须设置为镜像（即选中图 8-29 中的“Mirror Layers”复选框）。

（1）底层输出。设置输出工作层面为 Bottom Layer（底层）、Multi Layer（多层，通孔焊盘所在层）和 Keep Out Layer（禁止布线层，边框），颜色为黑白色（选中“Black & White”），焊盘和过孔显示孔（选中“Show Holes”）。

单击图 8-29 中的“Add”按钮添加工作层，屏幕弹出图 8-30 所示的输出“层面设置”对话框，单击“Print Layer Type”后的下拉列表框，选中“Bottom Layer”，单击“OK”按钮完成底层添加；采用同样的方法添加“Multi Layer”（多层）和“Keep Out Layer”（禁止布线层）；最后在图 8-29 中的“Layers”区中选中“Top Layer”，单击“Remove”按钮删除顶层完成输出层设置。

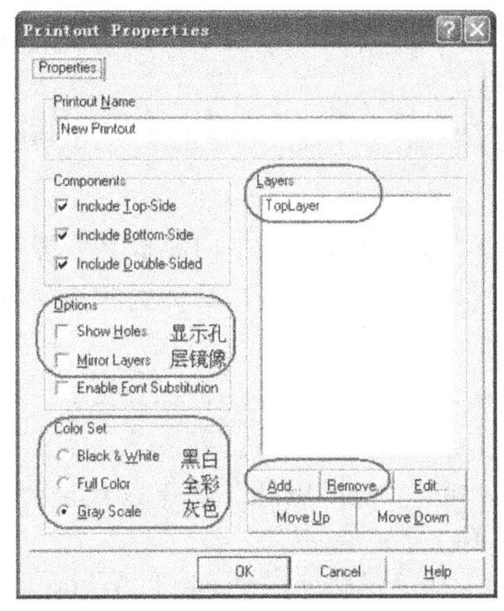

图 8-29　打印属性设置

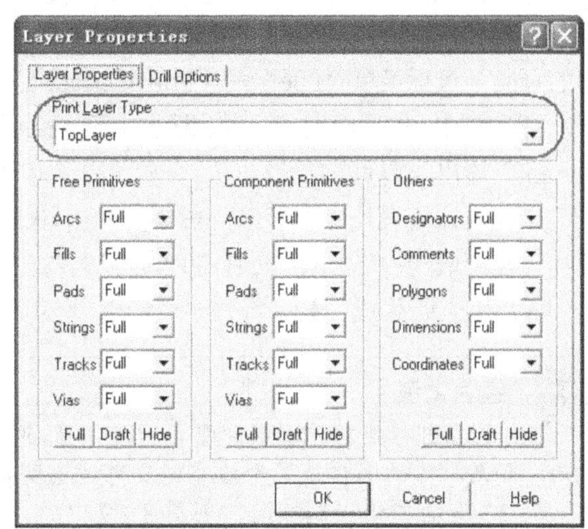

图 8-30　输出层面设置

在图 8-29 中的“Color Set”区中选中“Black & White”将输出颜色设置为黑白色；在“Options”区选中“Show Holes”显示孔；“Components”区中的选项全部选中。

至此底层输出全部设置完毕，打印预览结果如图 8-31 所示。

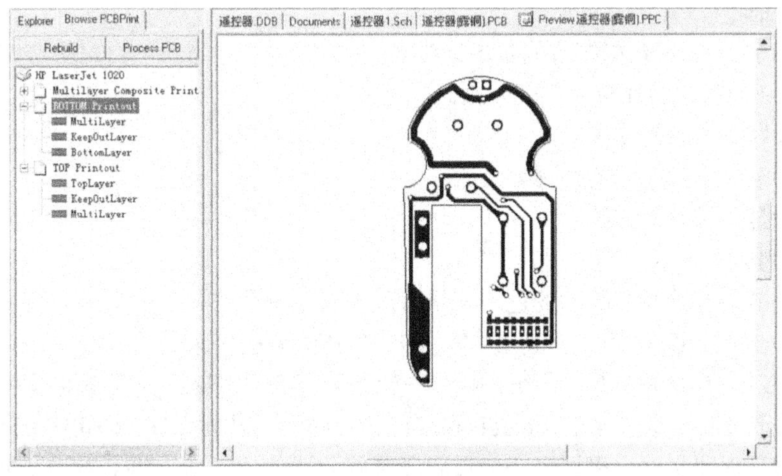

图 8-31　底层打印预览结果

（2）顶层输出。设置输出工作层面为 Top Layer（顶层）、Multi Layer（多层）和 Keep Out Layer（禁止布线层），颜色为黑白色，焊盘和过孔显示孔，顶层镜像（选中“Mirror Layers”）。

顶层输出的设置方法与底层输出设置基本相同，在设置顶层（Top Layer）时，需选中图 8-29 中“Options”区”中的“Mirror Layers”（即层镜像）。

4．打印输出

设置好输出的工作层面后就可以打印输出电路图，打印输出的方式有 4 种，即执行菜单“File”→“Print All”，打印所有图形；执行菜单“File”→“Print Job”打印操作对象；执行菜单“File”→“Print Page”，打印指定的页面，执行该菜单后，屏幕出现对话框可以设置打印的页码；执行菜单“File”→“Print Current”，打印当前页。

打印输出电路图时，一般先选中要输出的页面，然后执行菜单“File”→“Print Current”输出当前页。

印制电路板设计完成后，一般需要输出 PCB 图和生产加工文件，但目前制板软件兼容性高，在一般情况下，在 PCB 制作时只需向生产厂家提供设计文档即可，具体的制造文件由制板厂家自行生成，如有特殊要求，用户必须做好说明。

经验之谈

（1）在进行热转印制板时需要打印 1:1 的 PCB 图，故“Print Scale”栏必须设置为 1.0。如果打印的图样是用于检查的，可适当提高打印比例。

（2）若打印输出制板图，则图 8-29 中的“Color Set”区中应选中“Black & White”将输出颜色设置为黑白色；若打印输出检查图，则图 8-29 中的“Color Set”区中应选中“Gray Scale”（灰色），将输出颜色设置为灰色，以便区分不同层上的图形。

技能实训 10　贴片双面异形 PCB 设计

1．实训目的

（1）熟练掌握 PCB 布局布线的基本原则。

（2）掌握 SMD 元器件布线规则设置。

（3）掌握印制电感的使用方法。

（4）掌握泪珠滴和露铜的使用。

（5）掌握打印预览的方法。

2．实训内容

（1）事先准备好图 8-2 所示的电动车报警遥控器原理图文件，并熟悉电路原理。

（2）进入 PCB 编辑器，新建 PCB 文件“电动车报警遥控器.PCB”，新建元器件库“PCBLIB1.LIB”，参考图 8-3、图 8-4 和图 8-5 设计 LED、按键开关和电池弹片的封装。

（3）加载元器件封装库 Advpcb.ddb 和自行设计的元器件封装库 PCBLIB1.LIB。

（4）编辑原理图文件，根据表 8-1 重新设置好元器件的封装，ERC 检查无误后执行菜单“Design”→“Create Netlist”生成网络表文件。

（5）设置单位制为公制；设置可视栅格 1、2 分别为 1mm 和 10mm；捕获栅格 X、Y，元器件网格 X、Y 均为 0.25mm。

（6）参考图 8-7 规划 PCB 电气轮廓，在 Mechanical1 层定位发光二极管、按键和电池弹片的位置。

（7）执行菜单“Design”→“Load Nets”载入网络表，参考图 8-6 将 LED、按键开关和电池弹片移动到图 8-7 中对应位置，设置这些元器件为锁定状态。

（8）执行菜单“Tools”→“Auto Placement”→“Auto Placer”进行自动布局，参考图 8-10 进行手工布局调整，减少飞线交叉。

（9）修改晶体管的焊盘编号，将焊盘 2 改为 3，焊盘 3 改为 2。修改完毕重新加载网络表，更新网络连接。

（10）执行菜单“Design”→“Rules”进行自动布线规则设置，具体规则如下。

安全间距规则设置：全部对象为 0.254mm；布线转角规则：45°；导线宽度限制规则：最小为 0.35mm，最大为 1mm，优选为 0.6mm；布线层规则：选中 Bottom Layer 和 Top Layer 进行双面布线；过孔类型规则：过孔尺寸为 0.9mm，过孔直径为 0.6mm；其他规则选择默认。

（11）参考图 8-12～图 8-15 分别对印制电感、电源、地及编码开关进行预布线。

（12）参考图 8-21 对全板进行手工布线。

（13）参考图 8-24，执行菜单“Tools”→“Teardrops”为所有焊盘和过孔添加圆弧型泪珠滴。

（14）参考图 8-25 为印制电感和编码开关设置底层露铜。

（15）保存文件。

（16）执行菜单“File”→“Printer/Preview”，预览 PCB。

3. 思考题

（1）露铜有何作用？如何设置底层露铜？

（2）如何设置 SMD 元器件布线规则？

（3）如何添加泪珠滴？

（4）如何打印输出双面制板图？

思考与练习

1. 如何在电路中添加泪珠滴？
2. 如何设置露铜？
3. 如何在同一种设计规则下设定多个限制规则？
4. 如何打印输出检查图？
5. 打印输出时如何设置显示焊盘孔？
6. 如何打印输出双面 PCB 制板图？
7. 根据图 8-32 所示的单片机小系统部分电路设计双面印制电路板。

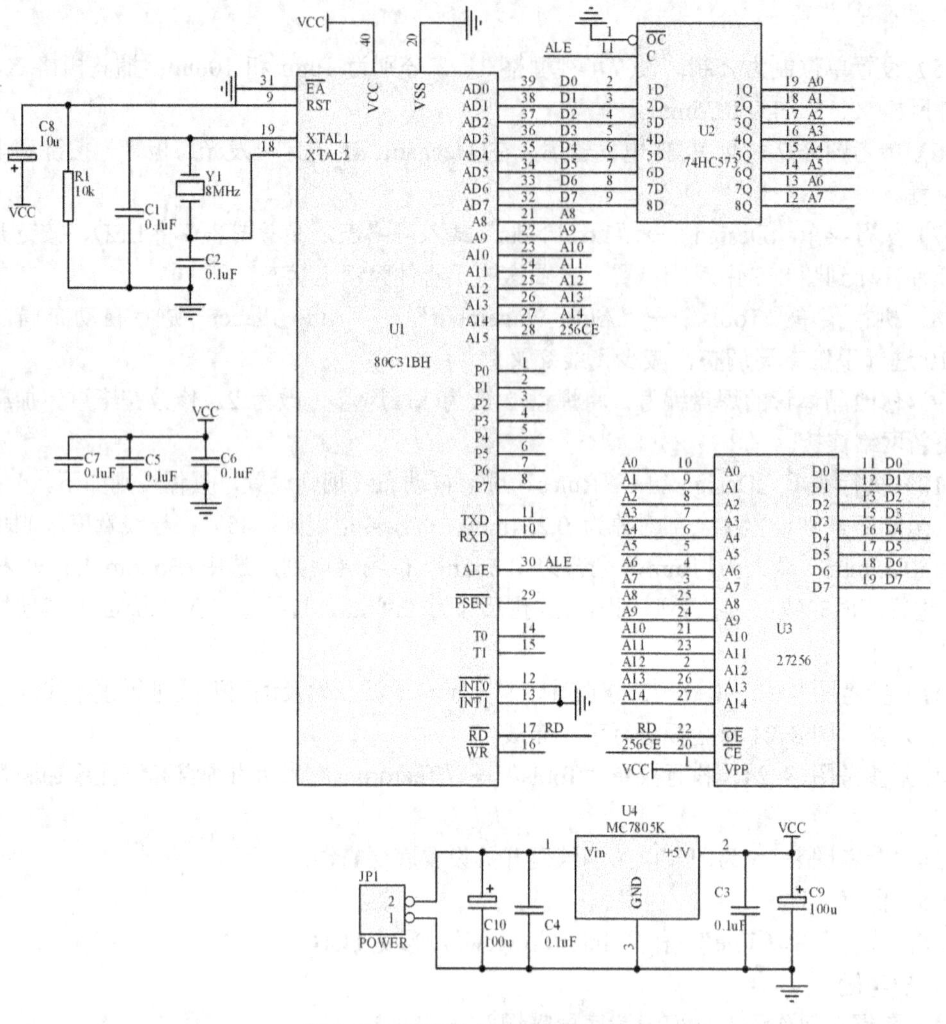

图 8-32　单片机小系统板原理图

元器件说明如下。

元器件中电容 C8、晶体 Y1、三端稳压块 7805、接插件 JP1 采用通孔式封装，其余元器件采用贴片式封装。

设计印制电路板时考虑的因素如下。

（1）该电路是一个数字电路，工作电流较小，故连线宽度可以选择细一些，电源线采用 30mil，地线采用 50mil，其余线宽采用 10mil。

（2）印制板的尺寸设置为 2500mil×1900mil。

（3）集成电路 U1、U2、U3 的滤波电容 C5、C6、C7 就近放置在集成块的电源端，以提高对电源的滤波性能。

（4）电源插排 JP1 放置在印制电路板的左侧。

（5）由于晶振电路是高频电路，应禁止在晶振电路下面的对层（Bottom Layer）走信号线，以免相互干扰。在双面板中可以在晶振电路对层设置接地的铺铜，减少高频噪声。

（6）在印制电路板的四周设置 3mm 的螺钉孔。

8．绘制图 8-33 所示的功放电原理图，并利用该图进行单面自动布线，PCB 尺寸为 12.5cm×9cm。

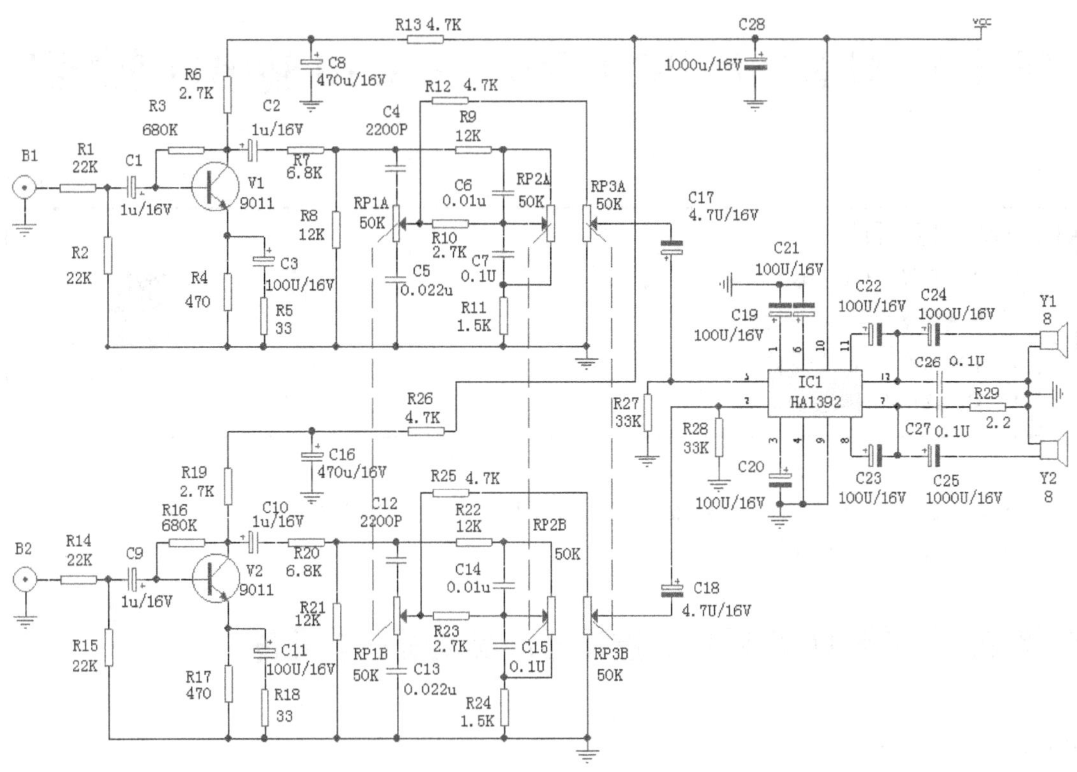

图 8-33　功放电路

项目9　双面贴片 PCB 设计——USB 转串口连接器

知识与能力目标

1）熟练掌握双面板的设计方法。

2）熟练掌握贴片元器件的使用。

3）掌握元器件双面贴放的方法。

4）掌握设计规则检查的方法。

本项目通过 USB 转串口连接器介绍元器件双面贴放 PCB 的设计方法，掌握贴片元器件的使用及元器件双面贴放的方法。

任务 9.1　了解 USB 转串口连接器产品及设计前准备

9.1.1　产品介绍

USB 转串口连接器用于 MCU 与 PC 进行通信，采用专用接口转换芯片 PL-2303HX，该芯片提供一个 RS-232 全双工异步串行通信装置与 USB 接口进行连接。

USB 转串口连接器实物如图 9-1 所示，电路如图 9-2 所示，PL-2303HX 将从其 DM、DP 端接收到的数据，经过内部处理后，从 TXD、RDX 端按照串行通信的格式传输出去。图中 P1 为串行数据输出接口，采用 4 芯杜邦连接线对外连接；J1 为用户板供电选择，将 U1 的 4 脚 VDD_325 接 5V，模块为用户板提供 5V 供电，接 3.3V 则模块为用户板提供 3.3V 供电；VD1～VD3 为 3 个 LED，分别为 POWER LED、RXD LED 和 TXD LED；Y1、C1、C2 为 U1 外接的晶振电路；USB 为 USB 接口，从 D−、D+传输数据；C3～C6 为滤波电容，其中 C3 为 VCC5V 滤波，C4 和 C5 为 VCC3.3V 滤波，C6 为 VCC 滤波。

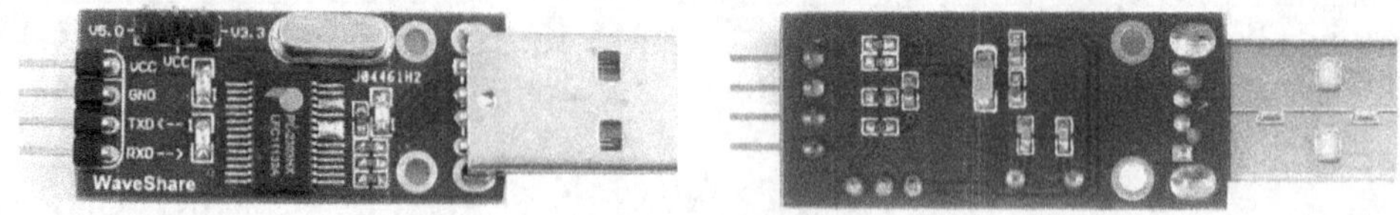

图 9-1　USB 转串口连接器实物图

9.1.2　设计前准备

1．绘制原理图元器件

电路中的接口转换芯片 PL2303HX 和 USB 接口在系统自带的原理图库中没有，需自行设计，其元器件图形如图 9-2 中的 U1 和 USB 所示，USB 的接地引脚为 5、6，隐藏引脚号。

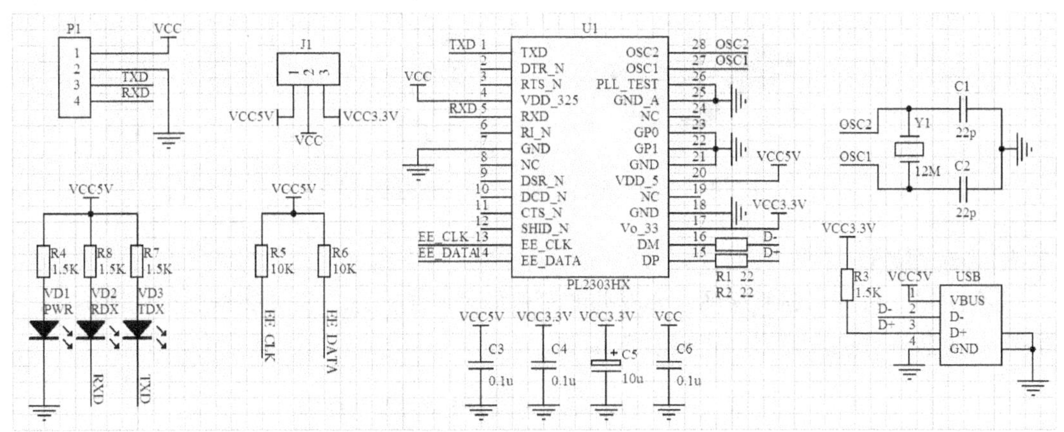

图 9-2 USB 转串口连接器原理图

2. 元器件封装设计

（1）12M 晶振的封装，封装名 XTAL12M，晶振封装如图 9-3 所示。焊盘中心间距 5.08mm，焊盘尺寸 1.524mm，圆弧半径 1.524mm。

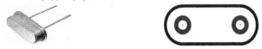

图 9-3 晶振实物图及封装图

（2）贴片二极管的封装，封装名 0805A，贴片二极管封装如图 9-4 所示。焊盘采用顶层贴片焊盘，即放置焊盘后，双击焊盘，屏幕弹出“焊盘属性”对话框，设置“X-Size”为 1.5mm，“Y-Size”为 1.2mm，“Shape”为“Rectangle”（矩形），“Designator”为 A，“Hole Size”为 0mm，“Layer”为“Top Layer”，设置完毕放置焊盘 A，同样以焊盘中心间距 2.3mm 放置焊盘 K；参考图示绘制外框，外框线宽为 0.254mm。

图 9-4 贴片发光二极管实物图及封装图

（3）沉板式贴片 USB 接口的封装，封装名为 USB，沉板式贴片 USB 接口实物图和封装图如图 9-5 所示。它有 4 个贴片引脚，2 个外壳屏蔽固定脚，另有 2 个突起用于固定，设计封装时 4 个贴片引脚采用贴片式焊盘，2 个外壳固定脚采用通孔式焊盘，2 个突起对应处设置 1mm 的定位孔。其外框尺寸为 16mm×12mm；贴片焊盘“X-Size”为 2.5mm、“Y-Size”为 1.2mm、“Layer”为 Top Layer、“Hole Size”为 0mm；通孔式焊盘“X-Size”为 3.8mm、“Y-Size”为 3mm、“Hole Size”为 2.3mm；定位孔“X-Size”为 1mm 、“Y-Size”为 1mm、“Hole Size”为 1mm；贴片焊盘 1 边上打上小圆点，用于指示其为焊盘 1，焊盘 1、2 及焊盘

3、4 中心间距 2.5mm，焊盘 2、3 中心间距 2mm；通孔焊盘 5、6 中心间距 12mm；定位孔中心间距 4mm。

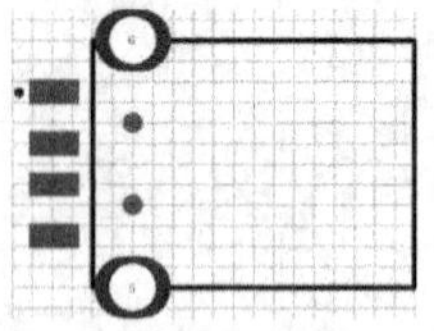

图 9-5　沉板式贴片 USB 接口实物图及封装图

3. 原理图设计

根据图 9-2 设计电路原理图，元器件的参数如表 9-1 所示，设计完毕进行编译检查，最后将文件保存为“USB 转串口连接器.Sch”。

表 9-1　USB 转串口连接器元器件参数表

元器件类别	元器件标号	原理图元器件名	原理图元器件库	元器件封装
贴片电解电容	C5	ELECTRO1	Miscellaneous Devices.ddb	3216
贴片电容	C1～C4、C6	CAP	Miscellaneous Devices.ddb	0603
贴片电阻	R1～R8	RES2	Miscellaneous Devices.ddb	0603
贴片发光二极管	VD1～VD3	LED	Miscellaneous Devices.ddb	0805A（自制）
晶振	X1	CRYSTAL	Miscellaneous Devices.ddb	XTAL12M（自制）
集成块	U1	PL2303HX（自制）	自制	RS-28
3 脚排针跳线	J1	CON3	Miscellaneous Devices.ddb	SIP3
4 脚侧排针	P1	CON4	Miscellaneous Devices.ddb	HDR1X4HA
USB 接口	USB	USB（自制）	自制	USB（自制）

9.1.3　设计 PCB 时考虑的因素

该电路采用双面板设计，元器件双面贴放，设计时考虑的主要因素如下。

（1）PCB 采用矩形双面板，尺寸为 48mm×17mm。

（2）在 PCB 的 USB 接口附近放置 2 个直径为 3.5mm，孔径为 2mm 的焊盘作为螺钉孔，并将网络设置为 GND。

（3）将串口连接和 USB 接口分别置于 PCB 的两边，其外围元器件置于顶层。

（4）芯片置于板的中央，晶振靠近连接的 IC 引脚放置，振荡回路就近放置在晶振边上。

（5）发光二极管置于顶层便于观察状态，VD1 的限流电阻就近置于顶层，VD2、VD3 的限流电阻就近置于底层。

（6）电源跳线 J1 置于板的边缘，便于操作。

（7）电源滤波电容就近放置在芯片电源附近，元器件置于底层。

（8）地线不用单独连接，采用多点接地法，在顶层和底层都铺设接地覆铜。

（9）本电路工作电流较小，线宽可以细一些，电源网络采用 0.381mm，其余采用 0.254mm。

（10）为便于连接，在顶层丝网层为串口连接端 P1 的排针和电源跳线 J1 设置文字说明。

任务 9.2　PCB 双面布局

本例中元器件采用双面布局，小贴片元器件 R5～R8、C1～C6 放置在底层（Bottom Layer），其余元器件放置在顶层（Top Layer）。

9.2.1　从原理图加载网络表和元器件到 PCB

1. 规划 PCB

新建 PCB 文件，并将其保存为“USB 转串口连接器.PCB”；设置单位制为 Metric；设置可视栅格 1、2 分别为 1mm 和 10mm；捕获栅格 X、Y，器件栅格 X、Y 均为 0.125mm，并将可视栅格 1（Visible Grid1）设置为显示状态；设置坐标原点为显示状态。

在 Keep out Layer 上定义 PCB 的电气轮廓，尺寸为 48mm×17mm；在板的右侧距板的短边为 10mm、长边为 3mm 处上下放置 2 个直径为 3.5mm，孔径为 2mm 的焊盘作为螺钉孔。规划电气轮廓后的 PCB 如图 9-6 所示。

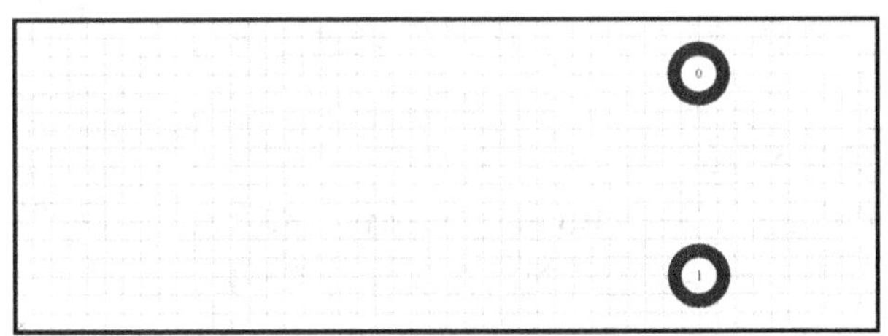

图 9-6　规划电气轮廓后的 PCB

2. 通过更新 PCB 方式加载网络和元器件封装

（1）打开设计好的原理图文件“USB 转串口连接器.Sch”，执行菜单“Tools”→“ERC”对原理图文件进行编译，检查并修改错误；执行菜单“Design”→“Create Netlist”生成网络表，检查封装是否正确。

（2）本例的封装在 Miscellaneous Devices.ddb、Headers.ddb、General IC.ddb 及自制封装库 PCBLIB1.PCBLIB 中，在 PCB 编辑器中将它们设置为当前库。

（3）返回原理图编辑器，打开原理图文件“USB 转串口连接器.Sch”，执行菜单“Design”→“Update PCB”更新 PCB，系统弹出“更新设计”对话框，单击“Execute”按钮确认更新，系统弹出一个对话框提示可能无法加载所有网络，忽略该提示，单击“Yes”按钮确认更新 PCB。

（4）更新 PCB 后，可能在屏幕上无法看到所有载入的元器件封装，执行菜单“View”→“Fit Board”显示全板，此时一般在右上角可以看到载入的元器件封装，在图中查看封装和网络飞线是否有缺失。

更新 PCB 后系统自动建立了一个 Room 空间“USB 转串口连接器”，在 Room 空间周围加载了元器件封装和网络。

将 Room 空间移动到电气边框内，执行菜单“Tools”→“Interactive Placement”→

"Arrange Within Room"，移动光标到Room空间内单击鼠标左键，元器件将自动按类型排列在 Room 空间中，单击鼠标右键结束操作，此时屏幕上可能会有一些画面残缺，执行菜单"View"→"Refresh"刷新画面。鼠标左键单击选中Room空间，按键盘上的〈Delete〉键删除Room空间。

9.2.2 元器件双面贴放

1. 底层元器件设置

在Protel 99 SE中系统默认元器件放置在顶层，本例中部分元器件放置在底层，需进行相应的设置。

双击要放置在底层的元器件（如 R5），屏幕弹出"元器件属性"对话框，如图 9-7 所示，选中"Properties"选项卡，单击"Layer"后面的下拉列表框，选择"Bottom Layer"（底层），单击"OK"按钮将元器件层设置为底层。设置后贴片元器件的焊盘变换为底层，元器件的丝网自动变换为底层丝网层（Bottom Overlay）。

本例中将小贴片元器件 R5～R8、C1～C6 设置为底层放置。

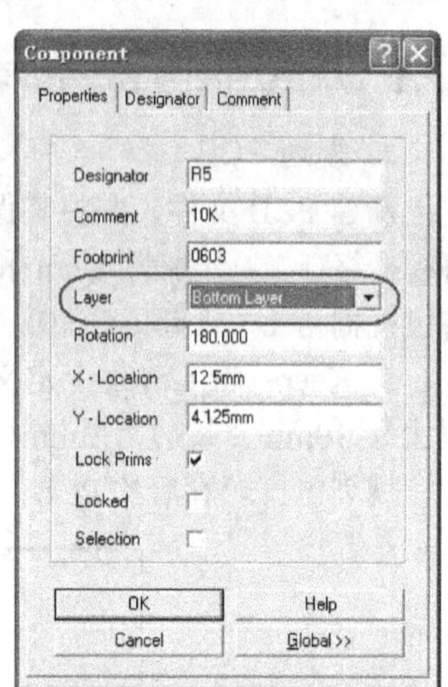

图 9-7 设置底层元器件

2. 设置底层丝网的显示状态

由于系统默认不显示底层丝网层Bottom Overlay，故元器件设置为底层放置后若看不见底层的丝网，需执行菜单"Design"→"Options"，屏幕弹出"文档选项"对话框，在"Silkscreen"区选中"Bottom Overlay"前的复选框，单击"OK"按钮完成设置。

设置后屏幕上将显示底层元器件的丝网，底层丝网与顶层丝网是镜像关系。

3. 元器件布局

参考前述的设计前考虑的因素进行手工布局，通过移动元器件、旋转元器件等方法合理调整元器件的位置，减少网络飞线的交叉。

经过调整后的PCB布局如图 9-8 所示。

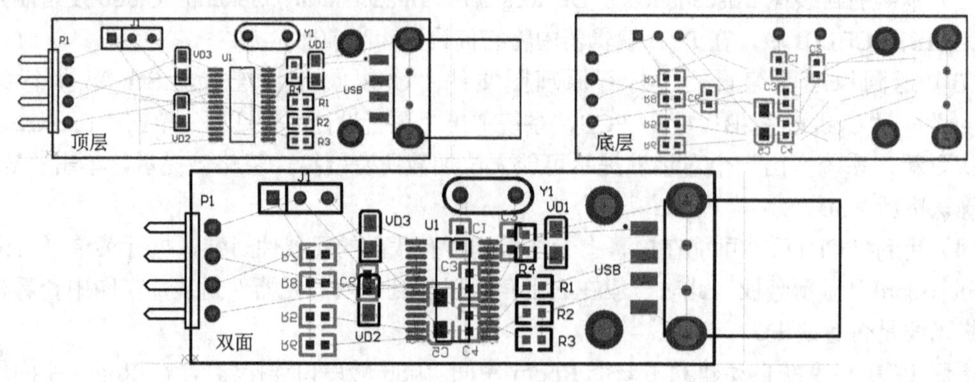

图 9-8 PCB 布局图

4. 3D 显示布局视图

布局调整结束后，执行菜单“View”→“Board In 3D”，显示元器件布局的 3D 视图，观察元器件布局是否合理。手工布局后的 3D 视图如图 9-9 所示。

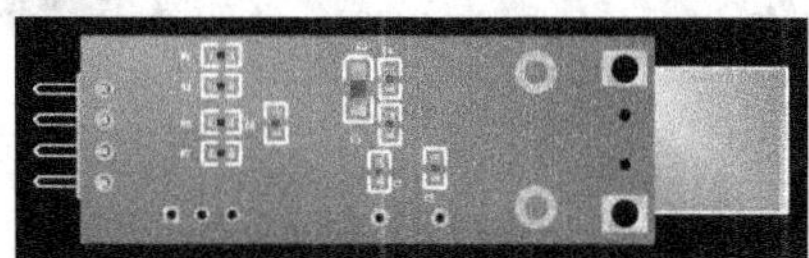

图 9-9　手工布局的 3D 图

任务 9.3　PCB 布线

本例中元器件较少，采用手工方式进行布线。

1. 布线规则设置

执行菜单“Design”→“Rules”，屏幕弹出“设计规则设置”对话框，进行布线规则设置，具体内容如下。

安全间距规则设置：全部对象为 0.127mm；布线拐弯规则：45°；导线宽度限制规则：设置 4 个，VCC、VCC5、VCC3.3 网络均为 0.381mm，全板为 0.254mm，优先级依次减小；布线层规则：选中 Bottom Layer 和 Top Layer 进行双面布线；过孔类型规则：过孔尺寸为 0.9mm，过孔直径为 0.6mm；其他规则选择默认。

2. 对除 GND 以外的网络进行手工布线

本例中采用多点接地法，在顶层和底层都铺设接地覆铜就近接地。

执行菜单“Place”→“Interactive Routing”进行交互式布线，根据网络飞线进行连线，线路连通后，该线上的飞线将消失。

在布线时，如果连线无法准确连接到对应焊盘上，可减少捕获网格尺寸和器件网格尺寸，并可以对元器件进行微调。

布线过程中单击小键盘上的<*>键可以自动放置过孔，并切换工作层。

布线完毕微调元器件丝网至合适的位置。

手工布线后的 PCB 如图 9-10 所示，手工布线后的 3D 视图如图 9-11 所示，从图中可以看出除了“GND”网络外，其余网络均已布线。

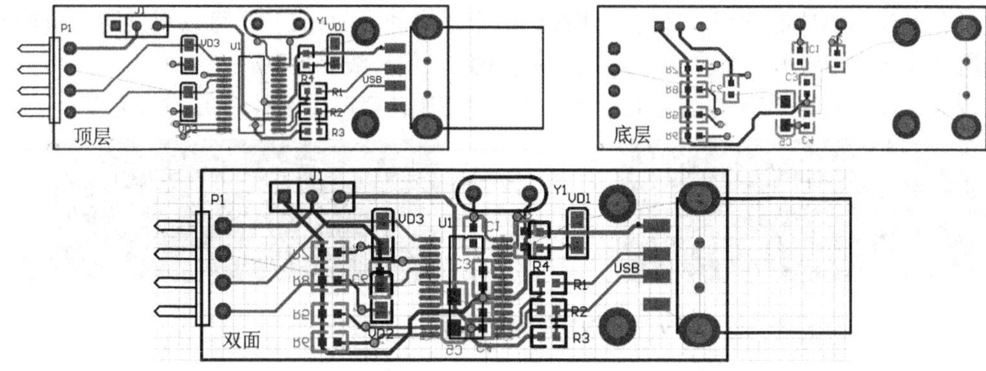

图 9-10　PCB 双面布线图

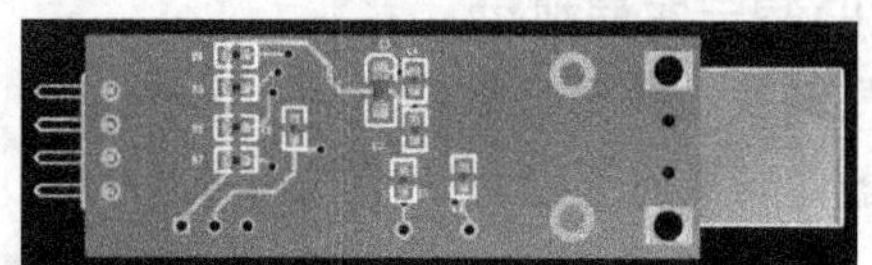

图 9-11　手工布线的 3D 图

3. 放置说明文字

为了便于 USB 转串口连接器对外连接，对关键的部位放置说明文字，放置的方法为在顶层丝网层放置字符串。本例中对串口连接端 P1 的引脚、电源跳线 J1 和发光二极管设置说明文字，如图 9-12 所示。

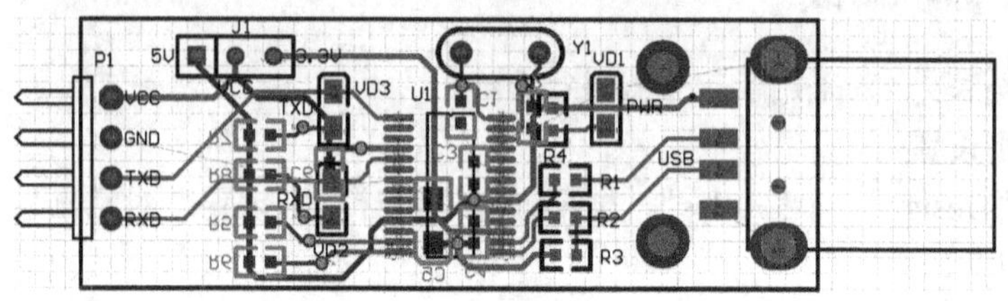

图 9-12　放置说明文字后的 PCB

4. 接地覆铜设置

放置接地覆铜既可实现就近接地，也可提高抗扰能力。本例中在 PCB 的双面都放置接地覆铜，在放置覆铜前，将两个螺钉孔焊盘的网络设置为 GND。

执行菜单“Design”→“Rules”，设置覆铜与焊盘之间的连接采用直接连接方式。

执行菜单“Place”→“Polygon Plane”屏幕弹出“覆铜参数设置”对话框，本例中放置实心覆铜，工作层为“Bottom Layer”；覆铜连接的网络为“GND”；选中“Pour Over Same Net”（覆盖相同网络）；去除“Remove Dead Copper”（删除死铜）的选中状态；设置“Track Width”的值为 0.6mm，大于“Grid Size”中的值 0.508mm，即为实心覆铜。

设置完毕单击“OK”按钮进入放置覆铜状态，沿着 PCB 的边框放置覆铜。

本例中在顶层和底层都放置接地覆铜，由于安全间距的原因，可能出现个别引脚无法接地的问题，可微调元器件位置和连线，或观察两面接地覆铜的位置，通过过孔连接两层的接地覆铜以完成连线。

对于覆铜后出现的死铜（即无法连接到指定网络的大面积铜），可以观察两面覆铜的状态，通过过孔连接到另一面的接地覆铜，注意不能与信号线等短路。

覆铜设置完毕的 PCB 如图 9-13 所示，至此 USB 转串口连接器 PCB 设计完毕。

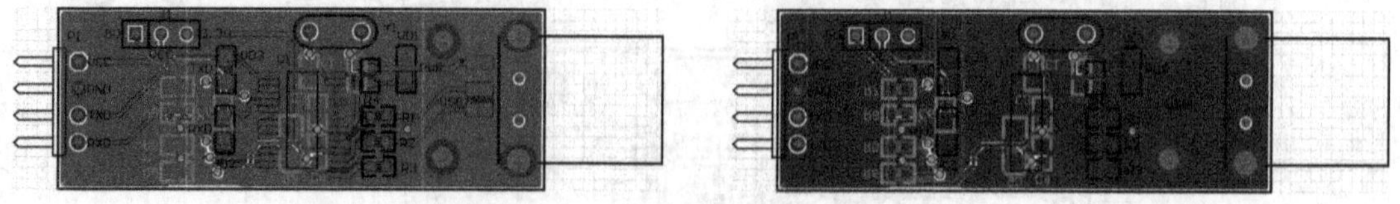

图 9-13　放置覆铜后的顶层和底层 PCB

PCB 设计完毕的 USB 转串口连接器 3D 视图如图 9-14 所示。

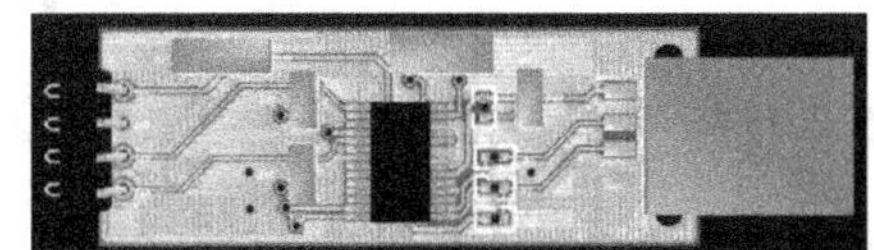

图 9-14　放置覆铜后的顶层和底层 PCB 3D 图

经验之谈

（1）系统默认贴片元器件的焊盘在顶层，若要将元器件放置在底层，则需将元器件属性中的层（Layer）设置为“Bottom Layer”。

（2）顶层和底层的元器件、丝网是镜像的。

（3）覆铜设置后若出现死铜，可以将其删除，也可以通过过孔连接到对层上的接地覆铜上。

（4）对于大面积的实心接地覆铜，可以在其上放置一些过孔来解决散热、排气问题。

任务 9.4　设计规则检查

自动布线结束后，用户可以使用设计规则检查功能对布好线的电路板进行检查，确定布线是否正确、是否符合已设定的设计规则要求。

在 Protel 99 SE 中，设计规则检查有报表输出（Report）和在线检测（On-line）两种。

执行菜单“Tools”→“Design Rule Check”，屏幕出现图 9-15 所示的对话框，有两个选项卡，分别对应报表输出方式（Report）和在线检测方式（On-line）。

1．报表输出方式（Report）

“Report”选项卡如图 9-15 所示，可以设置检查项目。其中“Routing Rules”“Manufacturing Rules”和“High Speed Rules”三栏分别列出了与布线、制作及高速电路有关的规则，若需要利用某个规则作检查，则选取相应的复选框。在进行 DRC 检查前，必须在“Design”→“Rules”中设置好要检查的设计规则，这样在 DRC 检查时才能被选中，常用的检查项目如下所述。

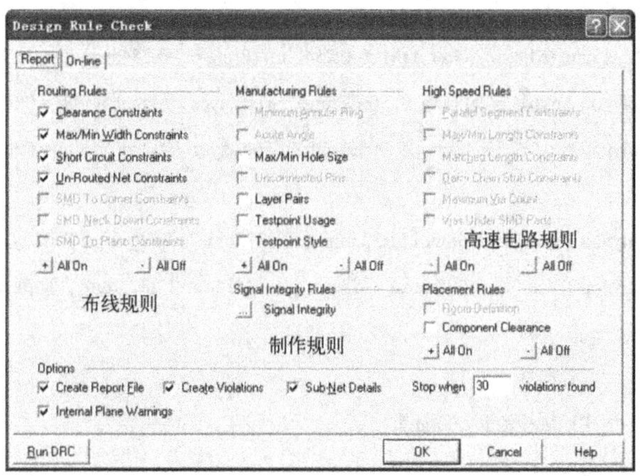

图 9-15　“设计规则检查”对话框

“Clearance Constraints”：安全间距检查。

“Max /Min Width Constraints”：导线宽度检查。

“Short Circuit Constraints”：短路检查。

“Un-Routed Net Constraints”：未布线网络检查。

“Options”区域：选取“Create Report File”复选框，可以生成报告文件，文件扩展名为.DRC，它用于存储设计规则检查的结果；选取“Create Violations”复选框，将用高亮度显示违规的图件；选取“Sub-Net Details”复选框，将给出未布通网络的未通部分信息。

设置完对话框中的各个选项后，按下“Run DRC”按钮，开始进行 DRC 检查，检查完毕后，将给出一个检查报告。

本例的设计规则检查报告如下所述。

注意：报告中的“【”和“】”中的内容为作者添加的说明文字，实际不存在。

Protel Design System Design Rule Check

PCB File : Documents\USB 转串口连接器.PCB

Date : 26-Oct-2016

Time : 20:28:26

Processing Rule : Width Constraint (Min=0.381mm) (Max=0.381mm) (Prefered=0.381mm) (Is on net VCC5V) 【线宽限制】

Rule Violations :0 【违规数：0】

Processing Rule : Width Constraint (Min=0.381mm) (Max=0.381mm) (Prefered=0.381mm) (Is on net VCC3.3V) 【线宽限制】

Rule Violations :0 【违规数：0】

Processing Rule : Width Constraint (Min=0.381mm) (Max=0.381mm) (Prefered=0.381mm) (Is on net VCC) 【线宽限制】

Rule Violations :0 【违规数：0】

Processing Rule : Short-Circuit Constraint (Allowed=Not Allowed) (On the board),(On the board) 【短路限制】

Rule Violations :0 【违规数：0】

Processing Rule : Broken-Net Constraint ((On the board)) 【未通网络限制】

Rule Violations :0 【违规数：0】

Processing Rule : Clearance Constraint (Gap=0.127mm) (On the board),(On the board) 【间距限制】

Rule Violations :0 【违规数：0】

Processing Rule : Width Constraint (Min=0.254mm) (Max=0.254mm) (Prefered=0.254mm) (On the board) 【线宽限制】

Violation Polygon Arc (45.56398mm,10.50698mm) TopLayer Actual Width = 0.6mm 【违规信息】

Violation Polygon Arc (39.56948mm,12.00698mm) TopLayer Actual Width = 0.6mm

……

Violation Polygon Track (46.0038mm,11.323mm)(47.4375mm,11.323mm) TopLayer Actual Width = 0.6mm

Violation Polygon Track (43.34098mm,11.323mm)(45.12415mm,11.323mm) TopLayer Actual Width = 0.6mm

……

Rule Violations :500 【违规数：500】

Violations Detected : 500 【违规检测到 500 处】

Time Elapsed : 00:00:00

从报告中可以看出存在 500 处违规错误，原因在于线宽限制规则设置为线宽为

0.254mm，而覆铜设计中为保证放置的是实心覆铜，设置的覆铜线宽为 0.6mm 以大于栅格尺寸，故违反了线宽限制规则。由于该错误非原则性错误，可忽略。

如果 DRC 检查没有错误，则报告中的违规数全为 0。

2. 在线检测方式（On-line）

要实现在线检测，必须执行菜单“Tools”→“Preferences”，在弹出对话框中的“Editing options”区，选中“Online DRC”复选框。

图 9-15 中的“On-line”选项卡用于设置在线检测的项目。设置在线检测后，在放置和移动图件时，程序自动根据规则进行检查，一旦发现违规，将高亮度显示违规内容。

3. PCB 中违规错误的浏览

进行 DRC 检查后，系统给出检查报告，违规的图件将高亮显示，此时利用违规浏览器可以方便地找到发生违规的位置及违规的具体内容。

在设计管理器的“Browse”下拉列表框中，选择“Violations”，设置浏览器为违规浏览器，违规浏览器有三栏，上面一栏列出了发生违规的种类，在此栏中选取某一项，则在中间一栏列出了违规类型的具体内容，在此栏中选取了某一项具体内容，在下方的监视器中就会显示出违规的图件和具体位置。单击“Details”按钮，屏幕弹出对话框，详细说明了违规的具体内容，包括违反的规则、违规的图件名和图件位置。

技能实训 11　元器件双面贴放 PCB 设计

1. 实训目的

（1）进一步熟悉贴片元器件。

（2）掌握贴片元器件的双面贴放方法。

（3）进一步熟悉自动布局、自动布线规则的设置。

（4）学会 DRC 检查的方法。

2. 实训内容

（1）事先准备图 9-2 所示的“USB 转串口连接器”原理图文件，并熟悉电路原理。

（2）编辑原理图文件，根据表 9-1 重新设置好元器件的封装。执行菜单“Tools”→“ERC”对原理图文件进行编译，检查并修改错误；执行菜单“Design”→“Create Netlist”生成网络表，检查封装是否正确。

（3）进入 PCB 编辑器，新建 PCB 文件“USB 转串口连接器.PCB”，新建 PCB 元器件库“PCBLIB1.PCBLIB”，参考图 9-3～图 9-5 设计晶振、发光二极管和 USB 接口的封装。

（4）载入 Miscellaneous Devices.ddb、Headers.ddb、General IC.ddb 及自制封装库 PCBLIB1.PCBLIB 等元器件库。

（5）设置单位制为公制；设置可视栅格 1、2 为 1mm 和 10mm；捕获栅格 X、Y，器件栅格 X、Y 均为 0.125mm。

（6）规划 PCB。在 Keep out Layer 上定义 48mm×17mm 的电气轮廓；在板的右侧距板的短边 10mm、长边 3mm 处上下放置 2 个直径 3.5mm，孔径 2mm 的焊盘作为螺钉孔。

（7）打开原理图文件“USB 转串口连接器.SCH”，执行菜单“Design”→“Update PCB”更新 PCB，载入网络表和元器件封装。

（8）执行菜单“Tools”→“Interactive Placement”→“Arrange Within Room”，进行Room空间元器件布局。

（9）底层元器件设置，依次双击小贴片元器件 R5～R8、C1～C6，在“元器件属性”对话框中单击“Layer”后面的下拉列表框，选择“Bottom Layer”（底层）将元器件层设置为底层。设置后贴片元器件的焊盘变换为底层，元器件的丝网自动切换为Bottom Overlay。

（10）执行菜单“Design”→“Options”，屏幕弹出“文档选项”对话框，在“Silkscreen”区选中“Bottom Overlay”前的复选框，显示底层元器件的丝网。

（11）元器件手工布局调整。根据布局原则参考图 9-8 进行手工布局调整，减少飞线交叉。

（12）执行菜单“View”→“Board In 3D”，显示元器件布局的 3D 视图，观察元器件布局是否合理并进行调整。

（13）执行菜单“Design”→“Rules”设置布线规则。安全间距规则设置：全部对象为 0.127mm；布线转角规则：45°；导线宽度限制规则：设置 4 个，VCC、VCC5、VCC3.3 网络均为 0.381mm，全板为 0.254mm，优先级依次减小；布线层规则：选中 Bottom Layer 和 Top Layer 进行双面布线；过孔类型规则：过孔尺寸为 0.9mm，过孔直径为 0.6mm；其他规则选择默认。

（14）对除 GND 以外的网络进行手工布线。执行菜单“Place”→“Interactive Routing”，参考图 9-10 进行交互式布线，布线完毕微调元器件丝网至合适的位置。

（15）参考图 9-12，在顶层丝网层对串口连接端 P1 的引脚、电源跳线 J1 和发光二极管设置说明文字。

（16）将两个螺钉孔焊盘的网络设置为 GND，执行菜单“Place”→“Polygon Plane”，参考图 9-13 在顶层和底层分别放置接地覆铜，若出现死铜，通过过孔连接到对层的接地覆铜。

（17）保存文件。

（18）执行菜单“Tools”→“Design Rule Check”进行设计规则检查，根据提示修改错误，忽略与覆铜有关的线宽规则限制的错误提示。

3．思考题

（1）如何设置底层放置的元器件？

（2）如何进行元器件微调？

（3）如何处理死铜？

思考与练习

1．设计图 9-16 所示的流水灯电路 PCB，采用双面板设计，元器件均采用贴片式封装。

设计要求：采用个圆形 PCB，PCB 的机械轮廓半径为 51mm，电气轮廓为 50mm，禁止布线层距离板边沿为 1mm；注意电源插座和复位按钮的位置，并放置三个固定安装孔；三端稳压块靠近电源插座，采用卧式放置，为提高散热效果，在顶层对应散热片的位置预留大面积露铜；晶振靠近连接的 IC 引脚放置，采用对层屏蔽法，在顶层放置接地覆铜进行屏蔽；由于 16 个发光二极管采用圆形排列，采用预布局的方式，通过阵列式粘贴，先放置 16 个发光二极管，再载入其他元器件；地线网络线宽为 0.75mm，电源网络线宽为 0.65mm，其他网络线宽为 0.5mm。

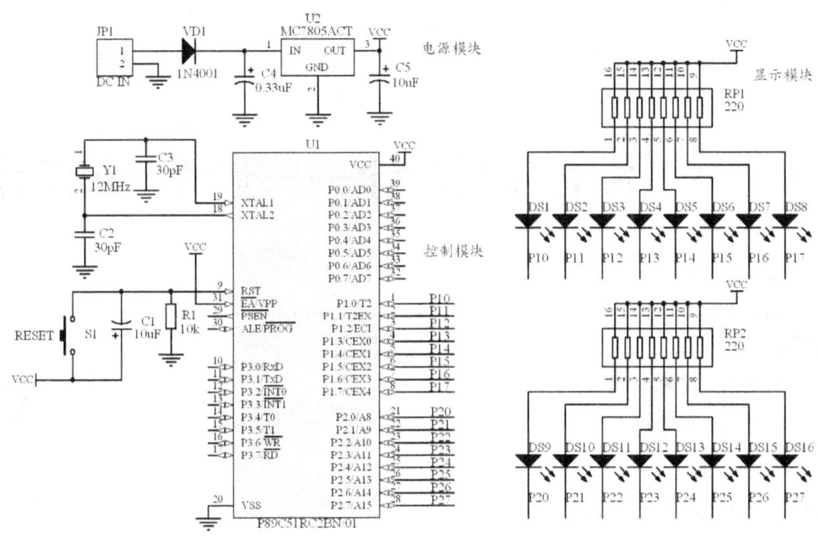

图 9-16　流水灯电路原理图

2. 根据图 9-17 设计模拟信号采集电路 PCB。除了数码管和接插件外，其他元器件采用贴片式封装。

设计要求：印制板的尺寸设置为 4340mil×2500mil；模拟元器件和数字元器件分开布置；注意模地和数地的分离；电源插座 J1 和模拟信号输入端插座 J2 放置在印制板的左侧；电源连线宽度采用 25mil，地线采用 30mil，其余线宽采用 15mil；在印制板的四周设置 3mm 的螺钉孔；设计完毕添加接地覆铜。

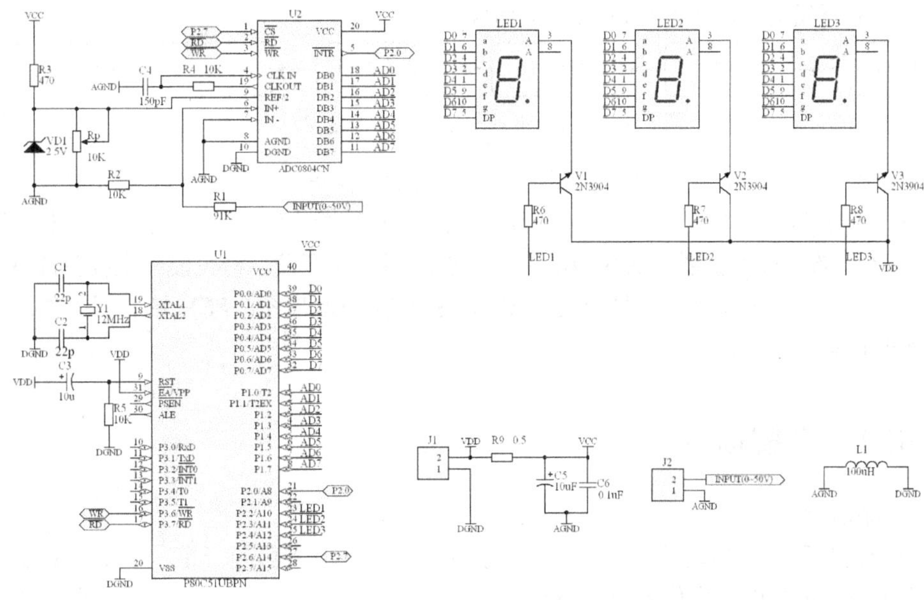

图 9-17　模拟信号采集电路原理图

3. 如何设置底层放置的贴片元器件？

4. 如何处理死铜？

5. 如何进行设计规则检查？

项目 10　综合项目设计——有源音箱设计

知识与能力目标

1）了解电子产品开发基本流程。

2）学会通过网络收集资料。

3）掌握有源音箱原理。

4）掌握有源音箱设计和制作的方法。

前面的项目通过几个实际产品的 PCB 仿制，读者已经熟悉了 Protel 99 SE 软件的基本操作，并且掌握了 PCB 设计中布局和布线的基本原则，对 PCB 仿制有了较全面的理解。

本项目通过一个自主设计的产品——有源音箱的设计与制作，初步掌握电子产品开发的基本方法，进一步熟悉 PCB 设计的方法。本项目给定产品外壳、指定功率放大器芯片，读者通过查找芯片资料，改进并设计有源音箱电路，根据给定的外壳设计 PCB，最终完成音箱整体制作与调试。

电子产品开发的基本流程如图 10-1 所示。

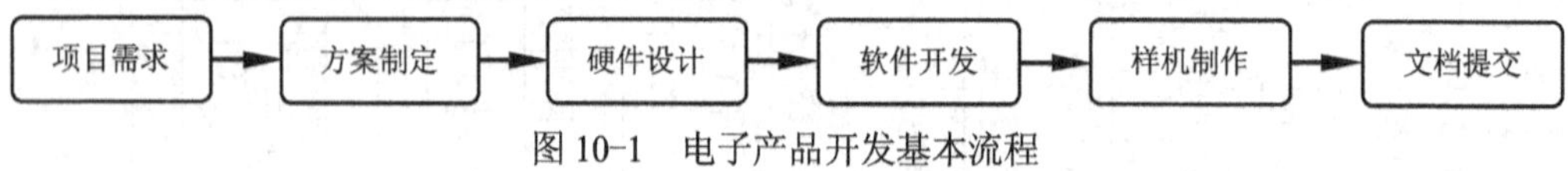

图 10-1　电子产品开发基本流程

在电子产品开发中，项目需求主要由客户提出功能需求。方案制定主要完成技术指标制订、开发进程安排、开发经费预算、产品成本估算等工作。硬件设计主要完成电路设计、PCB 设计等。软件开发主要完成相应的微处理器应用程序开发。样机制作主要完成 PCB 焊接、程序下载、样机调试等。文档提交主要完成提交电路原理图、PCB 图、元器件清单、软硬件技术资料等。

任务 10.1　了解项目

1．产品功能

有源音箱又称为“主动式音箱”，通常是指带有功率放大器的音箱，由于内置了功放电路，便于用较低电平的音频信号直接驱动。

2.1 声道有源音箱由低音音箱和两个卫星音箱组成，一般功放电路和调节旋钮置于低音音箱中，其电路组成框图如图 10-2 所示。

左右声道音频信号通过音频输入插座输入后，经音量、平衡及低音 3 个电位器调节后送左右声道功放和低音功放进行放大，最后推动扬声器发声。

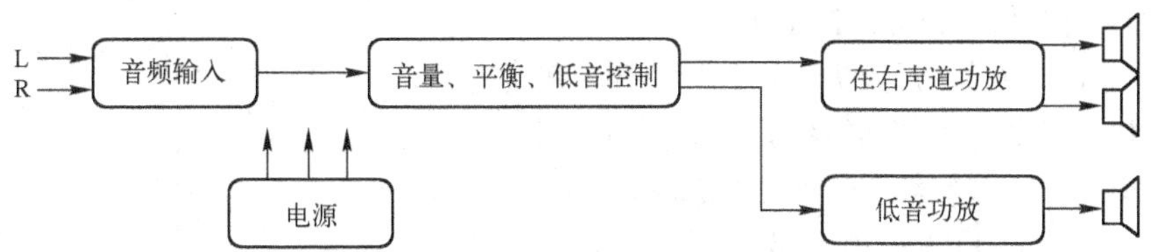

图 10-2　有源音箱电路组成框图

该电路一般由两块 PCB 组成，均置于低音音箱中，其中音量、平衡、低音控制电路为一块 PCB，置于音箱的前面板，便于进行调节；其他电路为一块 PCB，置于音箱的后背板，便于进行输入、输出连接及电源控制等。

2．项目分解

本项目课时为 12 学时，分散在 3～4 周时间中完成，便于讨论交流。

项目采用分组形式进行，每组 4～6 名学生，分工负责资料查找与电路设计、实施方案制订、产品外观分析、设计规范选择、分工设计产品 PCB（两块板、散热片加工等）、元器件采购、热转印制板、PCB 焊接、装配与调试，具体要求如表 10-1 所示。

表 10-1　有源音箱产品设计项目分解表

任务分解	学习目标	教学建议	课时安排
1. 功放芯片 TEA2025 资料查找与收集 2. 设计规范选择	学会使用互联网查找资料 学会合理选择设计规范	提供相关网站和资料 引导学生分析、收集资料	2
3. 电路设计与元器件选型	学会使用元器件说明书 学会进行电路改进和元器件选择	课外辅导 关键电路改进思路提示	课外进行
4. 项目实施方案制订与交流	学会编写项目实施方案	介绍方案制定方法 引导学生交流并进行点评	2
5. 元器件采购	熟悉元器件型号 练习选用元器件	课外辅导	课外进行
6. 产品外观分析	学会根据产品外观定义 PCB	提供产品外壳和游标卡尺 引导学生合理测量	1
7. 原理图设计、元器件封装与 PCB 设计	分组进行原理图设计和封装设计 合理选择布局布线规则 完成 PCB 设计，积累设计经验	引导学生合理选择设计规则 指导学生进行 PCB 设计，重点分析大小信号分开和接地处理 根据元器件实物设计特殊器件封装及自制散热片	3
8. 热转印制板及钻孔	学会 PCB 制作	指导学生进行热转印机制板及钻孔	课外进行
9. PCB 焊接、装配与调试	提高焊接、装配能力 进一步熟悉调试方法 培养学生的产品设计意识	提出调试的基本要求	2
10. 汇报与答辩	培养团队协作意识 提高表达能力	每组准备汇报材料，选派二人进行汇报，教师点评	2

任务 10.2　项目准备

本阶段主要完成资料收集与提炼、设计规范选择、元器件选择及特殊元器件封装设计，采用小组分工实施的方式进行。

10.2.1　功放芯片 TEA2025 资料收集

芯片资料收集通过搜索引擎进行搜索，一般芯片公司提供的资料为 PDF 文件，故搜索的关键词可以设置为“TEA2025 PDF”。

一般芯片资料由芯片厂家提供，芯片资料中包含有芯片概述、极限参数、内部功能框图、引脚功能图、电特性、基本电路、封装参数及电气特性等内容。

图 10-3 所示为 TEA2025 芯片资料中的双列直插式芯片引脚功能图，图 10-4 所示为芯片内部功能框图，图 10-5 所示为芯片的基本电路图，包含桥式电路图和双声道电路图。

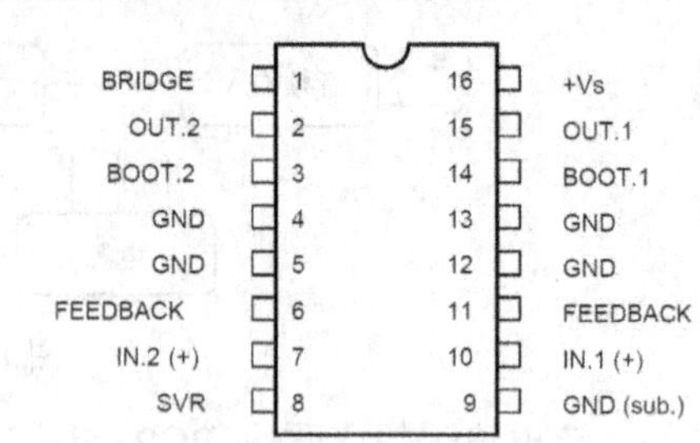

图 10-3　芯片引脚功能图

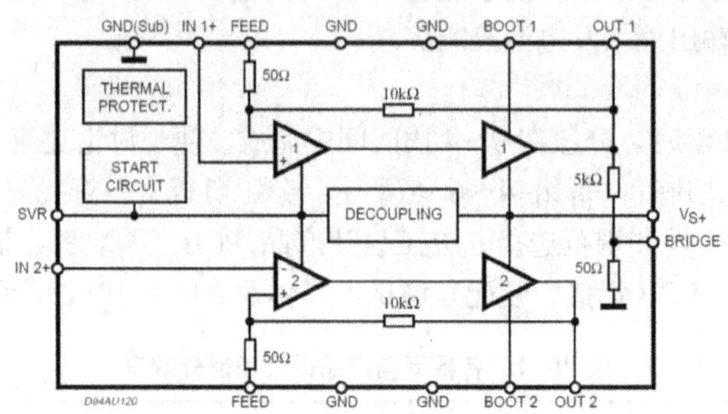

图 10-4　芯片内部功能框图

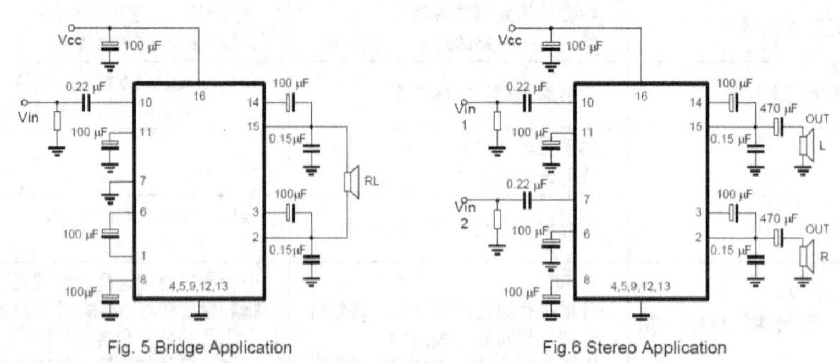

图 10-5　基本电路图

一般芯片厂家提供的是该芯片的基本电路，实际应用中需要对基本电路进行拓展以满足设计要求。

10.2.2　有源音箱电路设计

由于在相同条件下桥式电路的功率增益是双声道电路的 4 倍，故将其应用于低音功放，双声道电路用于左右声道功放，在基本电路上增加负反馈电阻和抗干扰电路以提高性能。

电源供电电路需自行设计，可以采用桥式整流滤波电路，电源变压器选用次级 9V 输出；音频输入、输出接口采用莲花座；为便于控制，需设计音量、平衡、低音控制电路，单独一块印制板。

为了提高抗干扰能力，两块 PCB 之间的连接导线采用屏蔽线。

参考电路如图 10-6 所示，图中 P1、P2 为输入、输出接口，RP1～RP3 为控制音量、平衡、低音的双联电位器。

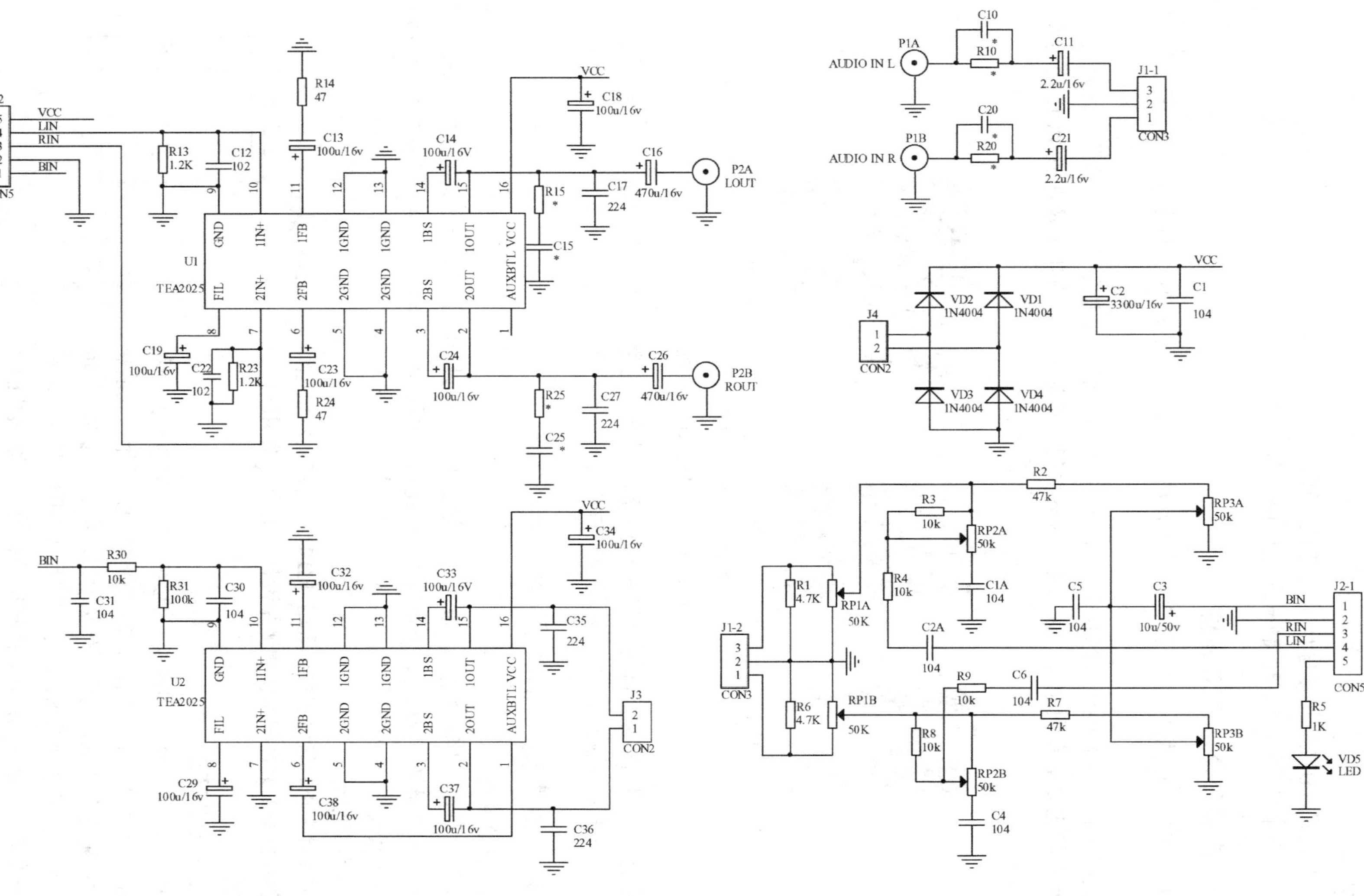

图 10-6 有源音箱参考电路

思考：

（1）桥式（BTL）电路与OTL电路的区别。

（2）音量、平衡、低音控制电路的工作原理。

10.2.3　产品外壳与PCB定位

由于有源音箱的PCB一般置于低音音箱中，本项目的PCB定位根据低音音箱的外壳进行。

某产品有源音箱的低音炮结构如图10-7所示，前面板主要有3个调节旋钮及指示灯，后背板主要有音频输入、输出及电源开关等，电源开关、变压器及功放PCB固定在后背板上。

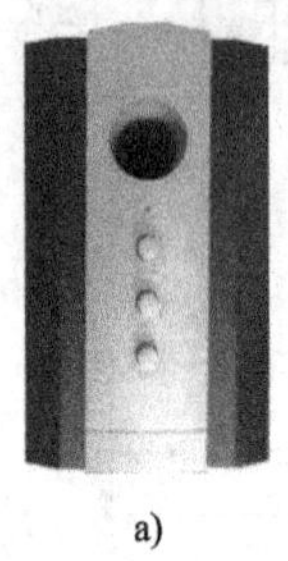

a)

b)

c)

图10-7　低音炮结构图

a) 前面板　b) 后背板　c) 内部结构

设计时，根据实际提供的音箱外壳进行测量并做好定位，特别是指示灯、电位器之间的间距，音频输入与输出插座之间的间距应与音箱外壳上的尺寸对应。

10.2.4　元器件选择、封装设计及散热片设计

1．元器件选择

电阻选用1/8W碳膜电阻，极性电容采用耐压16V以上的电解电容，无极性电容采用瓷片电容，电位器采用双联电位器，输入、输出接口采用RCA同芯音频双口莲花插座，连接线采用屏蔽线。

2．封装设计

本项目中小容量电解电容采用RB.1/.2封装，双联电位器及莲花插座封装需根据实物测量设计，其余可选用软件自带的标准封装。

3．散热片设计

为减小散热片的占用面积，TEA2025的散热片充分利用芯片4、5脚及12、13脚为接地脚的特点，采用立式散热片，直接贴在芯片上，为保证传热效果，散热片与芯片之间应打上硅胶，散热片的固定通过在芯片接地脚处打孔，将散热片的固定片穿过PCB并焊接在接地铜箔上。散热片的结构如图10-8所示，材质可以选用钢片或铜片。

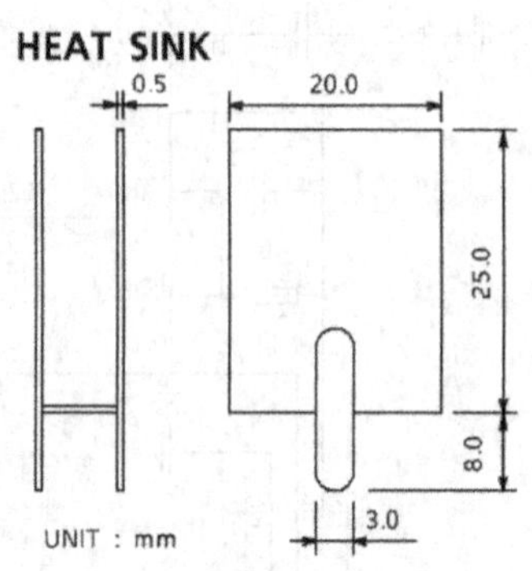

图10-8　散热片结构图

10.2.5 设计规范选择

设计中布局、布线应考虑的原则可以上网搜索关于音频电路设计的有关资料，也可在本书中有关布局、布线规则的部分选择适用的规则。

本项目中应重点考虑以下几个方面规范的选择。

（1）笨重元器件的处理，如电源变压器。

（2）大小信号的分离，如大信号的电源供电、音频输出，小信号的音频输入等。

（3）可调元器件、接插件的放置问题。

（4）地线的处理问题，应注意减小干扰，可以考虑单独走线，集中一点接地的方式。

（5）芯片的地线布设应分析芯片内部模块布局，合理设置以减小声道之间的干扰。

（6）电源部分电流大，作好露铜设置，以提高带电流能力。

任务 10.3 项目实施

项目实施阶段，为提高效率，培养团队协作精神，采用分工协作的方式进行。具体分解为原理图设计、PCB 设计、音箱加工、元器件采购、散热片制作与排线制作、PCB 制板与钻孔、电路焊接及调试等。

10.3.1 原理图设计

根据设计好的有源音箱电路图采用 Protel 99 SE 软件进行原理图设计，其中集成电路 TEA2025、输入输出莲花插座、双联电位器需要自行进行元器件设计，莲花插座和双联电位器可以通过复制库元器件 RCA 和 RES2 并增加功能单元套数的方式进行设计，它们都具有两套相同的功能单元。

若使用网络标号，应注意网络标号的规范使用，多功能单元元器件应设置好功能单元的套数。

设计结束进行 ERC 检查，在保证无错误的情况下生成网络表文件。

设计中要注意元器件封装设置必须正确，以保证元器件封装的准确调用。

10.3.2 PCB 设计

PCB 设计通过加载网络表的方式调用元器件封装和网络信息，采用手工布局和手工布线的方式完成 PCB 设计。有源音箱的 PCB 设计根据外壳的特点分成两块 PCB，一块 PCB 为音量、平衡、低音控制电路，其余电路设计在另一块 PCB 上。

设计中布局方面重点考虑大小信号分离问题、接插件位置及莲花插座、指示灯和电位器应与面板位置对应。

布线方面重点考虑各模块的接地处理，考虑单独走线，集中一点接地的方式以减小干扰，不同模块地线之间的连接可以通过跳线进行；芯片接地处理要根据内部模块合理分布；散热片位置应预留并做好开孔，以便与底层的地焊接；合理设置露铜，提高带流能力。

设计后的参考 PCB 布局图如图 10-9 所示，布线图如图 10-10 所示。

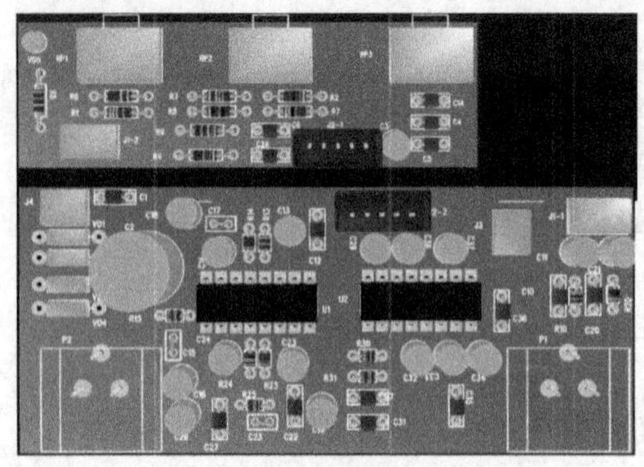

图 10-9　参考布局图

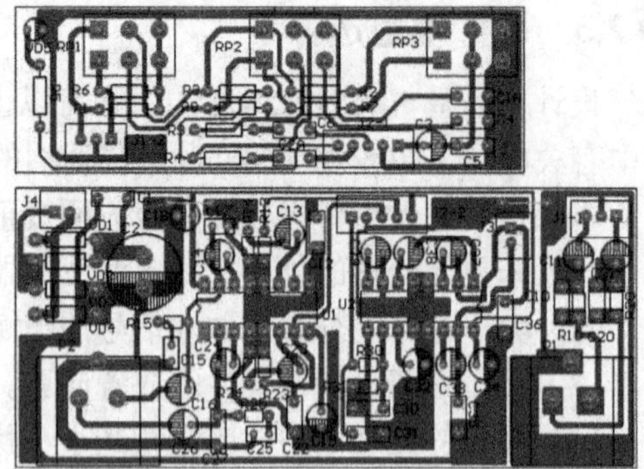

图 10-10　参考布线图

10.3.3　PCB 制板与焊接

PCB 制板可以采用热转印机转印或雕刻机雕刻的方式进行，钻孔采用高速台式电钻进行，针对电位器、莲花插座的钻头要大些，具体规格根据实物判断。

安装散热片对应位置的 IC 引脚边（即 IC 的 4、5 脚和 12、13 脚）要开槽以便散热片的固定片穿过 PCB 并焊接在接地铜箔处。

PCB 焊接采用手工焊接，对于设置为露铜的部分要上锡。

10.3.4　有源音箱测试

有源音箱测试主要针对焊接好的 PCB 进行功能模块测试、装配调试及参数测量，以期达到理想的设计效果。

在本项目的测试中仅做简单的最大不失真输出功率测试，测试频率点 1kHz，直流供电电源 9V，扬声器内阻 8Ω。使用的仪器有稳压电源、低频信号发生器、示波器及电子毫伏表，测试时负载扬声器用等值的水泥电阻代替。

要求：

（1）画出电路测试连接图。

（2）分别测量双通道输出功率和 BTL 输出功率。

（3）比对芯片资料，调整电路，使最大不失真输出功率 BTL 约为 4W，双通道约为 1.2W，记录有关参数值。

（4）接入扬声器和音频信号源，调节各旋钮，收听有源音箱的输出效果和音质变化，如有问题则进行电路改进。

（5）测试完毕进行整机装配。

经验之谈

（1）本项目中的 3 个电位器的位置必须与前面板的孔位准确对应，否则可能出现电位器无法调节的问题。

（2）输入、输出用的莲花座位置必须与后背板的孔位准确对应，否则可能出现莲花座无法固定的问题。

（3）在 PCB 设计时，集成块的 4、5 脚和 12、13 脚处应留有足够多的接地覆铜，以便在底层通过焊接上锡固定散热片。

（4）连接两块板之间的连接线要使用屏蔽线，以减少干扰。

任务 10.4 课题答辩

小组上交材料要求：1 份全组设计报告、电路源文件、汇报用 PPT。

个人上缴交材料要求：1 份个人设计总结报告，包含设计主要内容、自己的分工内容、设计的基本情况及本次设计的心得体会。

小组设计汇报答辩时间 15 分钟，每组派两名代表参加，具体要求：

（1）项目实施安排，成员名单及分工。

（2）设计电路的选定及工作原理。

（3）音箱外壳定位、高低音音箱区别与选择。

（4）PCB 设计，包括布局、布线的相关原则，元器件封装设计、PCB 设计过程及设计结果图、元器件清单等。

（5）装配与调试，装配方法、调试步骤及测试的左右声道功率和低音炮功率。

（6）思考与体会。

（7）回答答辩组提出的相关问题。

附　录

附录 A　Protel 99 SE 的原理图元器件库清单

序号	库 文 件 名	元器件库说明
1	Actel User Programmable .ddb	Actel 公司可编程元器件库
2	Allegro Integrated Circuits.ddb	Allegro 公司的集成电路库
3	Altera Asic .ddb	Alera 公司 ASIC 系列集成电路库
4	Altera Interface .ddb	Altera 公司接口集成电路库
5	Altera Memory .ddb	Altera 公司存储器集成电路库
6	Altera Peripheral .ddb	Altera 公司外围集成电路库
7	AMD Analog .ddb	AMD 公司模拟集成电路库
8	AMD Asic .ddb	AMD 公司 ASIC 集成电路库
9	AMD Converter .ddb	AMD 公司转换器集成电路库
10	AMD Interface .ddb	AMD 公司接口集成电路库
11	AMD Logic .ddb	AMD 公司逻辑集成电路库
12	AMD Memory .ddb	AMD 公司存储器集成电路库
13	AMD Microcontroller .ddb	AMD 公司微控制器集成电路库
14	AMD Microprocessor .ddb	AMD 公司微处理器集成电路库
15	AMD Miscellaneous .ddb	AMD 公司杂合集成电路库
16	AMD Peripheral .ddb	AMD 公司外围集成电路库
17	AMD Telecommunication .ddb	AMD 公司通信集成电路库
18	Analog Devices .ddb	AD 公司的集成电路库
19	Ateml Programmable .ddb	Atmel 公司可编程逻辑器件库
20	Burr Brown Analog .ddb	Burr Brown 公司（现属 TI 公司）模拟集成电路库
21	Burr Brown Converter .ddb	Burr Brown 公司转换器集成电路库
22	Burr Brown Industrial .ddb	Burr Brown 公司工业电路库
23	Burr Brown Interface .ddb	Burr Brown 公司接口集成电路库
24	Burr Brown Oscillator .ddb	Burr Brown 公司振荡器集成电路库
25	Burr Brown Peripheral .ddb	Burr Brown 公司外围集成电路库

（续）

序号	库 文 件 名	元器件库说明
26	Burr Brown Telecommunication.ddb	Burr Brown 公司通信集成电路库
27	Dallas Analog .ddb	Dallas 公司（现属 Maxim 公司）模拟集成电路库
28	Dallas Consumer .ddb	Dallas 公司消费类集成电路库
29	Dallas Converter .ddb	Dallas 公司转换器集成电路库
30	Dallas Interface .ddb	Dallas 公司接口集成电路库
31	Dallas Logic .ddb	Dallas 公司逻辑集成电路库
32	Dallas Memory .ddb	Dallas 公司存储器集成电路库
33	Dallas Microprocessor .ddb	Dallas 公司微处理器集成电路库
34	Dallas Miscellaneous .ddb	Dallas 公司杂合集成电路库
35	Dallas Telecommunication.ddb	Dallas 公司通信集成电路库
36	Elantec Analog .ddb	Elantec 公司模拟集成电路库
37	Elantec Consumer .ddb	Elantec 公司消费类集成电路库
38	Elantec Industrial .ddb	Elantec 公司工业集成电路库
39	Elantec Interface .ddb	Elantec 公司接口集成电路库
40	Gennum Analog .ddb	Gennum 公司模拟集成电路库
41	Gennum Consumer .ddb	Gennum 公司消费类集成电路库
42	Gennum Converter .ddb	Gennum 公司转换器集成电路库
43	Gennum DSP .ddb	Gennum 公司 DSP 集成电路库
44	Gennum Interface .ddb	Gennum 公司接口集成电路库
45	Gennum Miscellaneous .ddb	Gennum 公司杂合集成电路库
46	HP-Eesof .ddb	HP 公司 EE soft 软件库
47	Intel Databooks .ddb	Intel 公司数据手册中的集成电路库
48	International Rectifier .ddb	整流类器件库
49	Lattice .ddb	Lattice 公司元器件库
50	Lucent Analog .ddb	Lucent 公司模拟集成电路库
51	Lucent Asic .ddb	Lucent 公司 Asic 集成电路库
52	Lucent Consumer .ddb	Lucent 公司消费类集成电路库
53	Lucent Converter .ddb	Lucent 公司转换器集成电路库
54	Lucent DSP .ddb	Lucent 公司 DSP 集成电路库
55	Lucent Industrial .ddb	Lucent 公司工业集成电路库
56	Lucent Interface .ddb	Lucent 公司接口集成电路库
57	Lucent Logic .ddb	Lucent 公司逻辑集成电路库

（续）

序号	库 文 件 名	元器件库说明
58	Lucent Memory .ddb	Lucent 公司存储器集成电路库
59	Lucent Miscellaneous .ddb	Lucent 公司杂合集成电路库
60	Lucent Oscillator .ddb	Lucent 公司振荡器集成电路库
61	Lucent Peripheral .ddb	Lucent 公司外围集成电路库
62	Lucent Telecommunication .ddb	Lucent 公司通信集成电路库
63	Maxim Analog .ddb	Maxim（美信）公司模拟集成电路库
64	Maxim Interface .ddb	Maxim 公司接口集成电路库
65	Maxim Miscellaneous .ddb	Maxim 公司杂合集成电路库
66	Microchip .ddb	Microchip 公司集成电路库
67	Miscellaneous Device .ddb	各类通用元器件库
68	Mitel Analog .ddb	Mitel 公司模拟集成电路库
69	Mitel Interface .ddb	Mitel 公司接口集成电路库
70	Mitel Logic .ddb	Mitel 公司逻辑集成电路库
71	Mitel Peripheral .ddb	Mitel 公司外围集成电路库
72	Mitel Telecommunication .ddb	Mitel 公司通信集成电路库
73	Motorola Analog .ddb	Motorola 公司模拟集成电路库
74	Motorola Consumer .ddb	Motorola 公司消费类集成电路库
75	Motorola Converter .ddb	Motorola 公司转换器集成电路库
76	Motorola Databooks .ddb	Motorola 公司数据手册提供的集成电路库
77	Motorola DSP .ddb	Motorola 公司 DSP 集成电路库
78	Motorola Microprocessor .ddb	Motorola 公司微处理器集成电路库
79	Motorola Oscillator .ddb	Motorola 公司振荡器集成电路库
80	NEC Databooks .ddb	NEC 公司集成电路库
81	Newport Analog .ddb	Newport 公司模拟集成电路库
82	Newport Consumer .ddb	Newport 公司消费类集成电路库
83	NSC Analog .ddb	NSC 公司模拟集成电路库
84	NSC Consumer .ddb	NSC 公司消费类集成电路库
85	NSC Converter .ddb	NSC 公司转换器集成电路库
86	NSC Databooks .ddb	NSC 公司数据手册提供的集成电路库
87	NSC Industrial .ddb	NSC 公司工业集成电路库
88	NSC Interface .ddb	NSC 公司接口集成电路库
89	NSC Miscellaneous .ddb	NSC 公司杂合集成电路库

（续）

序号	库 文 件 名	元器件库说明
90	NSC Oscillator .ddb	NSC 公司振荡器集成电路库
91	NSC Telecommunication .ddb	NSC 公司集成电路库
92	Philips .ddb	Philips 公司集成电路库
93	PLD .ddb	PLD 元器件库
94	Protel DOS Schematic Libraries.ddb	DOS 版 Protel 原理图库
95	QuickLogic Asic.ddb	QuickLogic 公司 ASIC 集成电路库
96	RF Micro Devices Analog.ddb	RF Micro Devices 公司模拟集成电路库
97	RF Micro Devices Telecommunication.ddb	RF Micro Devices 公司通信集成电路库
98	SGS Analog .ddb	SGS 公司模拟集成电路库
99	SGS Asic .ddb	SGS 公司 Asic 集成电路库
100	SGS Consumer .ddb	SGS 公司消费类集成电路库
101	SGS Converter .ddb	SGS 公司转换器集成电路库
102	SGS Industrial .ddb	SGS 公司工业集成电路库
103	SGS Interface .ddb	SGS 公司接口集成电路库
104	SGS Logic SIM .ddb	SGS 公司逻辑仿真用库
105	SGS Memory .ddb	SGS 公司存储器集成电路库
106	SGS Microcontroller .ddb	SGS 公司微控制器集成电路库
107	SGS Microprocessor .ddb	SGS 公司微处理器集成电路库
108	SGS Miscellaneous .ddb	SGS 公司杂合集成电路库
109	SGS Peripheral .ddb	SGS 公司外围集成电路库
110	SGS Telecommunication .ddb	SGS 公司通信集成电路库
111	Sim .ddb	仿真器件库
112	Spice .ddb	Spice 软件的库
113	TI Databooks .ddb	TI 公司数据手册提供的集成电路库
114	TI Logic .ddb	TI 公司逻辑集成电路库
115	TI Telecommunication .ddb	TI 公司通信集成电路库
116	Western Digital .ddb	Western Digital 公司集成电路库
117	Xilinx Databooks .ddb	Xilinx 公司集成电路库
118	Zilog Databooks .ddb	Zilog 公司集成电路库

附录 B SCH 99 SE 分立元器件库图形样本

（Miscellaneous Devices.ddb）

注意：本附录中的图形下方的元器件名 8PIN～50PIN 表示介于 8PIN 到 50PIN 之间的所有元器件的图形模式一致，具体元器件图形可在元器件浏览器中显示。

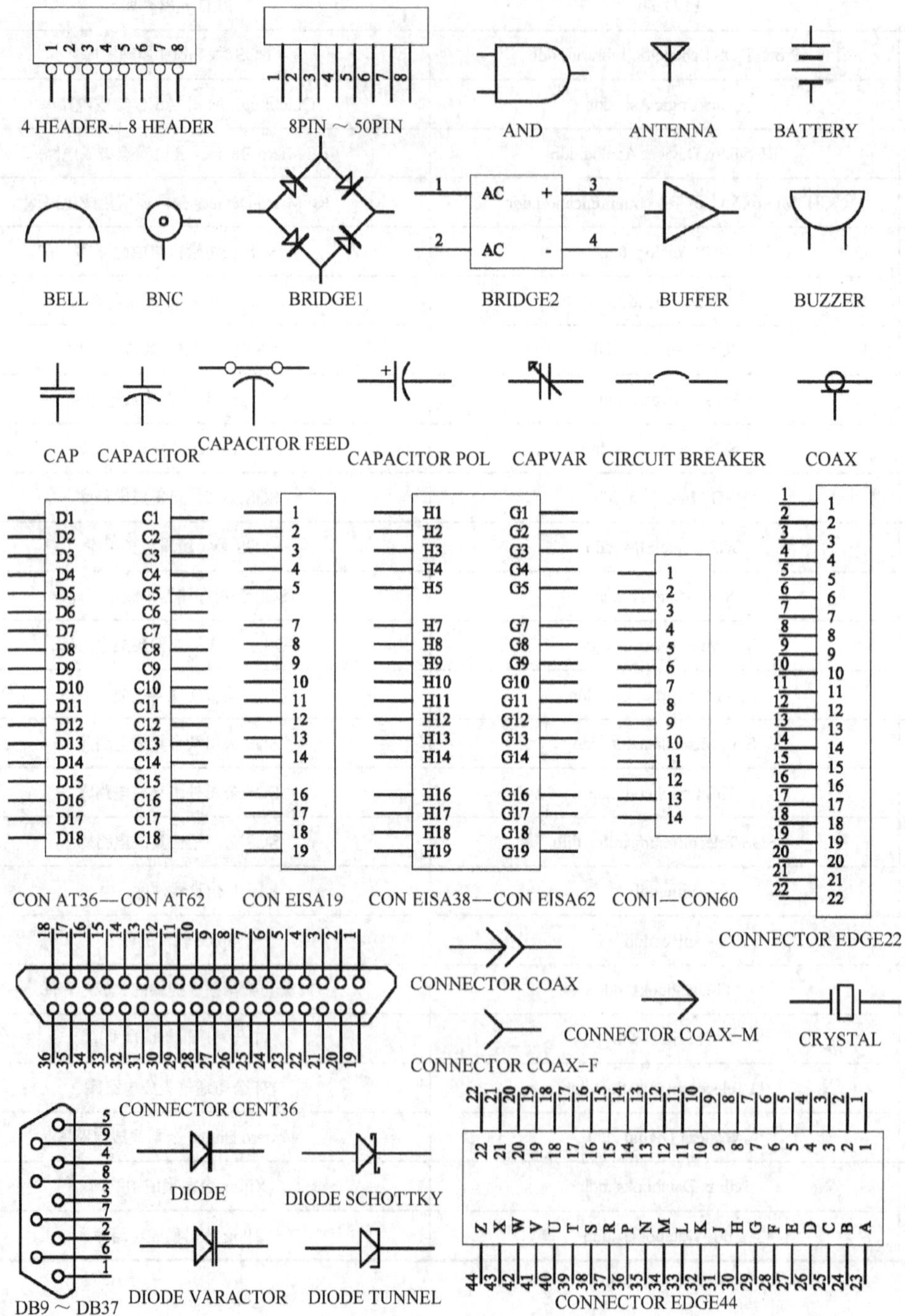

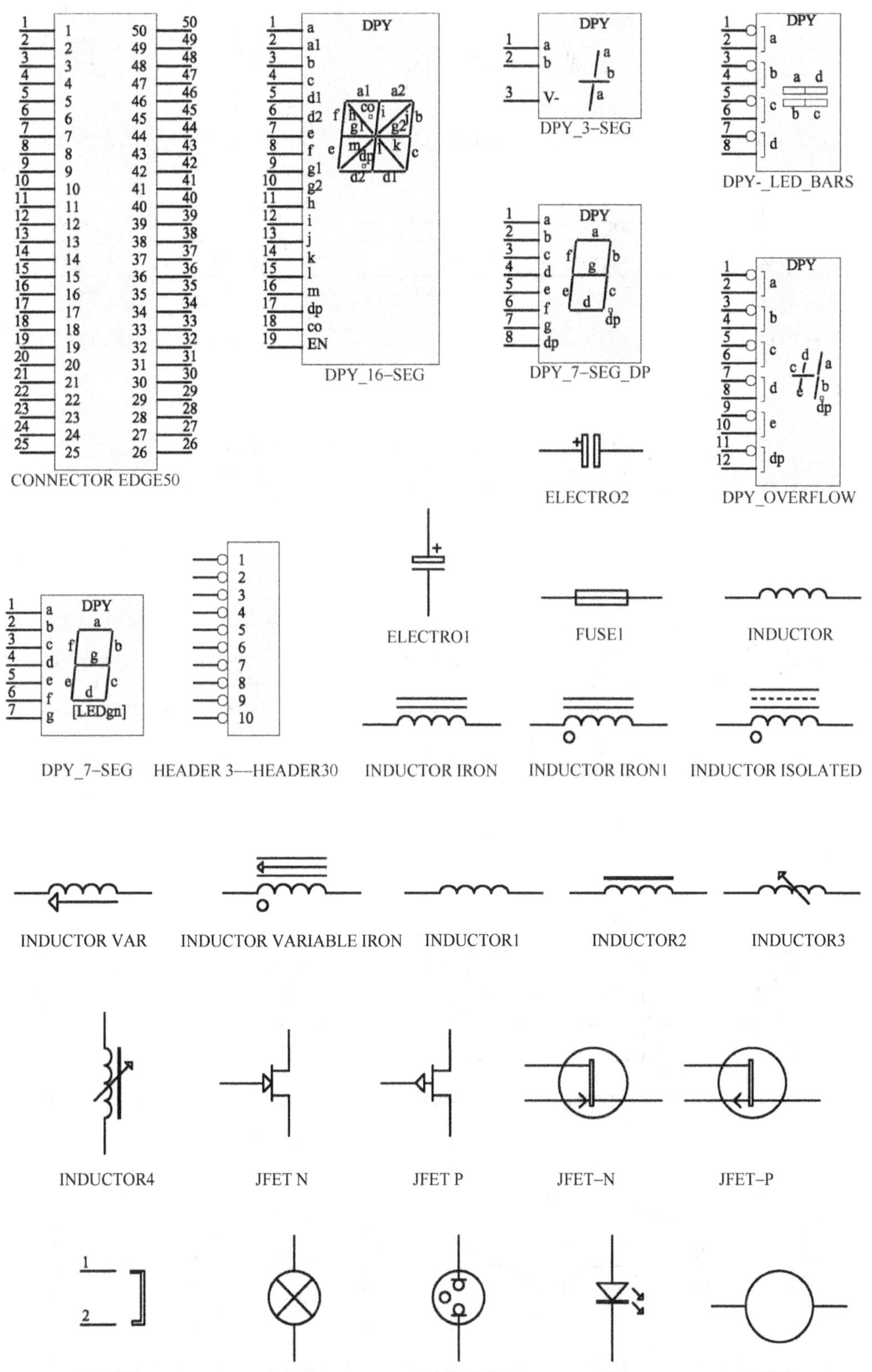
CONNECTOR EDGE50
DPY
DPY_16–SEG
DPY_3–SEG
DPY-_LED_BARS
DPY_7–SEG_DP
ELECTRO2
DPY_OVERFLOW
[LEDgn]
DPY_7–SEG
HEADER 3—HEADER30
ELECTRO1
FUSE1
INDUCTOR
INDUCTOR IRON
INDUCTOR IRON1
INDUCTOR ISOLATED
INDUCTOR VAR
INDUCTOR VARIABLE IRON
INDUCTOR1
INDUCTOR2
INDUCTOR3
INDUCTOR4
JFET N
JFET P
JFET–N
JFET–P
JUMPER
LAMP
LAMP NEON
LED
METER

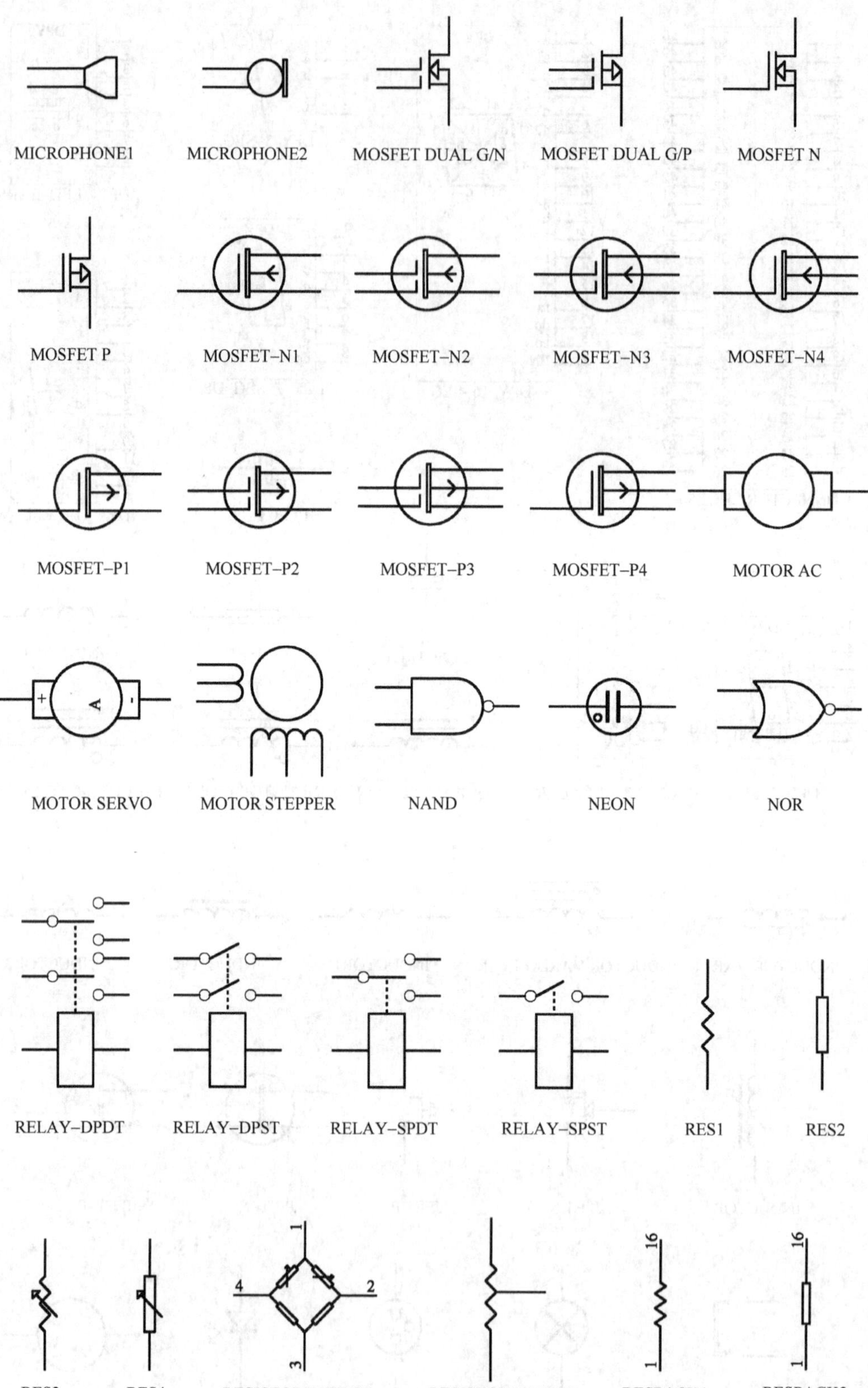
MICROPHONE1
MICROPHONE2
MOSFET DUAL G/N
MOSFET DUAL G/P
MOSFET N
MOSFET P
MOSFET–N1
MOSFET–N2
MOSFET–N3
MOSFET–N4
MOSFET–P1
MOSFET–P2
MOSFET–P3
MOSFET–P4
MOTOR AC
+
A
-
MOTOR SERVO
MOTOR STEPPER
NAND
NEON
NOR
RELAY–DPDT
RELAY–DPST
RELAY–SPDT
RELAY–SPST
RES1
RES2
1
4
2
3
16
1
16
1
RES3
RES4
RESISTOR BRIDGE
RESISTOR TAPPED
RESPACK1
RESPACK2

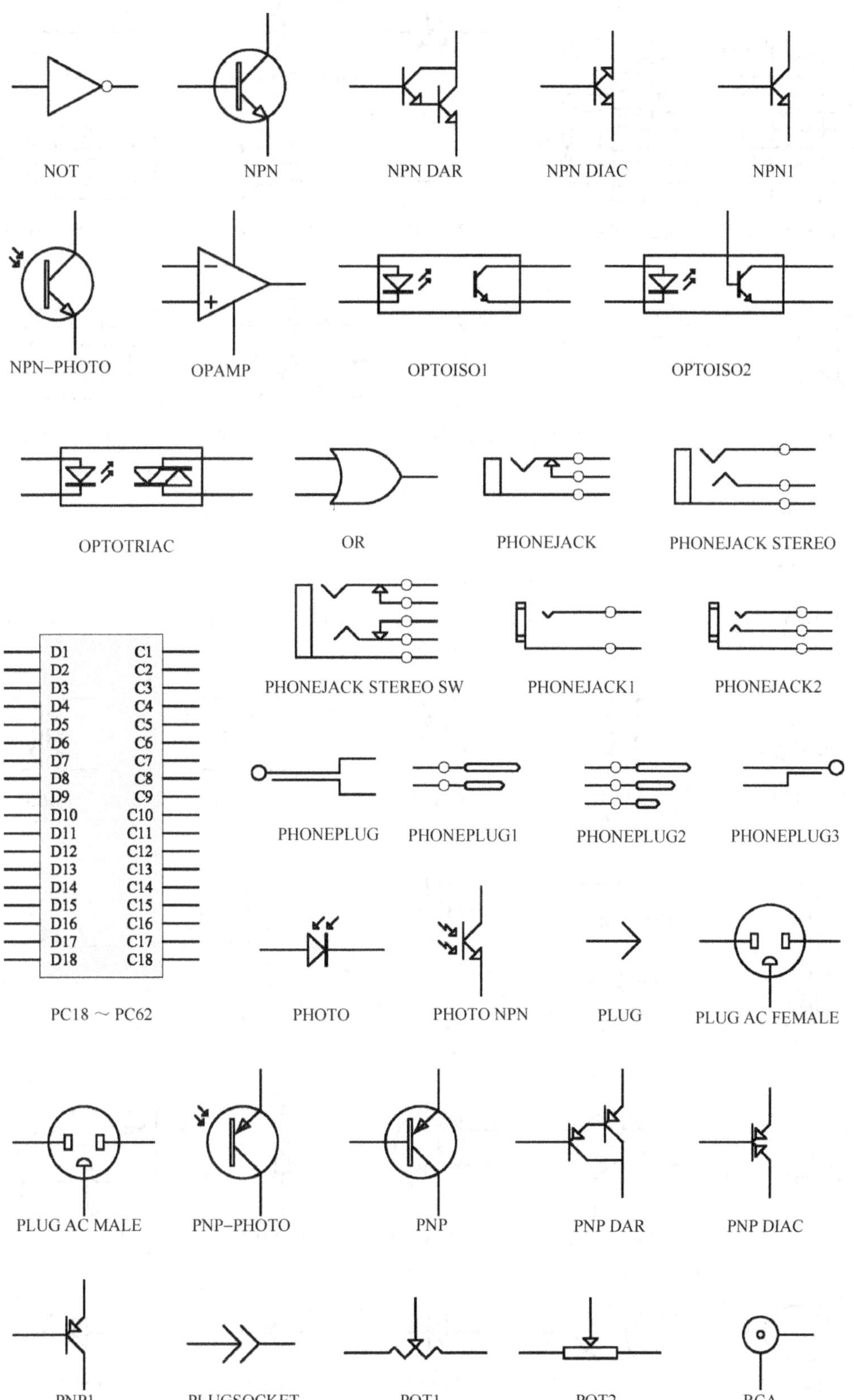
NOT
NPN
NPN DAR
NPN DIAC
NPN1
NPN–PHOTO
OPAMP
OPTOISO1
OPTOISO2
OPTOTRIAC
OR
PHONEJACK
PHONEJACK STEREO
D1 D2 D3 D4 D5 D6 D7 D8 D9 D10 D11 D12 D13 D14 D15 D16 D17 D18
C1 C2 C3 C4 C5 C6 C7 C8 C9 C10 C11 C12 C13 C14 C15 C16 C17 C18
PHONEJACK STEREO SW
PHONEJACK1
PHONEJACK2
PHONEPLUG
PHONEPLUG1
PHONEPLUG2
PHONEPLUG3
PC18 ~ PC62
PHOTO
PHOTO NPN
PLUG
PLUG AC FEMALE
PLUG AC MALE
PNP–PHOTO
PNP
PNP DAR
PNP DIAC
PNP1
PLUGSOCKET
POT1
POT2
RCA

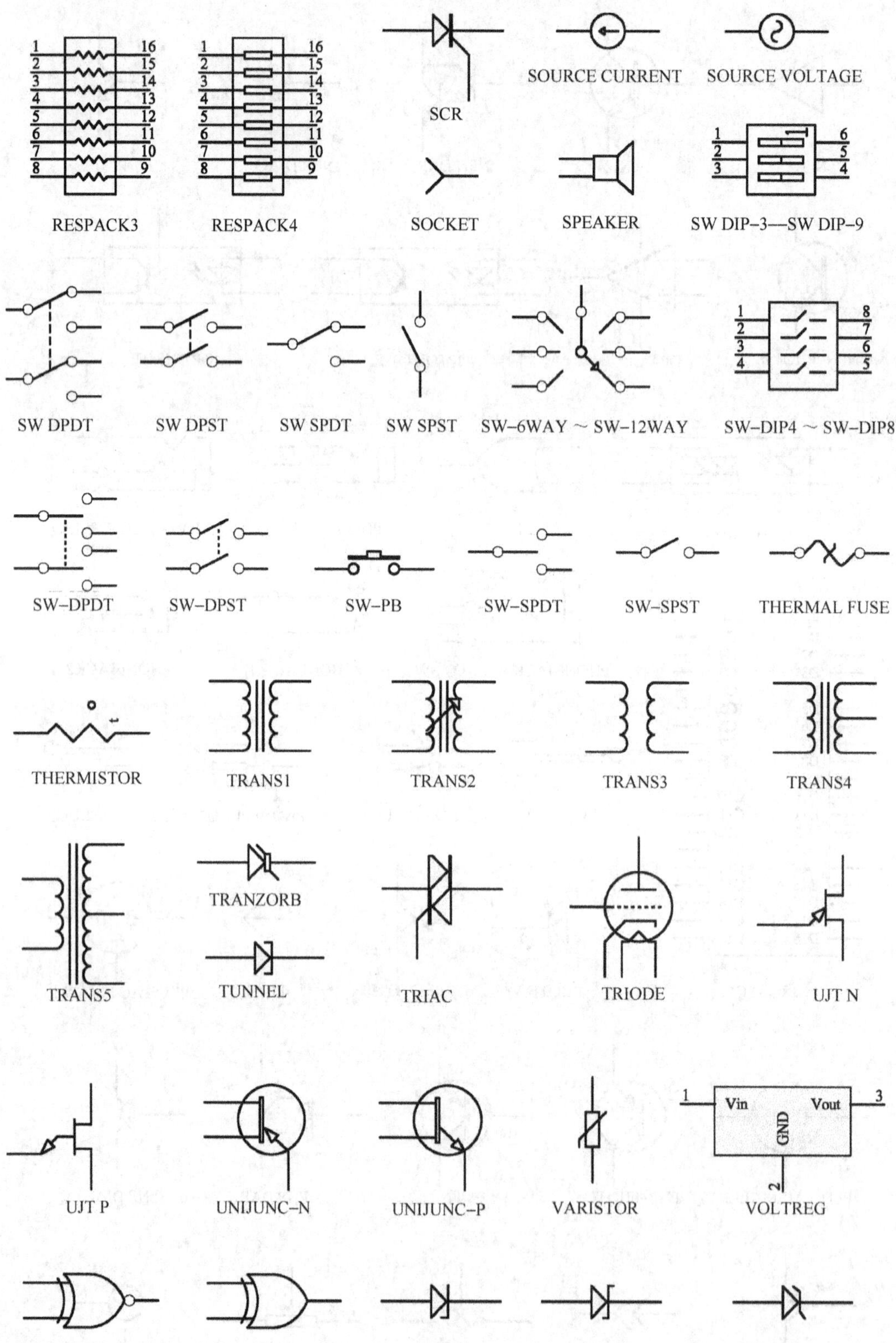
RESPACK3
RESPACK4
SCR
SOURCE CURRENT
SOURCE VOLTAGE
SOCKET
SPEAKER
SW DIP-3—SW DIP-9
SW DPDT
SW DPST
SW SPDT
SW SPST
SW-6WAY ~ SW-12WAY
SW-DIP4 ~ SW-DIP8
SW-DPDT
SW-DPST
SW-PB
SW-SPDT
SW-SPST
THERMAL FUSE
THERMISTOR
TRANS1
TRANS2
TRANS3
TRANS4
TRANS5
TRANZORB
TUNNEL
TRIAC
TRIODE
UJT N
UJT P
UNIJUNC-N
UNIJUNC-P
VARISTOR
Vin
Vout
GND
VOLTREG
XNOR
XOR
ZENER1
ZENER2
ZENER3

附录 C　PCB 99 SE 常用元器件封装图形样本

（Advpcb.ddb）

注意：本附录中的图形下方的元器件名（如 0402～7257）表示介于 0402 到 7257 之间的同类型元器件封装图形，具体元器件图形可在元器件浏览器中显示。

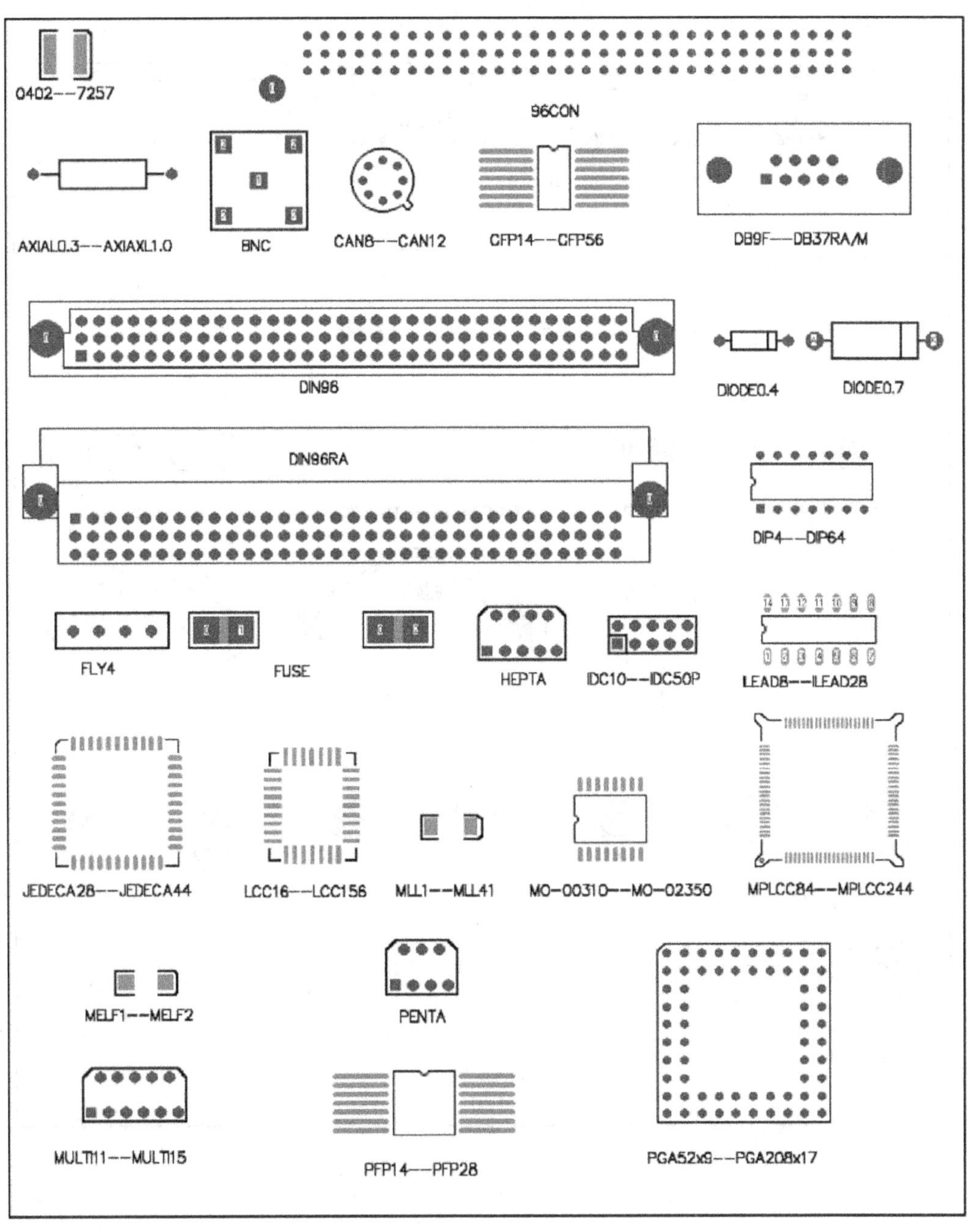

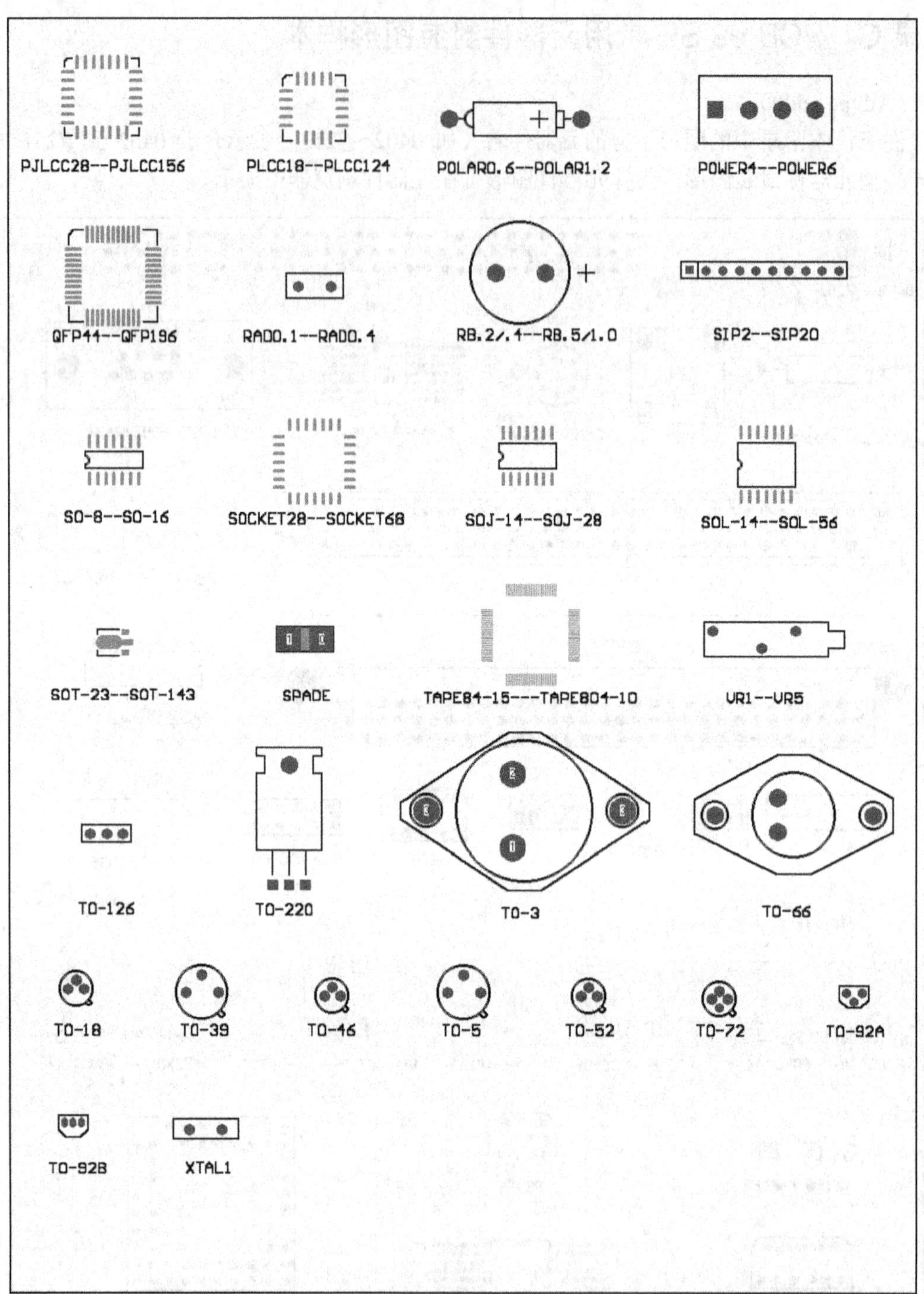
PJLCC28--PJLCC156
PLCC18--PLCC124
POLAR0.6--POLAR1.2
POWER4--POWER6
QFP44--QFP196
RAD0.1--RAD0.4
RB.2/.4--RB.5/1.0
SIP2--SIP20
SO-8--SO-16
SOCKET28--SOCKET68
SOJ-14--SOJ-28
SOL-14--SOL-56
SOT-23--SOT-143
SPADE
TAPE84-15---TAPE804-10
VR1--VR5
TO-126
TO-220
TO-3
TO-66
TO-18
TO-39
TO-46
TO-5
TO-52
TO-72
TO-92A
TO-92B
XTAL1

附录 D　书中非标准符号与国标的对照表

元器件名称	书 中 符 号	国 标 符 号
电解电容	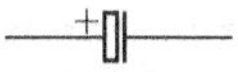 +	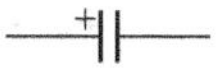 +
普通二极管		
稳压二极管		
发光二极管		
开关		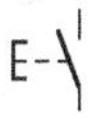 E-
晶振		
NPN 晶体管	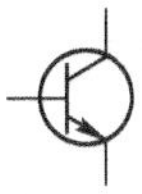	
PNP 晶体管		
与门	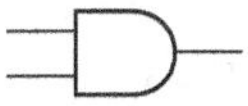	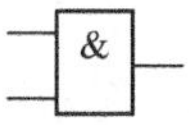 &
或门	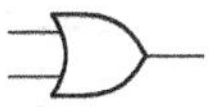	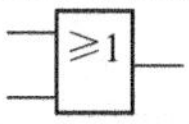 ≥1
非门	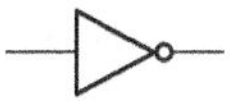	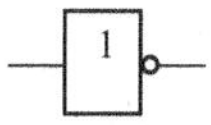 1
与非门	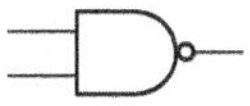	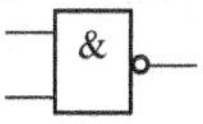 &
或非门	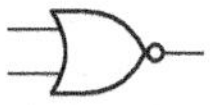	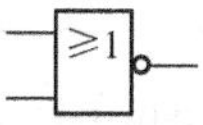 ≥1
与或非门	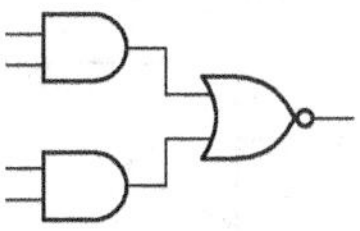	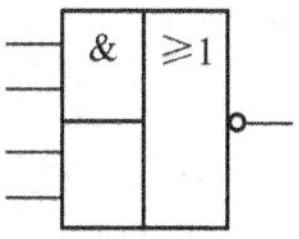 & ≥1
异或门	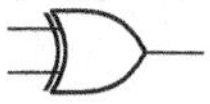	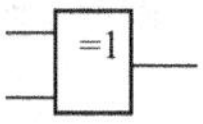 =1
集电极开路的与非门	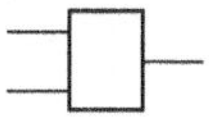	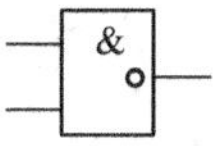 &
三态输出的非门	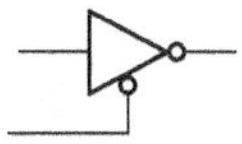	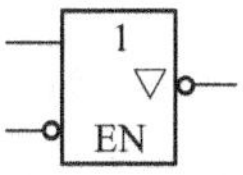 1 EN
传输门		 TG

（续）

元器件名称	书中符号	国标符号
半加器	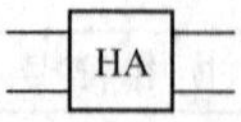 HA	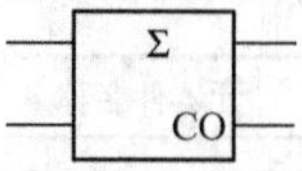 Σ CO
全加器	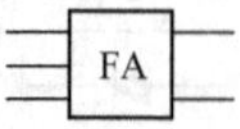 FA	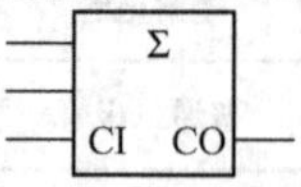 Σ CI CO
基本 RS 触发器	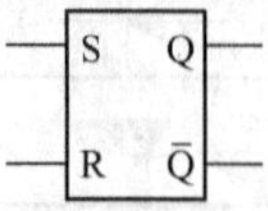 S Q R $\bar{Q}$	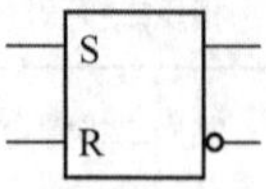 S R
同步 RS 触发器	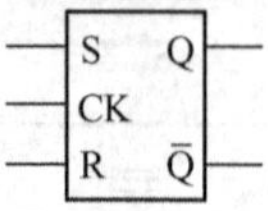 S Q CK R $\bar{Q}$	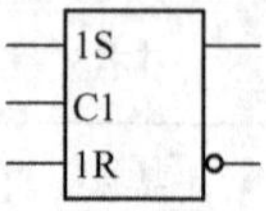 1S C1 1R
边沿（上升沿）D 触发器	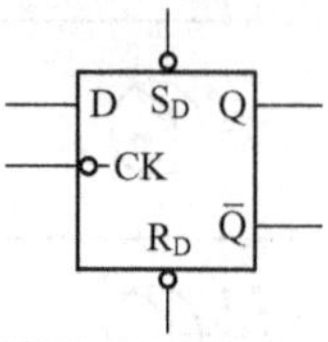 D S_D Q CK R_D $\bar{Q}$	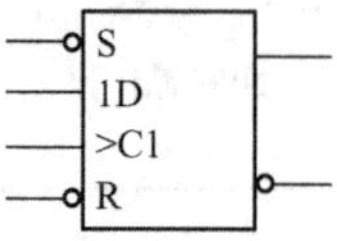 S 1D >C1 R
边沿（下降沿）JK 触发器	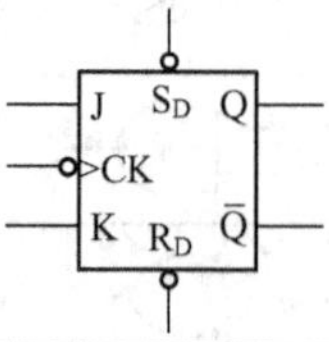 J S_D Q >CK K R_D $\bar{Q}$	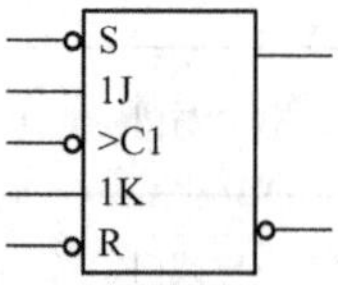 S 1J >C1 1K R
脉冲触发（主从）JK 触发器	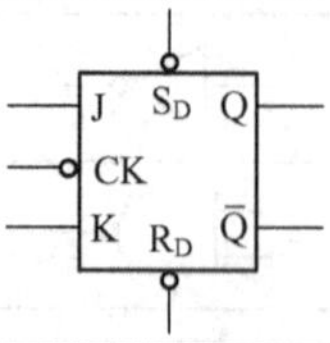 J S_D Q CK K R_D $\bar{Q}$	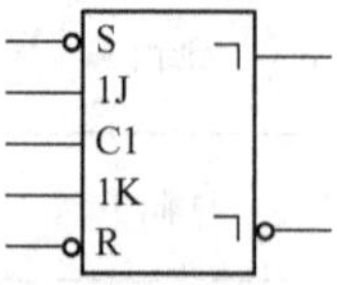 S 1J C1 1K R
带施密特触发特性的与门	 ⎍	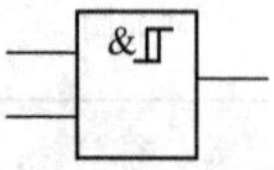 &⎍
运算放大器符号	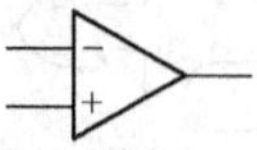 − +	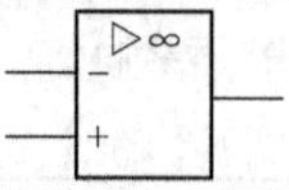 ▷∞ − +

参 考 文 献

[1] 郭勇，吴邦辉，翁淑蓉．Protel 99 SE 印制电路板设计教程[M]．2 版．北京：机械工业出版社，2012.

[2] 清源科技工作室．Protel 99 SE 原理图与 PCB 设计教程 [M]．2 版．北京：机械工业出版社，2015.

[3] 魏雅文，李瑞．Protel 99 SE 电路原理图与 PCB 设计[M]．北京：机械工业出版社，2016.

[4] 李响初．新型贴片元器件应用速查 [M]．2 版．北京：机械工业出版社，2013.

[5] 何丽梅．SMT——表面组装技术[M]．2 版．北京：机械工业出版社，2013.